Gilles Cohen-Tannoudji
Michel Spiro

Le boson et le chapeau mexicain

UN NOUVEAU GRAND RÉCIT
DE L'UNIVERS

Postface de Michel Serres
de l'Académie française

Gallimard

Michel Spiro, président du Conseil du CERN depuis janvier 2010 jusqu'à fin 2012, a été directeur de l'IN2P3 (Institut national de physique nucléaire et de physique des particules) au CNRS, chef de département au CEA et président du comité scientifique des expériences auprès du LEP (Grand Collisionneur électron-positon du CERN) de 1998 à 2001.

Gilles Cohen-Tannoudji, chercheur émérite au laboratoire de recherche sur les sciences de la matière (LARSIM) du CEA, est co-directeur du Centre de recherche Ferdinand Gonseth à Lausanne. Il a enseigné le modèle standard à l'université d'Orsay et l'histoire des idées en physique à la Sorbonne.

Michel Spiro est co-auteur, avec Gilles Cohen-Tannoudji, de *La matière-espace-temps* (Fayard, 1986) et Gilles Cohen-Tannoudji a publié, avec Jean Pierre Baton, *L'horizon des particules* (Gallimard, 1989).

À la mémoire
de deux grandes figures disparues du CERN,
Georges Charpak, prix Nobel,
et Maurice Jacob,
qui dirigea la thèse de l'un d'entre nous.

Il faut rêver l'impossible pour réaliser tout
ce qui est possible.

GOETHE

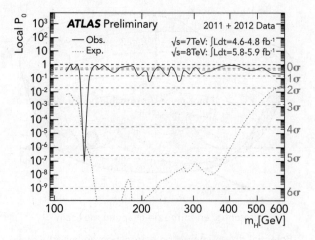

Signal du boson BEH observé
par le détecteur ATLAS

Sur cette figure est portée, en fonction de la masse supposée du boson BEH, la probabilité que le signal observé ne soit pas un vrai signal, mais qu'il ne soit dû qu'à une fluctuation statistique du bruit de fond estimé. Le signal est dit à « cinq écarts standards » (5σ), ce qui signifie que cette probabilité est inférieure au millionième.

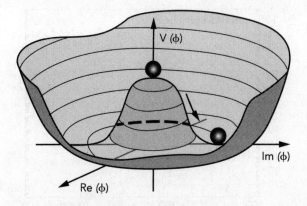

Potentiel en forme de chapeau mexicain

Potentiel d'auto-interaction en fonction de la partie réelle et de la partie imaginaire du champ complexe BEH. La symétrie de révolution de la figure correspond à l'invariance par changement de la phase du champ BEH.

LE BOSON ET LE CHAPEAU MEXICAIN :
UNE AVENTURE DU CERN

Le 4 juillet 2012, le CERN, l'organisation européenne pour la physique des particules, annonçait, dans une conférence mondialement retransmise, que deux expériences, menées chacune par plus de trois mille chercheurs du monde entier, avaient permis de découvrir dans les collisions produites par le LHC, le Grand Collisionneur de protons du CERN près de Genève, une nouvelle particule, le *boson*, qui a jusqu'à présent toutes les caractéristiques attendues de la pièce manquante pour compléter le modèle standard de la physique des particules et pour éventuellement le dépasser.

Le LHC est le plus puissant et le plus grand (27 km de circonférence) accélérateur de protons jamais construit. Produisant des collisions de protons d'une violence inouïe, il réalise en laboratoire des « mini » big bang permettant d'explorer la matière dans des conditions extrêmes. Cette découverte, au CERN, avec le LHC, est l'aboutissement de quarante années de recherche, un grand bond en avant dans la compréhension de la matière et de ses origines. Elle concrétise l'idéal des fondateurs du CERN : redonner à l'Europe après la Seconde Guerre mondiale un flambeau scientifique, rassembler autour de ce flambeau par-delà les frontières, par-delà les différences culturelles, dans un idéal de connaissance, de découverte et d'innovation partagées.

Pour apprécier les enjeux du gigantesque programme de recherche qui vient d'aboutir à ce premier résultat, une mise en perspective historique s'impose.

Alors qu'il avait fallu près de vingt-cinq siècles pour que l'hypothèse atomique fût acceptée comme une véritable conception scientifique du monde, en quelques dizaines d'années, plusieurs niveaux d'élémentarité dans la structure de la matière ont été mis en évidence : l'atome sous la molécule, le noyau sous l'atome, le hadron sous le noyau, et, au milieu des années soixante, le quark sous le hadron. En même temps que se dévoilaient ces niveaux d'élémentarité, se faisait jour l'idée que, dans tout l'univers, la dynamique de ces structures emboîtées relevait de quatre et seulement quatre interactions qualifiées de fondamentales, l'interaction gravitationnelle, l'interaction électromagnétique et les deux interactions nucléaires, la forte et la faible, qui n'ont été découvertes qu'au XXe siècle. Au XIXe siècle, les deux premières interactions fondamentales étaient décrites par des théories prédictives qui ont constitué le socle de ce que l'on appelle maintenant le modèle standard : la théorie électromagnétique de la lumière de Maxwell pour l'interaction électromagnétique et la théorie de la gravitation universelle de Newton pour l'interaction gravitationnelle.

Historiquement, c'est dans le domaine de la physique des particules que l'expression de modèle standard a été adoptée, mais elle est maintenant largement utilisée pour désigner la théorie de référence d'une discipline scientifique, l'ensemble des connaissances théoriques historiquement accumulées et expérimentalement confirmées, qui ne seront plus complètement invalidées mais qui risquent seulement d'être dépassées ou englobées dans de nouvelles théories plus générales. Ainsi, on peut dire que la théorie de Maxwell et celle de Newton ont fait partie du modèle standard, mais qu'elles ont ensuite été dépassées et englobées dans des théories plus précises prenant en compte les contraintes de la relativité et des quanta, qui sont celles du modèle standard d'aujourd'hui.

Le premier déplacement du modèle standard intervenu au XXᵉ siècle concerne la gravitation : la théorie de la relativité générale d'Einstein est au fondement d'une théorie de la gravitation universelle qui dépasse celle de Newton, la redonne à l'approximation non relativiste et sert maintenant de base au modèle standard de la cosmologie contemporaine, le modèle du big bang. À la fin des années quarante s'est produit le second déplacement du modèle standard, avec l'élaboration de l'*électrodynamique quantique* (QED pour *quantum electrodynamics*), théorie relativiste et quantique de l'interaction électromagnétique, qui dépasse celle de Maxwell, la redonne à l'approximation non quantique, et constitue la première pierre de l'édification du modèle standard de la physique des particules et des interactions fondamentales non gravitationnelles. QED est la théorie sur le modèle de laquelle ont été élaborées dès les années soixante, une fois qu'eut été découvert le niveau des quarks, la *chromodynamique quantique* (ou QCD pour *quantum chromodynamics*), d'une part, qui est la théorie de l'interaction forte au niveau élémentaire, et la *théorie unifiée élec-*

trofaible, d'autre part, qui est la synthèse de QED et d'une théorie quantique de l'interaction faible. C'est dans le cadre de cette unification électrofaible que se situait la recherche du fameux boson qui a abouti à la découverte annoncée en juillet 2012.

Soit dit en passant, il est peut-être temps maintenant d'expliquer le titre que nous avons choisi pour cet ouvrage : la clé de voûte de l'unification électrofaible réside dans un mécanisme dit de brisure spontanée de symétrie, inspiré de la physique de la matière condensée, qui fait intervenir une particule, le *boson*, qui donne de la masse aux particules avec lesquelles elle interagit et qui est autocouplée dans un potentiel en *forme de chapeau mexicain*. Ce mécanisme de brisure de symétrie, impliquant cette forme de potentiel, a été imaginé en 1964 par trois physiciens, Robert Brout (1929-2011) et François Englert[1]*, d'une part, et Peter Higgs[2], d'autre part, qui l'ont publié indépendamment à quelques semaines d'intervalle. Pour des raisons que nous ne souhaitons pas discuter, la particule, le boson qui a découlé de l'intégration de ce mécanisme au modèle standard de la physique des particules, a été baptisée le boson de Higgs. Nous l'appellerons dans les chapitres qui suivent le boson de Brout, Englert et Higgs, ou en abrégé le boson BEH, et le mécanisme auquel il est associé, le mécanisme BEH. Nous consacrerons la deuxième partie de l'ouvrage, intitulée « La nécessité du boson », à démonter le mécanisme BEH, à tenter d'expliquer à un public non spécialiste en quoi il consiste, à montrer les défis théoriques, expérimentaux, instrumen-

---

* Les notes sont regoupées en fin de volume, p. 481.

taux et organisationnels, qu'il a fallu relever pour mener à bien les recherches qui ont abouti à la découverte annoncée en juillet 2012. Nous essaierons aussi d'analyser les raisons du succès obtenu.

La mise en perspective historique évoquée plus haut, faisant apparaître les noms de Newton, Maxwell et Einstein, permet déjà d'apprécier la portée de ces recherches, mais un autre élément vient encore en rehausser l'enjeu : la physique des particules et la cosmologie scientifique qui s'est aussi dotée d'un modèle standard, la théorie du big bang qui rend compte de l'expansion de l'univers, ont tendance à se rapprocher, à collaborer pour nous offrir, en relation avec les autres branches de la physique et avec un grand nombre d'autres disciplines scientifiques, une authentique cosmogonie scientifique, à savoir un *grand récit*, celui d'un univers qui n'est pas seulement en expansion, mais aussi *en devenir, en évolution*, depuis une phase primordiale, quantique, relativiste de haute énergie (parce que proche du big bang) où toutes les particules sont indifférenciées et sans masse, où toutes les interactions sont unifiées, jusqu'à l'état dans lequel il se laisse aujourd'hui observer, en passant par une série de *transitions de phases*, au cours desquelles les particules se différencient (certaines d'entre elles acquérant de la masse), les interactions se séparent, les symétries se brisent, des nouveaux états et structures de la matière émergent. C'est ce grand récit, profondément renouvelé grâce à la découverte du boson et aux impressionnants progrès récents de la cosmologie observationnelle, qui fera l'objet de la troisième partie de l'ouvrage, intitulée « L'héritage du boson ». La transition, objet des recherches qui ont abouti à la découverte du boson, serait intervenue à la plus haute énergie, c'est-à-dire dans le passé le plus lointain, qu'il soit possible d'explorer expérimentalement, c'est celle dans laquelle la synthèse électrofaible se serait défaite en donnant naissance d'une part à l'interaction électromagnétique dont relève la lumière (le *fiat lux* en quelque sorte !) et d'autre part à l'interaction faible de courte portée, responsable des réactions thermonucléaires fournissant l'énergie des étoiles ; de plus, c'est dans cette transition que les quarks et l'électron, les constituants de la matière dont nous sommes faits, seraient *devenus* massifs. Et voici donc expliqué le sous-titre que nous donnons à notre ouvrage.

L'élaboration, la composition dirons-nous, de ce grand récit de la matière et de l'univers, est le résultat des relations interdisciplinaires qui se nouent entre les théories au fondement du modèle standard (la théorie quantique des champs et la relativité générale) et celles — toutes les branches de la physique, voire l'ensemble des sciences de la nature et de la société — qui, au travers du recours aux méthodes statistiques, font sa place au *hasard* et qui sont susceptibles d'expliquer l'*émergence* de nouveauté. Nous nous attacherons à montrer la pertinence de la méthodologie dite des *théories effectives* qui permet d'articuler le fondamental, l'universel et l'émergent.

Mais l'héritage du boson ou, plus précisément, celui de l'aventure humaine qu'ont été sa recherche et sa découverte, ne concerne pas que l'histoire et la philosophie des sciences, il concerne aussi, nous en sommes convaincus, l'histoire tout court, l'histoire des civilisations humaines : sa portée a une dimension anthropologique que nous souhaitons évoquer en conclusion de l'ouvrage. C'est pourquoi nous ne voulons pas clore cet avant-propos sans avoir évoqué l'histoire de l'auteur de la découverte du boson, le CERN, le contexte géopolitique de sa création, les arrière-pensées et les anticipations visionnaires qui ont présidé à sa création.

La citation de Goethe que nous avons placée en exergue de cet avant-propos nous permet d'illustrer les rapports de la physique des particules et de la société à travers l'exemple du CERN et ses fondateurs visionnaires : révéler les secrets de la nature, rassembler, comme nous l'avons dit, par-delà les frontières, innover et former, mettre en œuvre une mondialisation collaborative réussie, un héritage des Lumières.

Après une période où l'Europe a dominé la scène mondiale scientifique, jusqu'à l'avènement du nazisme, le mouvement s'est inversé. Le nazisme, la guerre ont provoqué l'exil des meilleurs physiciens européens : Einstein, Fermi, pour ne citer que deux des plus prestigieux. Il est vrai que, depuis le siècle des Lumières, la recherche fondamentale, qui n'a pour but principal que de faire bouger les frontières de la connaissance, rime avec liberté de penser, liberté de chercher, libre circulation des personnes et des idées. Cela est d'ailleurs maintenant inscrit dans la charte du chercheur européen. Cette activité était donc totalement incompatible avec le nazisme de même qu'elle a pu l'être, dans une certaine mesure aussi, plus tard avec le régime soviétique. La solidarité des scientifiques à travers le monde a toujours été une réalité dans ces circonstances, l'aide et l'accueil de scientifiques étrangers en difficulté, un devoir.

Aux États-Unis, les scientifiques de la physique du noyau, particules élémentaires de l'époque (souvent des Européens émigrés), se mobilisent à partir de 1942, sous la direction de Robert Oppenheimer et du général Leslie Groves, et suite à une lettre d'Albert Einstein au président Roosevelt, à travers le projet Manhattan. Le projet Manhattan est le nom de code du projet conduit pendant la Seconde Guerre mondiale qui permit aux États-Unis, assistés par le Royaume-Uni, le Canada et des chercheurs européens de réaliser la première bombe atomique de l'histoire en 1945.

Après la guerre, l'Europe est dévastée. Première en physique avant guerre, elle a perdu ses savants, n'a plus d'installations ni de grands centres de recherche qui puissent rivaliser avec les États-Unis triomphants et l'URSS montante. Tout est à reconstruire pour éviter la poursuite de la fuite des cerveaux et créer une Europe capable de se mesurer aux deux grandes puissances dans le climat de guerre froide qui s'installe. Les circonstances sont donc favorables pour constituer une Europe de la science en commençant par l'atome.

Après la guerre, l'atome ou plus précisément le noyau de l'atome, l'infiniment petit de l'époque, jouit d'un prestige civil et militaire. Il évoque à la fois les concepts de pointe, les technologies qui donnent la supériorité civile (centrales énergétiques nucléaires) et militaire (bombe nucléaire). L'atome est ainsi au cœur des enjeux de la connaissance, au cœur de la compétitivité économique, au cœur du secret d'État et de la supériorité militaire. Cet argument va jouer pour la création du CERN dans une Europe en reconstruction. Il sera ainsi la première organisation scientifique européenne.

La suite de l'aventure nucléaire qui avait donné naissance aux premières centrales et aux premières bombes nucléaires à travers le projet Manhattan sem-

ble maintenant se situer au niveau des accélérateurs
de particules (les premiers cyclotrons et les synchro-
cyclotrons qui suivront) qui sondent le noyau lui-
même et atteignent un nouveau degré d'élémentarité. Les accélérateurs de particules aux États-Unis
sont situés dans les mêmes centres qui avaient été
actifs dans l'aventure nucléaire et sont conçus par
les mêmes physiciens, héritiers de celle-ci. Les particules semblent toutefois, dès cette époque, éloi-
gnées de toute application immédiate et contribuer
surtout à l'avancée des connaissances. Pourquoi alors
poursuivre ces recherches ? Les scientifiques mettent en avant l'aspect avant tout exploratoire, les politiques, les succès récents de ces recherches en matière
d'applications, notamment dans les domaines promet-
teurs des accélérateurs. Mais l'aspect bien souvent
non dit à cette époque et qui va porter ces recherches
en tête des priorités aux États-Unis, en URSS et en
Europe pendant un certain temps, est que, par leur
complexité conceptuelle, organisationnelle et technologique, ces recherches sont portées par une communauté, certes désintéressée, mais potentiellement
mobilisable si nécessaire pour de grandes causes. Cette
ambiguïté va aider à la création du CERN en Europe
et à celle d'un centre similaire en URSS à Doubna, le
modèle étant le laboratoire national de Brookhaven
aux États-Unis.

L'après-guerre est marquée par l'explosion de la première bombe nucléaire russe en 1947 et par la montée
de la guerre froide entre l'Est (l'URSS et ses satellites)
et l'Ouest (les pays du camp dit atlantique emmenés
par les États-Unis). Les États-Unis mobilisent une
partie de leurs physiciens nucléaires pour réaliser la
bombe à hydrogène basée sur la fusion thermonu-

cléaire de l'hydrogène et dont l'énergie dégagée n'a en principe pas de limite. Les premières bombes jusqu'alors sont des bombes basées sur la fission nucléaire de l'uranium ou du plutonium et qui dégagent des énergies correspondant à la fission de ce qu'on appelle la masse critique (de l'ordre d'une dizaine de kilogrammes) de ces éléments à partir de laquelle les réactions de fission deviennent explosives.

Le pacte atlantique avec les États-Unis comme puissance dirigeante a pour but de solidariser les pays de l'Ouest, notamment comme rempart contre l'alliance du pacte de Varsovie, pacte entre les pays de l'Est emmenés par la Russie. L'Europe de l'Ouest doit donc être unie et jouer un rôle aux côtés des États-Unis. Quel peut être ce rôle dans le domaine de l'atome ? Le CERN paraît pouvoir en jouer un acceptable en matière de recherche fondamentale publique, publiée et donc non secrète, qui convient parfaitement aux scientifiques et est susceptible de constituer un dénominateur commun acceptable pour les politiques de l'Ouest des deux bords de l'Atlantique.

Le rôle des États-Unis dans la création du CERN a été considérable, notamment sous l'impulsion de deux acteurs scientifiques reconnus du monde politique américain : Robert Oppenheimer, père de la première bombe nucléaire américaine, et Isidore Rabi, Prix Nobel de physique, ancien élève de Robert Oppenheimer, ayant travaillé avec lui dans le projet Manhattan, physicien à l'université Columbia et conseiller politique reconnu à Washington. Isidore Rabi est souvent considéré, notamment par les Européens, comme le père fondateur du CERN. Il fit en effet un discours historique à Florence, à l'occasion du sommet de l'UNESCO, dans lequel il se prononçait en son nom et au nom du gouvernement des États-Unis en faveur de la création d'un laboratoire européen de physique nucléaire. Son influence fut décisive : elle témoignait de la bénédiction des États-Unis pour un tel laboratoire, bénédiction sans laquelle la création n'aurait pas été possible.

Quelles étaient alors les arrière-pensées ? Pour les États-Unis, il s'agissait de solidariser les pays de l'Ouest (pacte atlantique) dans un effort destiné à construire un meilleur rempart contre l'Est : l'atome était considéré comme central à cette époque. Il y avait aussi l'idée que l'Europe, par tradition, était peut-être meilleure que les États-Unis pour la recherche fondamentale, tandis que ceux-ci seraient toujours meilleurs pour les applications civiles ou militaires. Les États-Unis, s'appuyant sur les scientifiques européens, militaient donc pour un laboratoire de physique nucléaire ouvert au monde, sans secrets et dont le but unique serait l'exploration fondamentale de l'atome et de son noyau. Pour simplifier : à l'Europe les recherches d'exploration, aux États-Unis les applications civiles et militaires.

Le CERN a été la première organisation scientifique européenne. On le doit à beaucoup de personnalités du monde politique et du monde scientifique : des Français avant tout, des politiques (Robert Schuman, François de Rose, Raoul Dautry), des scientifiques (Louis de Broglie, Francis Perrin, Pierre Auger, Lev Kowarski). Ce mariage du politique, qui tend naturellement à défendre les intérêts de chaque pays dans la mise en commun souhaitée, et du scientifique, qui tend à promouvoir le meilleur quel qu'il soit, a permis dans le fonctionnement du CERN d'éviter le principe de juste retour dans l'attribution des marchés tout en conservant un mode de décision basé sur l'adhésion d'une majorité (un État membre égale une voix) et d'une majorité qualifiée (les voix sont pondérées par la contribution du pays au budget).

Parmi les Italiens, Gustavo Colonnetti, président du Conseil de la recherche italienne, et Eduardo Amaldi, physiciens de grand talent, furent parmi les plus actifs défenseurs de l'organisation en construction. Cela tient principalement au prestige considérable de la physique fondamentale en Italie (la physique des particules du XXe siècle est dans une certaine mesure l'héritière de Galilée et de Fermi). L'Italie jusqu'à nos jours est un des pays les plus présents en physique des particules et au CERN. Elle a été aussi un ardent défenseur de la construction européenne.

Le Royaume-Uni et les pays scandinaves ont été plus longs à convaincre. Les arguments sur la construction européenne ou sur la nécessité de faire contrepoids aux États-Unis portaient moins. Même l'argument scientifique ne les persuadait pas tout à fait. Il a fallu attendre que ces pays se convainquent que les recherches exigeaient maintenant des moyens qu'aucun État, et notamment pas le leur, ne pouvait s'offrir seul.

En ce qui concernait l'Allemagne, le consensus était général, y compris en Allemagne : il était souhaitable de la réintégrer dans le concert des nations européennes et de ne surtout pas la laisser faire cavalier seul dans les recherches sur l'atome.

Enfin la Suisse, par son penseur de Rougemont et par sa neutralité, a permis de trouver naturellement un site, Genève, pour l'organisation et le laboratoire. Pour bien montrer que celui-ci n'avait pas de frontières, la France a accepté de céder une partie de son territoire à l'organisation afin qu'il fût géographiquement transfrontalier.

La convention qui a présidé à la création du CERN et qui n'a jamais été modifiée, ce qui montre que ses auteurs étaient des visionnaires, est un traité ratifié par les États adhérents.

L'organisation fournira le cadre de la collaboration entre États européens dans le domaine de la physique nucléaire et de la recherche qui lui est reliée (aujourd'hui la physique des particules), physique de caractère purement scientifique et fondamental. Elle n'aura pas de buts militaires et visera à rendre publics les résultats de ses travaux. Elle pourra avoir un centre ayant un ou plusieurs accélérateurs (le laboratoire situé à Genève à la frontière franco-suisse qui aujourd'hui s'étend sur les deux pays) ou plusieurs centres (demain peut-être avec la mondialisation du CERN ?). Elle promouvra la collaboration des scientifiques de par le monde autour de ce ou ces centres dans le domaine de la physique nucléaire et des particules, y compris la physique théorique et la physique des rayons cosmiques.

Le 29 septembre 1954, la convention a été ratifiée par douze États fondateurs : Allemagne, Belgique, Danemark, France, Grèce, Italie, Norvège, Royaume-Uni, Suède, Suisse, Pays-Bas, Yougoslavie.

Aujourd'hui, l'organisation CERN est dotée d'un Conseil où sont représentés les États et qui définit la stratégie. Chaque État a une voix. Ce Conseil, la plus haute autorité de l'organisation, en définit donc, à la majorité simple, les grandes lignes, au niveau scientifique, technique et administratif. C'est lui qui vote le budget du laboratoire qui est réparti proportionnellement au produit intérieur brut, en utilisant cette fois une majorité qualifiée, pondérée par les contributions. Le budget est dépensé le mieux possible, sans contrainte de retour vers les États membres proportionnel à leur contribution. C'est réellement un « pot commun ». C'est encore le Conseil qui nomme, à la majorité des deux tiers, le directeur général qui dirigera le laboratoire. C'est enfin lui qui décide à l'unanimité de l'adhésion d'un nouveau membre.

Ce n'est pas ici que nous retracerons l'histoire des accélérateurs du laboratoire CERN, puisque celle-ci fera l'objet de longs développements dans le corps de l'ouvrage. Il nous apparaît cependant important de souligner l'atout essentiel d'un financement stable, garanti par un traité international, qui a permis au CERN de mettre en œuvre une stratégie à long terme, exclusivement motivée par les besoins de la recherche fondamentale. Pour répondre à ces besoins de manière optimale, le CERN a mis en œuvre une authentique stratégie de développement durable visant toujours à construire du nouveau à partir de ce qui existe déjà et à continuer à faire vivre ce qui existe en développant ce qu'il a d'unique (les anciennes machines servent d'injecteurs aux nouvelles machines, mais sont aussi l'objet de développements qui les maintiennent durablement à niveau). Il nous semble que c'est cette stratégie qui est à l'origine des succès remportés par le CERN (comme la découverte du boson) et lui a permis de réaliser sa première mission, celle de redonner à l'Europe sa place dans la recherche fondamentale.

Il nous semble enfin utile de mentionner sans attendre la conclusion de l'ouvrage, l'impact spectaculaire des innovations collaboratives auxquelles le CERN a recours pour faire travailler ensemble des milliers de scientifiques répartis dans le monde entier.

Dans le cadre de cette immense toile qu'ont constituée les dix mille chercheurs travaillant sur les expériences au CERN, mais appartenant à des centaines de laboratoires différents et venant de plus d'une soixantaine de pays, des outils nouveaux sont apparus qui révolutionnent jusqu'à l'économie mondiale.

Ainsi, la première proposition de la toile d'araignée mondiale (le fameux World Wide Web, WWW) a été soumise au CERN par Tim Berners-Lee en 1989, puis affinée par lui-même et Robert Caillau en 1990. Elle correspondait aux besoins des utilisateurs du LEP (le Grand Collisionneur électron-positon, précurseur du LHC) en permettant l'accès de chacun à toute l'information concernant l'expérience sur laquelle il travaillait. La contribution du CERN a été de rendre publics le concept et la réalisation du WEB, de sorte qu'aucune compagnie ne pouvait prendre de brevet. C'est la raison pour laquelle le WEB est gratuit et contribue tant à l'essor de la société de l'information. Pourquoi est-ce au CERN qu'est né le WEB ? Tim Berners-Lee le résume très bien : « Le CERN était le lieu idéal, peut-être même le seul susceptible de permettre au WEB de prendre son envol. Il concilie la liberté académique, l'esprit d'entreprendre et le pragmatisme qui, bien équilibrés, constituent le terreau du succès. »

Cela illustre la façon dont la recherche fondamentale crée pour ses besoins de rupture technologique des outils innovants souvent radicalement en rupture par rapport aux pratiques existantes et comment elle va s'appuyer sur la société, sur ses besoins pour que les innovations qui en résultent puissent être consolidées, développées et accessibles. Le WEB en est l'illustration actuelle.

La contribution du CERN aux logiciels libres, gratuits, a été déterminante avec le LINUX scientifique, notamment. La charte des logiciels libres est bien en accord avec l'esprit du CERN. Tous ceux qui adoptent cette charte s'engagent à rendre publics les développements qu'ils font sur les logiciels libres, ce qui ne les empêche pas de les utiliser dans des dispositifs à fin commerciale. C'est une méthode puissante pour faire avancer le développement des logiciels de manière rapide et coordonnée (on ne repart pas de zéro à chaque fois). Le CERN étend maintenant ce concept au matériel (le *hardware*) libre et gratuit, notamment dans le domaine de l'électronique où les circuits sont rendus publics gratuitement.

Dans le domaine du traitement des données, le CERN a mis en œuvre un nouveau paradigme. Au lieu d'avoir un supercalculateur localisé au CERN et traitant toutes les données, on le réalise en connectant tous les ordinateurs utilisés par les chercheurs du monde entier travaillant sur le LHC et en répartissant les données du LHC à travers le monde. Ainsi un utilisateur en Inde ou aux États-Unis ou en Europe a-t-il accès à la même puissance de calcul, la toile d'ordinateurs, et à toutes les données sans qu'il ait besoin de savoir où s'exécuteront les calculs qu'il a programmés et où sont les données qu'il souhaite utiliser. C'est un système puissant de traitement des données, optimisé (l'achat des ressources est réparti), transparent et démocratique (tous les chercheurs sont à égalité de moyens). Il permet de promouvoir à la fois le travail collaboratif (mise en commun des moyens) et la compétition entre les chercheurs (c'est ce que nous appellerons dans l'ouvrage la « coopétition »). Grâce à lui, des simulations extrêmement complexes ont pu être accomplies, les données ont pu être analysées dans un temps record et le défi d'aller chercher une poignée de collisions pouvant manifester la présence du boson au milieu de milliards d'autres enregistrées, comprenant chacune des millions d'informations associées, ce défi a pu être relevé. Ce système qui marche donc très bien est utilisé maintenant par des chercheurs d'autres disciplines. Pour les usages du secteur privé qui demandent plus de confidentialité et de sécurité, il a évolué vers ce qu'on appelle « le *cloud computing* ». Le CERN a constitué et constitue toujours un front avancé dans la société du numérique.

Enfin, le CERN a mis en place un nouveau paradigme pour les publications par les éditeurs de revue à comité de lecture. Au lieu que ces éditeurs soient financés par les abonnements des universités du monde entier qui sont parfois étranglées par le prix des abonnements fixés par les premiers, c'est le CERN qui négocie avec eux le coût de la publication des articles du LHC dans des revues à comité de lecture. Les éditeurs sont mis en compétition, sélectionnés et payés par le CERN pour faire leur travail en toute indépendance, à charge pour eux de proposer les articles produits par les expériences au LHC et plus généralement en physique des particules en accès gratuit à travers le monde. Le système est mis en place depuis le démarrage du LHC.

Ces exemples sont parmi les plus spectaculaires de la contribution du CERN à une mondialisation innovante et collaborative[3] avec une gestion de projet qui maximise en permanence la créativité.

C'est donc à prendre connaissance d'une aventure humaine exemplaire que nous convions le lecteur, une aventure qui vise à satisfaire un véritable besoin existentiel de l'homme, celui, comme le dit Henri Poincaré, de « se raconter l'histoire de l'univers et de reconstituer son évolution passée ».

PREMIÈRE PARTIE

LA GÉNÉALOGIE
DU BOSON

Chapitre premier

LES LUMIÈRES ET L'APOGÉE DE LA PHYSIQUE CLASSIQUE

Vingt-cinq ans après notre premier ouvrage, *La matière-espace-temps*, la découverte du boson BEH nous donne l'occasion de faire le point sur notre discipline, la physique des particules élémentaires, et, plus généralement, d'examiner la validité des hypothèses que nous avions émises quant à la portée des implications philosophiques et sociétales de la double révolution scientifique du XXᵉ siècle, celle des quanta et de la relativité. La découverte annoncée le 4 juillet 2012 est le premier succès du programme scientifique du LHC dont l'objectif prioritaire était justement la recherche de cette particule. Mais l'ensemble de ce programme a été optimisé pour rendre possible toute découverte (nouvelles particules, nouvelles symétries, nouvelles dimensions de l'espace, ou autres) qui apporterait des éléments de réponse aux interrogations soulevées par la physique des particules et par sa tendance à se rapprocher de la cosmologie.

Nous serons donc amenés à rappeler les grandes lignes de force et les acquis du modèle standard des interactions chromodynamiques et électrofaibles des quarks, leptons, gluons, photon, bosons intermédiaires et boson BEH. Nous montrerons comment la comparaison couronnée de succès des prédictions de ce modèle standard avec les expériences, en particulier celles menées au collisionneur LEP du CERN, a permis, dans une large mesure, d'atteindre l'objectif que, dans notre précédent ouvrage, nous pensions être celui de notre discipline : mettre à l'épreuve, dans des conditions extrêmes, la fiabilité de l'édifice conceptuel de la physique. Mais le modèle standard n'est pas l'aboutissement de notre compréhension de la matière. Il en est une étape historique, une théorie effective qui rend compte de l'échelle à laquelle nous pouvons scruter la matière, l'échelle de la brisure de la symétrie électrofaible, à l'énergie délivrée par le LHC.

Le modèle standard contient en lui-même les questions qui l'amèneront un jour, très bientôt peut-être, à être dépassé. On retrouve cette idée selon laquelle « pour l'esprit scientifique, tracer nettement une frontière, c'est déjà la dépasser[1] », dans l'épistémologie de Bachelard que Vincent Bontems qualifie de « transhistorique » dans l'ouvrage[2] qu'il a consacré à ce philosophe. C'est à une telle mise en perspective dont l'intention « n'est pas de juger l'histoire des sciences à partir d'un point de vue épistémologique historiquement fixe et privilégié, mais à partir de n'importe quel point de son histoire[3] », qu'est consacrée la première partie de notre ouvrage, qui, partant de la naissance de la science moderne au XVIIᵉ siècle, aboutira à la fin des années soixante du XXᵉ siècle qui ont vu naître deux nouvelles disciplines de la recherche fondamentale, la physique des particules et la cosmologie scientifique.

Ce que l'on appelle la physique classique, sur laquelle porte ce premier chapitre, est l'état de la physique, qui,

au tournant du XXe siècle, avait atteint son apogée
avant d'entrer dans une crise qui a nécessité sa refondation. Au cœur de cette physique classique se trouve
le programme de la mécanique dite rationnelle, initié
par les travaux de Galilée et Newton. Ce programme
marque, à l'issue de la Renaissance, ce que l'on peut
appeler la naissance de la science moderne, et, de
l'avis de tous les historiens, il est l'un des éléments
constitutifs du vaste mouvement culturel et philosophique qui s'est épanoui en Europe au XVIIIe siècle,
le siècle des Lumières.

LA THÉORIE DE LA GRAVITATION
UNIVERSELLE : SYNTHÈSE
DE LA MÉCANIQUE TERRESTRE
ET DE LA MÉCANIQUE CÉLESTE

Dans leur excellent ouvrage de vulgarisation de la
physique[4], Einstein et Infeld attribuent à Galilée la
rupture décisive par apport à la pensée d'Aristote qui
forme « la pierre angulaire la plus importante dans
la fondation de la science[5] ». Alors que, pour Aristote,
« le corps en mouvement s'arrête quand la force qui
le pousse ne peut plus agir de façon à le pousser[6] »,
Galilée comprend que si aucune force n'agit sur un
corps, il se meut uniformément, c'est-à-dire toujours
avec la même vitesse le long d'une ligne droite. Telle
est la *loi de l'inertie*, formulée par Newton, une génération plus tard : « Tout corps persévère dans son
état de repos ou de mouvement uniforme en ligne
droite, à moins qu'il ne soit déterminé à changer cet

état par des forces agissant sur lui[7]. » À partir de
cette loi de l'inertie peut se déduire le principe galiléen de relativité qui stipule que « si les lois de la
mécanique sont valables pour un système de coordonnées, elles sont alors valables pour n'importe quel
système de coordonnées qui se meut uniformément
par rapport au premier[8] ».

Galilée parvient alors à établir la loi de la chute
des corps, selon laquelle, lorsqu'un corps tombe à la
verticale, sa vitesse augmente en proportion du temps
de chute, et ce, indépendamment de la masse ou de la
nature du corps considéré. Pour parvenir à cette loi,
Galilée inaugure le mode de raisonnement basé sur des
« expériences de pensée », un mode de raisonnement
affectionné, plus tard, par Einstein et par les pères
fondateurs de la physique du XXe siècle : il s'efforce
de faire abstraction de la résistance des milieux dans
lesquels se propagent les corps, et imagine un milieu
de densité nulle, le « vide[9] », dans lequel l'accroissement de la vitesse est le même pour tous les corps. Le
raisonnement de Galilée se prolonge ensuite dans la
théorie du mouvement d'un projectile, combinaison
d'un mouvement vertical de chute uniformément accéléré et d'un mouvement horizontal uniforme. D'un
point de vue mathématique (« la Nature est écrite en
langage mathématique », dira Galilée), il s'attend
que la trajectoire du projectile soit une parabole, ce
qu'il lui paraît inutile de vérifier expérimentalement
(il doit y avoir des corrections dues à la résistance
de l'air), car « lorsque la certitude des principes est
acquise, nécessité naturelle et nécessité rationnelle
se confondent chez Galilée[10] ».

À l'aide de la lunette astronomique qu'il a réalisée
en 1609, Galilée a pu tirer de ses observations des con-

clusions de grande portée : de la similitude observée entre le relief de la Lune et celui de notre planète, il conclut qu'il n'y a pas lieu d'accepter la séparation nette des mondes sublunaire et supralunaire ; de l'observation des taches solaires et de leur mouvement, ainsi que de celle des quatre satellites de Jupiter, il tire argument pour adhérer à une forme ultrasimplifiée du système de Copernic selon lequel les planètes suivent des trajectoires bien approchées par des cercles centrés sur le Soleil. Mais, malgré ce détour par des considérations d'ordre astronomique, la physique de Galilée, y compris sa loi de la chute des corps, reste essentiellement une physique terrestre. C'est en réalité à Newton que revient le mérite de l'épanouissement de la mécanique, objet des *Principes mathématiques de la philosophie naturelle*[11], l'ouvrage paru en 1687, dont le retentissement fut si considérable, et de la synthèse de la mécanique terrestre et de la mécanique céleste grâce à sa théorie de la gravitation universelle. À partir des lois de Kepler qui unifient les soigneuses observations de Tycho Brahe et décrivent mathématiquement le mouvement des planètes autour du Soleil, le long d'orbites elliptiques, Newton parvient à remonter à la loi en inverse du carré de la distance de la force gravitationnelle qui est la cause de ce mouvement, une loi qui généralise celle de la chute des corps sur Terre. Cette synthèse qui unifie chute des corps sur Terre et mouvement des planètes autour du Soleil au sein de la théorie de la gravitation *universelle* est peut-être l'avancée la plus importante de la science moderne en train de naître, celle qui justifie l'ambition universaliste du mouvement des Lumières.

Le programme de la mécanique rationnelle

Le programme de la mécanique rationnelle consiste à essayer de réduire la totalité de la physique à la *mécanique*, c'est-à-dire à l'étude du mouvement d'objets matériels dans l'espace et dans le temps. Ce mouvement est régi par quatre lois fondamentales :

1. La première reprend sous une forme quantitative le principe galiléen de relativité énoncé plus haut, selon lequel en l'absence de force, en dehors de toute influence extérieure, le mouvement d'un point matériel est rectiligne et uniforme par rapport à ce que l'on appelle un *référentiel d'inertie*.

2. La seconde stipule qu'une force vectorielle donnée, appliquée sur un point matériel de masse donnée, lui communique une accélération parallèle et proportionnelle à la force et inversement proportionnelle à la masse.

3. La troisième, dite loi de l'*égalité de l'action et de la réaction*, stipule que si un point a exerce sur un point b une force $\vec{F}_{ab}$, le point b exerce en retour sur le point a une force $\vec{F}_{ba}$ égale et opposée à $\vec{F}_{ab}$.

4. La quatrième n'est autre que la loi de l'attraction gravitationnelle en inverse du carré de la distance.

Le programme de la mécanique peut alors se réduire aux deux questions réciproques suivantes :

1. Étant donné un système de points matériels et certaines forces, quel mouvement ces forces induisent-elles pour le système de points maté-

riels (étant entendu que les conditions initiales sont fixées) ?

2. Le mouvement de certains points matériels étant donné, quelles sont les forces qui ont donné lieu à ce mouvement ?

Le succès immense du programme de la mécanique, en particulier quand il était appliqué au mouvement des planètes, assimilées à des points matériels si on ne s'intéresse qu'à leur mouvement, est incontestablement dû à l'efficacité des outils mathématiques qu'il met en œuvre. Newton, en effet, est le fondateur, en même temps que Leibniz et indépendamment de lui, de ce que l'on appelle maintenant le calcul différentiel et intégral. C'est ce qui lui a permis de développer le formalisme mathématique de la mécanique. Sous l'action de ses continuateurs, comme Euler, Lagrange, Hamilton ou Jacobi, la mécanique rationnelle s'est développée considérablement et a atteint à la fin du XIXᵉ siècle un véritable apogée. Il convient de noter qu'en dépit de la crise qu'elle a traversée au début du XXᵉ siècle et des profonds remaniements qui l'ont affectée, l'ambition de la mécanique reste un véritable principe directeur de toute la physique théorique contemporaine.

Destinée, au tout début, à rendre compte du mouvement de simples points matériels, la mécanique s'était immédiatement attaquée à la description des mouvements les plus généraux affectant des objets matériels de toutes sortes. Après le point matériel, l'objet le plus simple que l'on puisse considérer est le corps solide dont le mouvement est séparé en un mouvement de translation de son centre de masse, ou centre de gravité, et un mouvement de rotation par rapport à ce centre de masse. La mécanique s'étend

ensuite à la dynamique des fluides que l'on décom-
pose par la pensée en cellules infinitésimales que l'on
pourra assimiler à des points matériels. Il apparaît
ainsi qu'avec les concepts de point matériel et de force
la mécanique a vocation à s'étendre à la description
de l'ensemble des phénomènes physiques, à condition
que l'on soit capable d'étendre son domaine d'applicabilité à des phénomènes tels que la lumière, l'électricité, le magnétisme ou la chaleur qui, a priori, ne
semblent pas directement en relever.

La mécanique analytique

Une telle extension de la mécanique nécessitait bien
évidemment des explorations empiriques et expérimentales mais aussi des améliorations significa-
tives du formalisme que l'on doit justement aux
continuateurs susmentionnés du travail de Newton.
Ainsi Lagrange révolutionne-t-il la mécanique en la
mathématisant en ce qu'il appelle la *mécanique analytique*. Il unifie mathématiquement la mécanique,
en établissant un cadre formel qui rend possible de
résoudre tous les problèmes qui peuvent en relever,
incluant ceux de la statique et ceux de la dynamique
pour les solides et les fluides. Cette reformulation de
la mécanique fait jouer un rôle central à un concept
qui n'a été formalisé que tardivement, et qui a fait
passer au second plan celui de force, l'*énergie*, que l'on
sépare en *énergie cinétique* et en *énergie potentielle* ;
les équations du mouvement peuvent être déduites
du *principe de moindre action* qui avait été postulé de
manière heuristique par Maupertuis et qui a été for-

malisé de façon rigoureuse par Euler, Lagrange et Hamilton. L'intérêt de cette formulation de la mécanique est dû à son caractère systématique : elle fournit une authentique méthodologie, comprenant des règles strictes, qu'il est suffisant d'observer rigoureusement pour dériver les équations du mouvement de tout système matériel. Comme cette méthodologie demeure, en dépit de certaines adaptations et généralisations, au cœur de la physique contemporaine, il convient de prendre le temps de discuter ses principaux concepts et moments.

Un *degré de liberté* est un paramètre dépendant du temps qui entre dans la définition de la position d'un objet matériel dans l'espace. La position dans l'espace d'un point matériel, par exemple, dépend de trois degrés de liberté, ses trois coordonnées dans un certain système de référence, et donc un système de N points matériels dépend de 3N degrés de liberté. Un fluide (liquide ou gaz) est un système dépendant d'un nombre infini de degrés de liberté, les coordonnées des cellules infinitésimales dont il est constitué et qui sont assimilables à des points matériels. L'état d'un fluide peut donc être défini à partir d'une ou quelques fonctions de ces coordonnées, ce que l'on appelle un *champ*. Comme systèmes dépendant d'un nombre infini de degrés de liberté, les champs peuvent donc en principe être intégrés au programme de la mécanique. Notons cependant qu'à ce stade, le concept de champ n'est pas un concept primitif : c'est un concept secondaire qui permet de rendre compte de l'état d'un système matériel complexe donné. L'état d'un système dépendant de N degrés de liberté est représenté par un point unique dont les coordonnées, dans un espace abstrait de N dimensions, appelé l'*espace de configuration*, sont les N degrés de liberté. Pour un tel système, le programme de la mécanique rationnelle revient à déterminer, à partir des équations du mouvement et des conditions initiales, la trajectoire du point qui le représente dans l'espace de configuration.

La formulation lagrangienne de la mécanique consiste à faire dériver les équations du mouvement d'un *principe variationnel*[12], connu comme principe de moindre action. En termes mathématiques, ce principe stipule que la trajectoire suivie dans l'espace de configuration par le point représentatif du système est celle qui minimise une certaine intégrale, appelée intégrale d'action, qui est l'intégrale sur le temps d'une fonction appelée le lagrangien. Ce lagrangien, qui a la dimension d'une énergie, est, pour les systèmes mécaniques les plus simples, égal à la différence entre l'énergie cinétique et l'énergie potentielle.

La formulation lagrangienne de la mécanique s'appuie sur la *méthode variationnelle*, particulièrement puissante, qui revient, pour élucider la dynamique d'un processus physique, à considérer l'ensemble des voies que le processus peut *virtuellement* emprunter et à établir un critère permettant de déterminer la voie qui est *actuellement* suivie.

Un autre avantage de la formulation lagrangienne est qu'elle souligne particulièrement bien l'articulation entre *relativité*, propriété de *symétrie* et loi de *conservation*. Le principe galiléen de relativité est le véritable principe fondateur de toute la mécanique, parce qu'il joue un rôle essentiel pour permettre une approche objective de la réalité physique, fondée sur l'idée d'*universalité* : sont objectifs les aspects de la réalité qui se maintiennent lorsque l'on change de référentiel[13], c'est-à-dire lorsque l'on change le point de vue à partir duquel cette réalité est observée. Dans l'ouvrage qu'il a consacré à Kant, Luc Ferry explique comment, chez ce grand philosophe des Lumières, l'objectivité se définit en termes d'universalité : « Le subjectif et l'objectif ne s'opposent plus dès lors comme le "pour nous" et "l'en soi", mais comme ce qui est valable seulement pour moi et ce qui est valable aussi pour autrui[14]. » Encore faut-il, pour accéder ainsi à l'objectivité, définir ce qui se maintient lorsque intervient un changement de référentiel. On a alors recours à deux concepts étroitement reliés : d'une part l'*invariance*, c'est-à-dire le fait que les équations du mouvement ne changent pas lorsque l'on effectue certaines transformations, dites de symétrie, et d'autre part la *conservation* au cours du temps de certaines quantités. La formulation lagrangienne de la mécanique rend possible d'établir un théorème fondamental, dû à Emmy Nœther, qui rend compte mathématiquement de cette articulation : à toute propriété de relativité est associée une certaine symétrie du lagrangien, c'est-à-dire une certaine invariance du lagrangien par rapport à certaines transformations, et la loi de conservation au cours du temps de certaines quantités. En mécanique, le théorème de Nœther s'applique à :

- La *relativité de l'origine du temps* (arbitraire du choix du temps zéro de l'horloge) articulée à l'invariance par rapport à des translations dans le temps et à la conservation de l'énergie.
- La *relativité de l'origine de l'espace* (arbitraire du choix de l'origine du système de coordonnées spatiales) articulée à l'invariance par rapport aux translations d'espace et à la conservation de la quantité de mouvement.

- La *relativité de l'orientation dans l'espace* (arbitraire du choix de l'orientation des axes de coordonnées spatiales) articulée à l'invariance par rotation et à la conservation du moment angulaire.

Grâce à l'efficacité de son formalisme mathématique, la mécanique analytique a renforcé l'espoir que l'on pourrait fonder sur elle une conception scientifique capable de rendre compte de la totalité des phénomènes physiques observables. Mais pour que cette perspective pût prendre forme il a été nécessaire d'élargir son champ d'application à des phénomènes qui, jusque-là, lui paraissaient étrangers. Ces extensions de la mécanique se répartissent en deux catégories principales, en liaison avec ses deux concepts de base, le point matériel et la force. En connexion avec le concept de point matériel se trouvent les phénomènes qui peuvent être intégrés à la mécanique grâce à l'hypothèse atomiste comme les phénomènes thermiques, la thermodynamique, voire la chimie. En connexion avec le concept de force se trouvent les phénomènes électriques et magnétiques que la théorie électromagnétique de la lumière développée par Maxwell a pu associer aux phénomènes optiques. Essentiellement, ces extensions de la mécanique ont été pleinement achevées par la physique du XXe siècle, mais seulement au prix de la restructuration complète de ses fondements qui a été rendue nécessaire par la crise que nous décrirons dans les chapitres suivants.

LA THERMODYNAMIQUE STATISTIQUE :
SYNTHÈSE DE L'ATOMISME
ET DE LA MÉCANIQUE RATIONNELLE

Que la mécanique s'intéresse au fonctionnement des machines à l'origine de la révolution industrielle des XVIIIe et XIXe siècles est une évidence, mais la mécanique seule n'est pas suffisante pour fournir une base scientifique au développement des machines qui, pour l'essentiel, sont des machines thermiques ; il lui faut s'associer à la thermodynamique qui est la science de la chaleur. Cette science de la chaleur s'est développée à partir de la définition de certaines quantités comme la température ou la pression et de l'invention d'instruments permettant de les mesurer[15]. Divers types de thermomètres associés à des échelles conventionnelles de température (température de la glace fondante ou température de l'eau en ébullition) ont petit à petit permis de donner un contenu plus scientifique à l'étude des phénomènes thermiques. Les premiers thermomètres sont inventés par Galilée, Newton (encore eux !) et Celsius. Pascal et Torricelli répondent par la négative à la question « La Nature a-t-elle horreur du vide ? » et Pascal définit rigoureusement la pression (c'est son nom qui, aujourd'hui, est attribué à l'unité de cette quantité physique). En 1673, Huygens et son assistant, Denis Papin, inventent l'ancêtre de la machine à vapeur, une invention perfectionnée par le second en 1690 comme « sa nouvelle méthode pour obtenir à bas prix des forces très grandes ».

La thermodynamique classique

Dans la compréhension des phénomènes thermiques un pas très important est franchi grâce aux travaux de Joseph Fourier. Il parvient avec sa théorie analytique de la chaleur à résoudre le problème qui avait été mis au concours par l'Académie en 1811 : « Donner la théorie mathématique de la propagation de la chaleur et comparer les résultats de cette théorie à des expériences exactes. » La théorie de Fourier est un véritable modèle de théorie physico-mathématique. Son équation centrale ainsi que certains des outils mathématiques qu'il a développés comme la fameuse « transformée de Fourier » que nous évoquerons à plusieurs reprises dans la suite de l'ouvrage ont été des sources d'inspiration extrêmement utiles pour les développements de la physique du XXe siècle : dans la préface au livre de Bachelard[16] consacré à l'œuvre de Fourier, André Lichnerowicz n'écrit-il pas : « Fourier n'aurait pas été dépaysé devant l'équation de Schrödinger » ?

On peut attribuer à Carnot la fondation de la thermodynamique théorique. Dans un travail de 1824 qui est passé à peu près inaperçu, *Réflexion sur la puissance motrice du feu et sur les machines propres à développer cette puissance*, il fait l'hypothèse que la chaleur est un fluide, et, à partir d'une analogie entre la puissance de la chaleur et celle d'une chute d'eau, il établit ce que l'on peut considérer comme l'origine du second principe de la thermodynamique. Pour extraire de l'énergie à partir de la chaleur, on a besoin d'une différence de température entre un corps chaud et un corps froid, et le rendement de toute machine thermique est nécessairement inférieur à 1 (le rendement maximum est égal au rapport de la différence des deux températures à la plus haute d'entre elles). Mais, en 1831, il remet en question l'hypothèse du fluide thermique et ouvre la voie à une interprétation mécanistique de la chaleur : « lorsqu'une hypothèse ne suffit plus à l'explication des phénomènes, elle doit être abandonnée. C'est le cas où se trouve l'hypothèse par laquelle on considère le calorique comme une matière, comme un fluide subtil. [...] La chaleur n'est autre que la puissance motrice ou plutôt le mouvement qui a changé de forme, c'est un mouvement ». Peu de temps après, il formule ce qui n'est rien d'autre que le premier principe de la thermodynamique (énoncé après le second !), le principe de conservation de l'énergie.

La formalisation complète de la thermodynamique est l'œuvre de Clausius qui en énonce de façon claire les deux principes : le premier exprime la conservation de l'énergie et le second, en termes d'accroissement de l'*entropie*, l'impossibilité du mouvement perpétuel de seconde espèce (un mouvement qui résulterait de la production de travail à partir d'une seule source de chaleur). La tendance de la chaleur à passer de manière irréversible des corps chauds aux corps froids est expliquée par ce second principe. Après le travail de Clausius, la thermodynamique semblait être une théorie bien établie, mais ses relations à la mécanique n'étaient pas claires. Si l'énergie semblait se prêter à une interprétation mécanistique, d'autres concepts de la thermodynamique comme la pression, la température ou l'entropie ne semblaient pas faciles à intégrer dans le cadre de la mécanique.

La thermodynamique statistique

C'est grâce à la conception atomiste de la matière
et au recours à des méthodes statistiques que la synthèse de la thermodynamique et de la mécanique a
pris place à travers la *théorie cinétique de la matière*
et la *thermodynamique statistique* développées par
Maxwell et Boltzmann.

Dans une conférence intitulée *Molecules*[17] prononcée en 1873 à Bradford devant la British Association,
Maxwell présente les acquis de la théorie molécu-
laire de la matière fondée sur les méthodes statistiques.
Cette théorie a rendu possible, grâce à ces dernières,
de déterminer certaines caractéristiques des constituants hypothétiques de la matière appelés atomes
ou molécules, et de commencer à connecter les quantités physiques de la thermodynamique aux concepts
de la mécanique. Un lien est ainsi établi entre les lois
microscopiques des collisions élastiques de molécules et le premier principe de la thermodynamique,
établi au niveau macroscopique, celui de la conservation de l'énergie. La température est interprétée en
termes d'agitation moléculaire : elle est proportionnelle à l'énergie cinétique moyenne des molécules,
à savoir la moitié du produit de leur masse par la
valeur moyenne du carré de leur vitesse. Le facteur
de proportionnalité est la constante de Boltzmann k.

Dans sa conférence, Maxwell présente le recours
aux méthodes statistiques comme un pis-aller auquel
nous sommes contraints à cause de l'imperfection de
nos moyens de connaissance et d'observation :

Ainsi la science moléculaire nous enseigne-t-elle que nos expériences ne nous donnent jamais rien de plus que de l'information statistique, et qu'aucune loi déduite d'elles ne peut prétendre à une précision absolue.

Mais, ajoute-t-il,

Lorsque nous passons de la contemplation de nos expériences à celle des molécules elles-mêmes, nous quittons le monde du hasard et du changement, et entrons dans une région où tout est certain et immuable.

Cela marque une difficulté conceptuelle sévère : si les molécules existent réellement, elles sont si petites qu'elles ne seront jamais observables et que notre connaissance à leur propos sera toujours basée sur des hypothèses statistiques, c'est-à-dire qu'elle sera incomplète. Cette difficulté avait conduit certains philosophes ou physiciens comme Mach et Oswald à adopter une attitude positiviste et à rejeter la conception atomiste. La levée de cette difficulté a exigé d'une part de fournir aux méthodes statistiques un fondement théorique plus solide et, d'autre part, de découvrir des moyens de rendre les atomes ou les molécules expérimentalement observables.

Toujours dans cette conférence, Maxwell exprime aussi le trouble que provoque en lui le constat que les constituants ultimes de la matière, les molécules, sont, tous, partout dans l'univers, identiques à eux-mêmes :

Chaque molécule, par conséquent, à travers tout l'univers, porte imprimé en elle le sceau d'un système métrique aussi distinctivement que le mètre des archives à Paris. [...] Aucun des processus de la Nature, depuis le temps où la Nature a commencé, n'a produit la moindre différence dans les propriétés d'une molécule. Nous ne sommes pas capables d'assigner l'existence des molécules ou l'identité de leurs propriétés à l'opération de l'une des causes que nous appelons naturelles. D'un autre côté, l'égalité exacte de chaque molécule à toutes les autres de même type lui donne, comme l'a bien dit sir William Herschel, le caractère essentiel des articles manufacturés, et exclut l'idée selon laquelle elle est éternelle et auto-existante. Nous avons ainsi été conduits, en suivant un chemin strictement scientifique, tout près du point auquel la Science doit s'arrêter. Ce n'est pas qu'il soit interdit à la Science d'étudier le mécanisme interne d'une molécule qu'elle ne peut mettre en morceaux, pas plus qu'il lui est interdit de mener des recherches sur un organisme qu'elle ne peut pas recomposer. Mais en retraçant l'histoire de la matière la Science est stoppée lorsqu'elle s'affirme à elle-même, d'un côté que la molécule a été fabriquée, et de l'autre qu'elle n'a été faite par aucun des processus que nous appelons naturels. La Science est incompétente lorsqu'il s'agit de raisonner sur la création de la matière elle-même à partir de rien. Nous avons atteint la limite ultime de notre faculté de pensée lorsque nous avons admis que parce que la matière ne peut pas être éternelle et auto-existante elle doit avoir été créée.

Et de conclure :

Elles [les molécules] continuent d'être aujourd'hui comme elles ont été créées — parfaites en nombre, mesure et poids —, et des caractères ineffaçables imprimés en elles nous pouvons apprendre que les aspirations vers la précision des mesures, la vérité dans les énoncés, et la justice dans les actions, que nous considérons comme faisant partie des plus nobles attributs des hommes, sont nôtres parce qu'elles sont les constituants essentiel de l'image de Celui qui au commencement a créé non seulement le ciel et la terre, mais aussi les matériaux qui constituent le ciel et la terre.

Nous verrons, dans la suite de l'ouvrage, comment la théorie des quanta a permis de dissiper le trouble qui assaillait Maxwell : en physique quantique, il est facile de se convaincre que tous les atomes d'une même espèce sont strictement identiques et il n'est nul besoin d'invoquer quelque cause surnaturelle ou théologique que ce soit pour expliquer cette identité.

C'est Boltzmann qui achève la synthèse de la thermodynamique et de la mécanique en établissant une interprétation mécanistique de l'entropie à la base du second principe : la constante de Boltzmann apparaît comme un facteur de proportionnalité entre l'entropie S et le logarithme du nombre W de configurations microscopiques, appelées *complexions*, donnant lieu à un état macroscopique donné. Ainsi l'entropie donne-t-elle une mesure du désordre qui tend à s'accroître avec le temps pour un système isolé, et le second principe de la thermodynamique rend compte du fait que, comme le dit Gell-Mann dans *Le quark et le jaguar :* « Dans la mesure où le hasard est à l'œuvre, il est probable qu'un système fermé présentant un certain ordre ira vers le désordre, qui offre tellement plus de possibilités. »

Un prélude à la révolution scientifique
du xxe siècle : la théorie du mouvement
brownien et la réalité des atomes

Au début du xxe siècle, en 1902 précisément, il apparaît, à travers les travaux de Gibbs et aussi du très jeune Einstein, que la méthodologie statistique n'est pas nécessairement un pis-aller, mais que sa portée est peut-être fondamentale et universelle. À la suite de Boltzmann, Gibbs fait intervenir des *ensembles statistiques* de systèmes fictifs, décrits par les mêmes variables macroscopiques que le système physique considéré, et il interprète la probabilité d'un certain micro-état (c'est-à-dire correspondant à une certaine complexion) du système physique comme le nombre moyen de systèmes se trouvant dans ce micro-état au sein de l'ensemble statistique. Dans la préface de ses *Principes élémentaires de mécanique statistique*[18], Gibbs explique le changement majeur de point de vue qu'il propose en ce qui concerne le recours aux méthodes statistiques :

> Nous pouvons imaginer un grand nombre de systèmes de même nature, mais qui diffèrent selon les configurations et les vitesses qu'ils ont à un instant donné, pas seulement de façon infinitésimale, mais de sorte à embrasser toutes les combinaisons concevables de configurations et de vitesses. Nous pouvons ici poser le problème, non de suivre les configurations d'un système particulier, mais de déterminer comment le nombre total de systèmes se distribuera dans les différentes configurations concevables à un instant donné, lorsque la distribution aura été donnée à un autre temps.

L'avantage de procéder ainsi est, comme Gibbs le dit un peu plus loin, que

> les lois de la mécanique statistique s'appliquent à des systèmes conservatifs d'un nombre arbitrairement grand de degrés de liberté, et sont exactes. Cela ne les rend pas plus difficiles à établir que les lois approchées qui concernent les systèmes comprenant un grand nombre de degrés de liberté, ou des classes limitées de tels systèmes. C'est plutôt le contraire, car notre attention n'est pas détournée de l'essentiel par les particularités du système considéré, et nous ne sommes pas obligés d'en rester à l'idée selon laquelle l'effet des quantités et des circonstances qui ont été négligées sera également négligeable dans le résultat.

Einstein, de son côté, développe une interprétation alternative du concept de probabilité : pour lui la probabilité d'un micro-état d'un système physique à l'équilibre est reliée au temps moyen que le système physique passe dans ce micro-état dans la limite du temps infini. Alors que dans l'approche « ensembliste » de Gibbs on ne considère que les propriétés statistiques de la dynamique, dans l'approche d'Einstein, on considère que chaque micro-état par lequel passe le système physique peut avoir une influence causale sur la dynamique d'ensemble. C'est ce qui amène Einstein à admettre le caractère observable des *fluctuations* qui peuvent affecter un système à l'équilibre, puisque ces fluctuations sont des effets de l'évolution du système au cours du temps, une évolution qui n'est pas du ressort de l'approche ensembliste. C'est dans cette visée qu'Einstein s'est attaché à exploiter le caractère éventuellement observable des fluctuations pour essayer de déterminer certaines propriétés des constituants microscopiques de la matière qui semblaient inaccessibles à la théorie cinétique de la matière et à la thermodynamique statistique. C'est ainsi qu'en 1905, l'« année miraculeuse » au cours de laquelle il publie sa théorie des quanta de lumière et sa théorie de la relativité restreinte, il publie également l'article sur la théorie du mouvement brownien qui a permis à Jean Perrin de conduire certaines des expériences qui ont apporté en 1908 la preuve irréfutable de l'existence des atomes[19]. Cet article[20] est caractéristique de la méthodologie, inaugurée par Einstein, qui est partout à l'œuvre dans la recherche scientifique contemporaine et consiste à mettre à l'épreuve une théorie à partir d'une expérience critique : il y affirme en effet

Si le mouvement discuté ici peut effectivement être observé (en même temps que ses lois), alors la thermodynamique classique ne pourra plus être considérée comme applicable avec précision à des corps visibles au microscope ; une détermination exacte des dimensions réelles des atomes sera alors possible. Si, par contre, la prédiction de ce mouvement se révélait incorrecte, alors un argument de poids pourrait être opposé à la théorie cinétique moléculaire de la chaleur.

LA THÉORIE DE FARADAY,
MAXWELL ET HERTZ :
SYNTHÈSE DE L'ÉLECTROMAGNÉTISME
ET DE L'OPTIQUE

Les interrogations à propos de la lumière

Les interrogations à propos de la nature de la lumière remontent à l'Antiquité : dès le IIIᵉ siècle avant notre ère, Euclide avait introduit le concept de rayon lumineux et imaginé la loi du retour inverse. Mais, tout comme Ptolémée au IIᵉ siècle de notre ère, il considère que, dans la vision, c'est l'œil qui émet une sorte de feu (qui ne brûle pas) et qui va à la rencontre des objets. Ce sont les penseurs arabes (comme Al-Kindi au IXᵉ siècle, ou Ibn al-Haytham au XIᵉ siècle) qui renversent cette conception de la vision et font de la lumière un véritable objet d'études scientifiques.

Mais alors se pose la question : la lumière est-elle faite d'ondes ou de corpuscules ? Cette question était encore un des sujets de préoccupation des théoriciens à la fin du XIXᵉ siècle. Newton avait proposé un modèle corpusculaire pour la lumière, mais la découverte des phénomènes d'interférences et de diffraction avait fait pencher la balance du côté d'une interprétation ondulatoire de la lumière, celle dont Huygens était le tenant. Selon cette conception, la lumière est une onde qui se propage sphériquement dans un milieu de référence, l'*éther*, en obéissant à deux principes : le principe de superposition ou de composition et le principe de Huygens qui stipule que le front d'onde se construit comme l'enveloppe des ondelettes émises par tous les points d'un front antérieur. Ainsi voit-on s'opposer deux conceptions contradictoires de la lumière qui, chacune à sa façon, pourraient conduire à l'extension de la mécanique à l'optique : selon la conception corpusculaire de Newton, les « grains de lumière » pourraient être assimilables à des points matériels, et selon la conception ondulatoire de Huygens, le milieu porteur des ondes, l'éther, pourrait faire l'objet d'une description mécanique.

Qu'elle fût ondulatoire ou corpusculaire, la conception de la lumière supposait que les phénomènes optiques dussent se propager à une vitesse finie. C'est Romer qui, en 1676, propose une méthode astronomique pour déterminer cette vitesse de propagation : « Le mouvement de la lumière n'est pas instantané, ce qui se fait voir par l'inégalité des immersions et émersions du premier satellite de Jupiter », et c'est Huygens qui s'appuie sur cette idée pour estimer la vitesse de propagation de la lumière à une valeur au-dessus de 243 000 km/s. La détermination, en laboratoire, de la vitesse de propagation de la lumière est le résultat d'expériences menées indépendamment par deux physiciens qui aiment à se présenter comme des « amateurs », Hippolyte Fizeau et Léon Foucault. Ils obtiennent chacun des valeurs compatibles avec les déterminations basées sur les méthodes astronomiques et avec la valeur actuellement admise pour cette constante universelle ($c = 299.792.458 \ ms^{-1}$). En mesurant la différence de vitesse de propagation de la lumière dans l'air et dans l'eau, Foucault réalise ce que l'on a appelé « l'expérience cruciale de l'optique » parce qu'elle donne l'avantage à la conception ondulatoire. Il se trouve que, par ailleurs, cette conception ondulatoire tendait à prendre le dessus sur la conception corpusculaire, parce qu'elle permettait de rendre compte de façon satisfaisante de toute une série de phénomènes observés et interprétés par Fresnel, Malus et Young comme la diffraction, la polarisation ou les interférences, pour lesquels la conception corpusculaire semblait inopérante.

Électricité et magnétisme : d'autres forces que la gravitation

Il n'est pas étonnant que les physiciens inspirés par le programme de la mécanique rationnelle se soient intéressés à l'électricité et au magnétisme, car ils pouvaient espérer découvrir dans l'étude de ces phénomènes des forces, analogues à la force de gravitation, susceptibles de mettre des corps en mouvement. D'ailleurs la force électrostatique découverte par Coulomb présente avec la loi de la gravitation tellement d'analogie (elle est aussi en inverse du carré de la distance) qu'elle a été admise malgré une mise en évidence expérimentale à peine crédible tant elle était difficile à réaliser. Œrsted découvre en 1819 l'effet magnétique produit par un courant électrique. C'est Ampère qui formalise l'ensemble de l'électrodynamique, grâce à l'introduction de la notion de *courant électrique* et en découvrant l'action mutuelle de deux courants électriques.

La théorie électromagnétique de la lumière

Dans l'établissement de la théorie électromagnétique de la lumière, la première contribution décisive
est celle de Faraday, génial expérimentateur autodi-
dacte, capable de s'intéresser aussi bien à la chimie
qu'au magnétisme ou à l'électricité. Il fonde ce que
l'on appelle depuis l'électromagnétisme, c'est-à-dire
la production d'électricité avec du magnétisme. Il
découvre, en 1831, l'induction, « un courant "induit"
qui n'apparaît que lors des ouvertures et fermetures
du circuit ». Mais sa grande contribution est l'introduction de la notion de champ. Le concept de champ
électrique est élaboré à partir de la loi de Coulomb
qui décrit l'interaction entre charges électriques :
deux charges électriques ponctuelles immobiles s'atti-
rent ou se repoussent avec une force, alignée sur la
droite qui les joint, proportionnelle au produit des
valeurs (algébriques) des charges et inversement proportionnelle au carré de la distance qui les sépare. Si
on considère cette force, dite électrostatique, comme
une force susceptible de mettre en mouvement des
points matériels selon les lois de la mécanique rationnelle, alors nous pouvons admettre le *principe de superposition* qui implique que la force totale de Coulomb
exercée par un système de charges donné sur une
charge ponctuelle supplémentaire q_0 est la *somme
vectorielle* des forces individuelles exercées par chacune des charges du système. Cette force totale est
proportionnelle à q_0 et donc, si nous la divisons par
q_0 (ou, de manière équivalente, si nous posons $q_0 = 1$),
nous obtenons une quantité vectorielle qui ne dépend

que du système de charges et de la position de la charge test (c'est-à-dire ses trois coordonnées, x, y, z). Cette fonction vectorielle des trois coordonnées est ce que l'on appelle le champ électrique, que l'on note $\vec{E}(x,y,z)$.

La façon la plus commode de visualiser un champ vectoriel comme le champ électrique est de tracer sur une figure à deux dimensions[21] les *lignes de force* du champ, c'est-à-dire des lignes orientées[22] qui, en chacun de leurs points, sont tangentes au vecteur champ qui y est défini. On peut alors se faire une idée de l'intensité du champ : en chaque point elle est inversement proportionnelle à la densité des lignes de force qui traversent une surface (dite surface équipotentielle) qui leur serait orthogonale. Comme cette densité tend vers l'infini au voisinage d'une charge ponctuelle, une telle charge représente une singularité du champ. Cette représentation de la force de Coulomb en termes de champ permet immédiatement d'en comprendre les propriétés essentielles : le champ électrique produit par une charge ponctuelle immobile placée à l'origine du système d'axes de coordonnées est à symétrie sphérique (n'importe quelle droite passant par l'origine est un axe de symétrie) ; les lignes de force du champ sont donc des droites passant par l'origine dont la densité est isotrope, c'est-à-dire qu'elle est la même dans toutes les directions ; une surface équipotentielle étant une sphère centrée sur l'origine, la densité des lignes de force qui la traversent est inversement proportionnelle à sa surface, c'est-à-dire au carré de la distance à l'origine.

Le champ magnétique peut être défini et visualisé de manière tout à fait analogue. Mais, comme le champ magnétique n'est pas produit par des charges magnétiques mais par des aimants dont les deux pôles ne peuvent être isolés, ce qui se rapproche le plus du champ magnétique est le champ électrique engendré par un dipôle électrique : le champ magnétique produit par un aimant, avec son pôle nord et son pôle sud, est similaire au champ électrique produit par un dipôle électrique dont la charge plus remplace le pôle nord et la charge moins le pôle sud. Il se trouve que le champ magnétique produit par un aimant peut être visualisé avec de la limaille de fer qui, aimantée sous la forme d'un ensemble de micro-aimants, s'oriente le long des lignes de force. Faraday montre qu'un courant électrique circulant dans un fil ou un solénoïde engendre un champ magnétique.

Les idées heuristiques de Faraday, ses concepts de champ et de ligne de force ont grandement aidé Maxwell à établir sa théorie de l'électromagnétisme qui a ensuite débouché sur la théorie électromagnétique de la lumière. Dans l'ouvrage précédemment cité, Einstein et Infeld consacrent un long développement à expliquer en quoi la théorie de Maxwell est une innovation conceptuelle majeure par rapport à la mécanique rationnelle :

> Le champ électrique et magnétique, ou *électromagnétique*, est, dans la théorie de Maxwell, quelque chose de réel. Le champ électrique est produit par un champ magnétique qui varie, qu'il y ait ou qu'il n'y ait pas de fil électrique pour déceler son existence ; un champ magnétique est produit par un champ électrique qui varie, qu'il y ait ou qu'il n'y ait pas de pôle magnétique pour déceler son existence. (...) Les équations de Maxwell décrivent la structure du champ électromagnétique. Tout l'espace est la scène de ces lois et

non pas, comme pour les lois mécaniques, les points seulement où de la matière et des charges sont présentes.(...) Dans la théorie de Maxwell, il n'y a pas d'acteurs matériels. Les équations mathématiques de cette théorie expriment les lois qui gouvernent le champ électromagnétique. Elles ne relient pas, comme le font les lois de Newton, deux phénomènes très éloignés l'un de l'autre ; elles ne rattachent pas les événements *ici* aux conditions *là*. Le champ *ici* et *maintenant* dépend du champ *immédiatement voisin* à un instant *immédiatement antérieur*. Les équations nous permettent de prévoir ce qui se passera un peu plus loin dans l'espace et un peu plus tard dans le temps, si nous connaissons ce qui se passe ici et maintenant. Elles nous permettent d'accroître notre connaissance du champ par de petits pas. Nous pouvons déduire ce qui se passe ici de ce qui s'est passé au loin par la sommation de ces très petits pas. (...) Par une déduction mathématique des équations de Maxwell, nous pouvons découvrir le caractère du champ entourant une charge oscillante, sa structure près et loin de la source et sa variation dans le temps. Le résultat d'une telle déduction est l'*onde électromagnétique*. La charge oscillante émet de l'énergie radiante, qui se propage dans l'espace avec une vitesse définie ; mais le transport d'énergie, le mouvement d'un état, sont les caractéristiques de tous les phénomènes ondulatoires. (...) Si la charge oscillante s'arrête brusquement, son champ devient alors électrostatique. Mais la série d'ondes engendrées par l'oscillation continue à se propager. Les ondes mènent une existence indépendante, et l'on peut suivre l'histoire de leurs variations comme on suit celle d'un objet matériel quelconque. [À la question de savoir à quelle vitesse se propagent les ondes électromagnétiques] la théorie, avec l'appui de quelques données expérimentales simples, qui n'ont rien à faire avec la propagation réelle des ondes, donne une réponse claire : *la vitesse d'une onde électromagnétique est égale à celle de la lumière*[23].

C'est ainsi que la théorie de Maxwell réalise la troisième grande synthèse à mettre à l'actif de la physique classique, après celle de la mécanique terrestre et de la mécanique céleste et celle de la mécanique et de la conception atomiste, celle de l'électromagnétisme et de l'optique, une synthèse qu'Einstein et Infeld n'hésitent pas à qualifier d'« une des conquêtes les plus grandes dans l'histoire des sciences ». Cette synthèse théorique avait besoin d'une confirmation expérimentale : c'est Hertz qui, la première fois, en 1887, prouve expérimentalement qu'existent des ondes électromagnétiques, que l'on appelle maintenant des ondes hertziennes, dont la vitesse de propagation est précisément celle de la lumière.

Ainsi la physique classique était-elle parvenue, au début du XXe siècle, à un remarquable apogée : aucun des phénomènes observables au sein de la matière ou dans l'univers ne semblait inaccessible à ses moyens d'investigation. La théorie de Newton peut être considérée comme le premier stade du modèle standard de l'interaction gravitationnelle et celle de Maxwell comme le premier stade du modèle standard de l'interaction électromagnétique. Ces deux théories ont certes été dépassées et englobées dans des théories plus générales dont elles sont des approximations, mais elles représentent des acquis inaliénables : elles n'ont pas été et ne seront plus jamais complètement invalidées. Quant à la méthodologie qui a permis, par le recours à la statistique, d'opérer la jonction de la mécanique rationnelle et de la conception atomiste, vieille de vingt-cinq siècles, elle représente aussi un acquis qui ne sera plus jamais remis en cause.

Chapitre 2

LA RELATIVITÉ ET LES LIMITES
DE LA MÉCANIQUE RATIONNELLE

La théorie du champ électromagnétique développée par Faraday et Maxwell a grandement renforcé l'interprétation ondulatoire de la lumière quand Hertz a démontré que les ondes du champ électromagnétique se propagent précisément à la même vitesse que la lumière : la propagation de la lumière était alors identifiée à celle d'ondes électromagnétiques. Cependant, comme nous avons commencé à le suggérer à la fin du chapitre précédent, un doute commençait à se manifester à propos du rôle attribué à la mécanique rationnelle, celui d'être le fondement de l'ensemble de la physique. Nous allons voir, dans le présent chapitre et dans ceux qui suivent, qu'aussi bien la relativité que les quanta amènent à contester ce rôle au profit de théories dans lesquelles le concept de champ joue le rôle déterminant. En effet, l'intégration de la théorie électromagnétique de la lumière au programme de la mécanique rationnelle s'est trouvée confrontée à une sévère difficulté d'ordre théorique : on n'avait jusque-là jamais rencontré d'ondes qui ne fussent portées par un certain milieu, ou un certain fluide (on savait, par exemple, que les ondes sonores ne se propagent pas dans le vide) ; quel était alors le milieu « porteur » des ondes de lumière ? Depuis Huygens, on avait ainsi postulé l'existence d'un fluide mystérieux, appelé l'*éther*, qui était censé les porter. Mais alors, un tel milieu devait être descriptible au moyen de la mécanique rationnelle ; il devait induire des effets observables, comme « un vent d'éther » dû au mouvement de la Terre face à lui. Cependant, tous les efforts théoriques et expérimentaux pour établir l'existence de ce fluide mystérieux ont été vains. L'échec des expériences, d'une part, de Michelson et, de l'autre, de Michelson et Morley, destinées à mettre en évidence l'hypothétique vent d'éther, était le sujet de diverses interprétations.

LA RELATIVITÉ RESTREINTE

Remise en cause de la cinématique classique

La théorie de la relativité a été développée par Einstein en deux étapes : en 1905, la *relativité restreinte* intègre le principe galiléen de relativité (équivalence des référentiels inertiels en mouvement relatif rectilinéaire uniforme) et, en 1916, la *relativité générale* étend le principe de relativité à des changements quelconques de référentiels.

Indépendamment du modèle de l'éther, il est apparu que les équations de Maxwell ne sont pas invariantes sous les transformations dites de Galilée, censées traduire mathématiquement le principe de relativité, fondamental en mécanique : les lois de la physique s'expriment de la même manière dans deux référentiels inertiels (c'est-à-dire en l'absence de force externe) en mouvement relatif rectiligne et uniforme. C'est Lorentz qui a découvert les transformations qui laissent les équations de Maxwell invariantes, des transformations que Poincaré a appelées « transformations de Lorentz », et dont il a montré qu'avec les rotations spatiales, elles forment un groupe, « le groupe de Lorentz ». Cependant, la signification de cette invariance n'a pas été comprise et ses implications telles que la contraction de la longueur et la dilatation du temps, qui en sont une conséquence, ont semblé très mystérieuses. Dans le cadre de la mécanique rationnelle, le principe de relativité s'exprime au moyen de la propriété d'invariance des équations de la mécanique sous les transformations de Galilée, qui permettent de changer de systèmes de coordonnées en mouvement relatif rectiligne et uniforme. Comme, en mécanique classique, le temps et l'espace, dits galiléens, sont absolus, c'est-à-dire qu'ils ne sont pas affectés par un changement de référentiel, les transformations de Galilée n'affectent ni le temps ni la métrique spatiale qui permet de mesurer la distance spatiale entre deux points.

Il est aussi facile de se convaincre que si une particule a, par rapport à un premier système d'axes de coordonnées, un mouvement rectiligne uniforme le long de l'axe des x avec une vitesse V, elle a, par rapport à un second système en mouvement rectiligne uniforme de vitesse v relativement au premier système, un mouvement rectiligne uniforme le long de l'axe des x', avec une vitesse V' donnée par $V = V' + v$; c'est la loi classique de *composition des vitesses*.

Le principe de relativité du mouvement inertiel et le caractère absolu du temps et de la métrique spatiale forment le cadre axiomatique de la cinématique (doctrine de l'espace et du temps) classique. La théorie de la relativité a été développée par Einstein en réponse au constat que, selon la théorie électromagnétique de Maxwell, la lumière se propage à la même vitesse par rapport à tout référentiel inertiel et que ses équations ne sont pas invariantes, lorsque l'on opère un changement de système de coordonnées, sous les transformations de Galilée, mais le sont sous d'autres transformations, découvertes par Lorentz, les « transformations de Lorentz » (voir l'encadré[1] *Transformations de Lorentz*) qui semblent difficiles à interpréter car, contrairement à celles de Galilée, elles modifient et le temps et les distances spatiales.

TRANSFORMATIONS DE LORENTZ

Appelons K un premier système d'axes de coordonnées que nous qualifierons de référentiel inertiel, par rapport auquel s'applique la loi de l'inertie de Newton, et K' un second système d'axes de coordonnées qui se déplace par rapport à K à vitesse constante v le long de l'axe des x. Pour ce changement de système d'axes de coordonnées, la transformation de Lorentz qui laisse invariantes les équations de Maxwell s'écrit

$$x = \frac{x' + v\,t'}{\sqrt{1 - \dfrac{v^2}{c^2}}}, y = y', z = z', t = \frac{t' + \dfrac{v}{c^2}\,x'}{\sqrt{1 - \dfrac{v^2}{c^2}}}$$

Où c est la vitesse de la lumière dans le vide. On constate que dans cette transformation, le temps et la distance spatiale changent :

$$t \neq t';$$
$$l_{12}^2 = (x_1 - x_2)^2 + (y_1 - y_2)^2 + (z_1 - z_2)^2$$
$$\neq$$
$$l_{12}'^2 = (x_1' - x_2')^2 + (y_1' - y_2')^2 + (z_1' - z_2')^2$$

mais il est facile de vérifier que la « distance d'espace-temps » définie par

$$S_{12}^2 = c^2 t_{12}^2 - l_{12}^2 = c^2(t_1 - t_2)^2 - (x_1 - x_2)^2 - (y_1 - y_2)^2 - (z_1 - z_2)^2$$

est laissée invariante par la transformation :

$$S_{12}^2 = S_{12}'^2 = c^2 t_{12}'^2 - l_{12}'^2 = c^2(t_1' - t_2')^2 - (x_1' - x_2')^2 - (y_1' - y_2')^2 - (z_1' - z_2')^2$$

Il est de même facile de vérifier que, dans cette nouvelle cinématique, la loi classique de composition des vitesses est modifiée : la particule qui a, par rapport au système K la vitesse V a, par rapport au système K', une vitesse V' qui n'est plus donnée par $V = V' + v$, mais plutôt par

$$V = \frac{V' + v}{1 + \dfrac{V'\,v}{c^2}}$$

On note sur cette dernière équation que si l'une des deux vitesses V' ou v est égale à c alors V est aussi égale à *c* ; ce qui rend bien compte du fait que, dans la théorie de Maxwell, invariante sous les transformations de Lorentz, la lumière se propage à la même vitesse *c* dans tout référentiel inertiel.

Face au constat de ce conflit entre la théorie électromagnétique de la lumière qui est confirmée par l'expérience et le cadre de la cinématique classique fondée sur l'axiome du caractère absolu du temps et de la métrique spatiale, qui n'a jamais été soumis à vérification expérimentale, Einstein choisit de conserver la première et de remettre en cause le second. Il interprète *c*, la vitesse de la lumière dans le vide, qui, dans la transformation de Lorentz, apparaît comme une vitesse indépassable (si *v* était supérieur à *c*, on aurait à prendre la racine carrée d'un nombre négatif), comme la constante universelle traduisant l'impossibilité d'action ou de transmission d'information instantanée à distance. À la limite où la vitesse *v* est très petite devant *c*, la transformation de Lorentz est très bien approchée par celle de Galilée, et donc la modification du cadre cinématique qu'envisage Einstein ne devrait avoir d'implications importantes qu'à des vitesses appréciables, voire proches de celle de la lumière. De l'impossibilité de transmission d'information instantanée à distance Einstein déduit qu'il est impossible de décider, de manière absolue, de la simultanéité de deux événements spatialement séparés, ce qui le conduit à oser *remettre en cause le caractère absolu du temps lui-même*. Il peut alors donner une interprétation physique simple à l'invariance par les transformations de Lorentz. Dans le nouveau cadre cinématique que suppose cette invariance, le temps t d'un événement spatialement localisé, intervenu au point d'espace dont les coordonnées sont x, y, z, doit être considéré comme la quatrième coordonnée d'un élément ponctuel dont x, y, z sont les trois premières coordonnées d'un continuum quadridimensionnel que Minkowski a appelé, en 1908, l'*espace-temps*. Dans cet espace-temps la transformation de Lorentz exprime la façon dont se transforment les quatre coordonnées dans l'analogue, à quatre dimensions, d'une rotation de l'espace ordinaire à trois dimensions : de même qu'une rotation modifie les trois coordonnées d'espace et laisse invariante la distance entre deux points de l'espace, la transformation de Lorentz modifie les quatre coordonnées du référentiel spatio-temporel et donc le temps aussi bien que la distance spatiale, et laisse invariante la « distance d'espace-temps » entre deux événements 1 et 2.

Il n'est pas étonnant que des innovations aussi spectaculaires que la remise en cause du caractère absolu du temps (deux horloges identiques ne marquent pas la même heure lorsqu'elles sont en mouvement relatif) et de la métrique spatiale (deux règles identiques ne mesurent pas la même longueur lorsqu'elles sont en mouvement relatif), ou de la loi classique de composition des vitesses, aient soulevé de vives oppositions au début du XXᵉ siècle : la vitesse de la lumière est tellement énorme par rapport aux vitesses accessibles dans la vie quotidienne que les écarts par rapport à la physique classique, qui s'annulent à la limite où le rapport v/c tend vers zéro, sont difficilement perceptibles. Aujourd'hui les vérifications expérimentales des implications de la relativité restreinte sont tellement nombreuses qu'il ne viendrait plus à l'idée de personne de les mettre en doute. Cela dit, il est nécessaire pour notre propos d'analyser toutes les conséquences, et elles sont nombreuses, du changement de cadre théorique induit par la relativité restreinte.

Genres des intervalles d'espace-temps

L'analogie entre la transformation de Lorentz à quatre dimensions et une rotation à trois dimensions, et entre la distance d'espace-temps et la distance spatiale, a ses limites : en effet, à cause du signe « – » qui sépare les parties temporelle et spatiale de la distance d'espace-temps, on constate que la quantité qui est censée représenter le « carré de la distance d'espace-temps » séparant les deux événements 1 et 2 n'est pas nécessairement positive ! En réalité, cette quantité peut être positive, négative ou nulle, et, selon les trois cas, on dira respectivement que l'intervalle est du *genre temps*, du *genre espace* ou du *genre lumière* :

1. Lorsque l'intervalle 1 2 est du *genre temps* (carré de la distance d'espace-temps positif), quel que soit le référentiel inertiel d'espace-temps, les deux événements se sont succédé dans le temps dans un ordre indépendant du référentiel.

2. Lorsque l'intervalle 1 2 est du *genre espace* (carré de la distance d'espace-temps négatif), il existe un référentiel d'espace-temps par rapport auquel les deux événements sont simultanés, d'autres référentiels par rapport auxquels 1 a précédé 2 et d'autres par rapport auxquels 2 a précédé 1 (c'est la relativité de la simultanéité).

3. Lorsque l'intervalle 1 2 est du *genre lumière* (dis-

tance d'espace-temps nulle), les deux événements sont reliés à la vitesse c, et ce, par rapport à tout référentiel inertiel d'espace-temps.

Le temps propre

Les résistances les plus fortes qui sont opposées aux innovations conceptuelles de la théorie de la relativité concernent la relativité du temps, car on ne voit pas pourquoi, ni comment, le temps que nous mesurons avec notre montre de poignet peut dépendre du référentiel. En réalité, comme nous allons maintenant le montrer, cette résistance n'a pas lieu d'être.

Supposons que nous observions, dans un référentiel d'inertie K, où nous sommes au repos, une horloge animée d'un mouvement quelconque. À chaque instant et pendant une durée infinitésimale, ce mouvement peut toujours être approché par un mouvement uniforme. À chaque instant, nous pouvons attacher à l'horloge un référentiel K' par rapport auquel elle sera au repos, qui sera aussi un référentiel d'inertie. En utilisant l'invariance de l'intervalle infinitésimal d'espace-temps par rapport à un changement de référentiel inertiel, nous pouvons relier (voir l'encadré *Temps propre*) le temps dt' indiqué dans le référentiel K' par l'horloge en mouvement au temps dt indiqué dans notre référentiel par cette même horloge. Comme l'horloge est au repos par rapport au référentiel K' auquel elle est attachée, l'intervalle d'espace-temps n'a pas, dans ce référentiel, de partie spatiale, ce qui signifie que cdt' est égal à l'intervalle invariant d'espace-temps : le temps mesuré dans le référentiel au repos est invariant par changement de référentiel, c'est pourquoi on l'appelle le *temps propre* de l'horloge. En revanche, le temps dt indiqué par l'horloge dans notre référentiel dépend de sa vitesse, il est relatif.

TEMPS PROPRE

Considérons une horloge en mouvement par rapport au référentiel K dans lequel nous sommes au repos. À chaque instant et pendant une durée infinitésimale, le mouvement de l'horloge peut toujours être approché par un mouvement uniforme. Nous pouvons relier le temps dt indiqué dans notre référentiel K et celui dt' indiqué dans le référentiel K' attaché à l'horloge (dans lequel elle est au repos) à l'aide de l'intervalle invariant infinitésimal ds :

$$ds^2 = c^2 dt^2 - dx^2 - dy^2 - dz^2 = c^2 dt'^2$$

Puisque l'horloge est au repos dans le référentiel K' ($dx'=dy'=dz'=0$), dt' égal à l'intervalle infinitésimal invariant divisé par c est ce que l'on appelle le temps propre de l'horloge. On a :

$$dt' = dt\sqrt{1 - \frac{dx^2 + dy^2 + dz^2}{c^2 dt^2}} = dt\sqrt{1 - \frac{v^2}{c^2}}$$

où

$$v = \frac{\sqrt{dx^2 + dy^2 + dz^2}}{dt}$$

est la vitesse instantanée de l'horloge dans le référentiel K. Si $v = c$, le temps propre de l'horloge s'annule.

Comme la montre qui est à notre poignet est au repos par rapport à nous (nous pouvons certes négliger les effets relativistes du mouvement de notre poignet !), le temps qu'elle mesure est *notre temps propre*, un temps invariant par changement de référentiel inertiel d'espace-temps. Ce temps propre est-il *objectif*, en dépit du fait qu'il s'agisse de *notre* temps propre ? La réponse est clairement oui, mais au sens que nous avons évoqué au chapitre précédent, celui de l'universalité : à condition qu'existent des horloges universelles (par exemple des horloges atomiques utilisant la fréquence de l'atome de césium), notre temps propre, celui indiqué par une horloge universelle, au repos par rapport à nous, est le même que le temps propre d'autrui, celui indiqué par une horloge universelle identique au repos par rapport à lui ou elle. Nous verrons plus bas que la notion de temps propre objectif parce qu'universel est aussi valable en relativité générale. En tous les cas, on peut d'ores et déjà tirer deux conséquences importantes du concept de temps propre :

1. Une horloge en mouvement retarde par rapport à une horloge[2] au repos (dt' est inférieur à dt). Cet effet est facilement mis en évidence par l'observation du comportement de particules produites par le rayonnement cosmique : ces rayonnements de très haute énergie produisent dans la haute atmosphère des gerbes de particules instables dont la majorité se désintègrent en leptons μ qui sont eux-mêmes des particules instables. Comme ces leptons μ ont dans notre référentiel une grande vitesse, souvent proche de celle de la lumière, leur durée de vie mesurée dans notre

référentiel est beaucoup plus grande que leur durée de vie propre (celle qu'elles ont lorsqu'elles sont au repos), ce qui fait qu'elles parcourent des distances beaucoup plus grandes que le produit par c de leur durée de vie propre.

2. Lorsque $v = c$, le temps propre s'annule : la lumière qui se propage à la vitesse c quel que soit le référentiel n'a pas de temps propre ; on peut dire qu'elle est « atemporelle ».

$E = mc^2$

Comme la refondation relativiste concerne le cadre axiomatique de la cinématique, la portée de l'invariance de Lorentz ne se limite pas à la théorie électromagnétique de la lumière mais englobe l'ensemble de la mécanique. Il nous faut donc en examiner les conséquences sur le mouvement rectiligne uniforme d'une particule de masse m libre (c'est-à-dire non soumise à l'action d'une force, et donc en mouvement rectiligne uniforme).

À partir du temps propre de cette particule (voir l'encadré *Temps propre*), on peut définir le lagrangien d'où vont dériver, par application du principe de moindre action, les équations invariantes de Lorentz de son mouvement. Alors qu'en mécanique classique, le mouvement d'une particule libre est caractérisé par l'énergie qui est un scalaire[3], et l'impulsion ou quantité de mouvement qui est un vecteur à trois composantes, en mécanique relativiste, l'énergie n'est plus un scalaire, l'impulsion n'est plus un vecteur, mais l'énergie et les trois composantes de l'impulsion forment ce que l'on appelle un quadrivecteur, le *quadrivecteur énergie-impulsion* aussi appelé *quadrimoment*. Un quadrivecteur est l'analogue, dans l'espace-temps à quatre dimensions, d'un vecteur dans l'espace ordinaire à trois dimensions. La norme invariante (ou scalaire) de Lorentz d'un quadrivecteur est l'analogue à quatre dimensions de la grandeur, invariante par rotation d'un vecteur. La norme invariante de Lorentz du quadrivecteur énergie-impulsion est, à un facteur c^2 près, la masse invariante de la particule. Elle s'exprime au moyen de ce que l'on appelle la relation de dispersion (voir l'encadré *Relation de dispersion*).

RELATION DE DISPERSION

Pour une particule de masse m en mouvement rectiligne uniforme, la relation de dispersion relie la masse, l'énergie E et la quantité de mouvement (trivectorielle)

$$\vec{p}\{p_x, p_y, p_z\}$$

En mécanique classique, la masse, l'énergie sont des scalaires et la quantité de mouvement un trivecteur. La relation de dispersion s'écrit

$$E = \frac{(p_x^2 + p_y^2 + p_z^2)}{2m} = \frac{1}{2}m\ v_x^2 + v_y^2 + v_z^2$$

i.e. l'énergie cinétique.

En mécanique relativiste, l'énergie n'est plus un scalaire et la quantité de mouvement n'est plus un trivecteur. L'énergie et les trois composantes de la quantité de mouvement forment un quadrivecteur, le quadrivecteur énergie-impulsion ou quadrimoment. La relation de dispersion devient

$$E^2 - c^2(p_x^2 + p_y^2 + p_z^2) = m^2 c^4$$

Où la masse m est appelée masse invariante de la particule. De manière quantitative, on peut exprimer, en fonction de la masse invariante m, l'énergie et la quantité de mouvement dans un référentiel inertiel de vitesse v :

$$E_v = \frac{mc^2}{\sqrt{1 - \dfrac{v^2}{c^2}}} \; ; \; \vec{p}_v = \frac{m\vec{v}}{\sqrt{1 - \dfrac{v^2}{c^2}}}$$

Lorsque $m = 0$ on a :

$$E = pc \text{ où } p = \sqrt{p_x^2 + p_y^2 + p_z^2}$$

lorsque la masse tend vers 0 et la vitesse vers la vitesse de la lumière, les expressions de l'énergie et de l'impulsion sont indéfinies (sous la forme 0 divisé par 0) mais le rapport E/p est bien fixé à c.

Nous avons qualifié d'*invariante* cette masse, car la définition de la masse ne va pas de soi en mécanique relativiste. En mécanique classique, la masse, en tant que masse inertielle, c'est-à-dire, au travers de la loi de Newton, en tant que facteur de proportionnalité entre la force et l'accélération, est un scalaire. Ce n'est plus le cas en mécanique relativiste où *la masse inertielle dépend de la vitesse*. Un raisonnement intuitif permet de comprendre pourquoi il en est ainsi. En mécanique classique, en soumettant, pendant une durée suffisante, une particule à l'action d'une force constante, on va tellement l'accélérer qu'elle va finir par avoir une vitesse supérieure à celle de la lumière. En mécanique relativiste, la masse inertielle, dépendant de la vitesse, tend vers l'infini lorsque cette vitesse tend vers c, si bien qu'il devient impossible d'accélérer une particule lorsque sa vitesse approche celle de la lumière ; on ne peut que la rendre infiniment inerte. De manière plus quantitative, on peut exprimer (voir l'encadré *Relation de dispersion*), en fonction de la masse invariante m, l'énergie et la quantité de mouvement dans un référentiel inertiel de vitesse.

Lorsqu'elle est différente de zéro, la masse invariante est égale à la *masse au repos* de la particule, sa masse dans un référentiel où elle est immobile. Dans ce référentiel, l'énergie devient alors $E_0 = mc^2$. Eh oui, la voici, la célèbre équation d'Einstein ! Elle signifie que, même au repos, une particule massive renferme une certaine énergie qui, exprimée dans un système d'unités adapté à la vie quotidienne, peut être énorme à cause de la valeur très élevée de la vitesse de la lumière c. Mais, à la limite des vitesses faibles devant la vitesse de la lumière, on retrouve la mécanique classique comme une approximation de la mécanique relativiste : la masse inertielle est invariante et égale à la masse au repos et un développement limité de l'énergie à faible vitesse donne une énergie qui, déduction faite de l'énergie (potentielle) de masse E_0, n'est autre que l'énergie cinétique de la mécanique classique. Dans tout mouvement à vitesse faible devant la vitesse de la lumière, les rai-

sonnements sur la conservation de l'énergie ne concernent que l'énergie cinétique et l'énergie de repos peut
sans dommage être mise à zéro. Dans une réaction
chimique, faisant intervenir des atomes ou des molécules de basse énergie, l'approximation de basse vitesse
est une bonne approximation et les masses et le
nombre de particules impliquées sont conservés ; la
conservation de l'énergie ne concerne que les énergies cinétiques. La situation est radicalement différente dans des réactions nucléaires ou subnucléaires,
comme celles intervenant dans la radioactivité, où
les énergies sont si élevées que les effets relativistes
ne peuvent plus être négligés. Dans une telle réaction, de l'énergie de masse peut se transformer en
énergie cinétique et vice versa ; des particules peuvent disparaître, d'autres peuvent apparaître. C'est
d'ailleurs cette circonstance qui a fait de la théorie
quantique des champs, dans laquelle le nombre de
quanta n'est pas déterminé, la base théorique de la
physique des particules à haute énergie. Mais au-
delà de cette conséquence, purement théorique,
l'équation d'Einstein a fait entrevoir les énormes
quantités d'énergie enfermées dans les noyaux des
atomes et ouvert la voie à toutes les applications
civiles et militaires de l'énergie nucléaire.

LA THÉORIE RELATIVISTE
DU CHAMP ÉLECTROMAGNÉTIQUE

Le concept de champ promu au rang de concept fondamental

Il est intéressant de remarquer (voir l'encadré *Relation de dispersion*) que la relation de dispersion qui définit la masse invariante autorise la valeur 0 pour ce paramètre. Si, en effet, $m = 0$, l'énergie est égale au produit de la vitesse de la lumière par la quantité de mouvement, ce qui est compatible avec les équations qui définissent l'énergie et la quantité de mouvement dans un référentiel inertiel de vitesse v à la condition que $v = c$: lorsque la masse tend vers 0 et la vitesse vers la vitesse de la lumière, les expressions de l'énergie et de l'impulsion sont indéfinies (sous la forme 0 divisé par 0), mais le rapport E/p est bien fixé à c. Mais alors comment une particule pourrait-elle avoir une « masse au repos » égale à zéro ? Tout simplement en n'étant jamais au repos ! Une particule de masse nulle n'est jamais au repos : dans tout référentiel, elle se déplace, comme la lumière... à la vitesse de la lumière.

Dans la théorie de la relativité, on peut montrer que le champ électromagnétique porte de l'énergie et de la quantité de mouvement qui sont bien dans le rapport c et donc qu'il s'agit d'une matière sans masse. Il y a donc, en théorie relativiste, deux façons de penser la matière : la matière peut être d'une part pensée comme une « matière-masse », ce qu'Einstein appelle la matière « pondérable » ou encore la « substance », dont sont constitués les points matériels de la mécanique classique, et d'autre part comme une « matière-énergie » sans masse, dont le paradigme est le champ électromagnétique. Cette seconde forme de la matière est totalement étrangère à la mécanique : en faire un concept premier revient à outrepasser les limites de la mécanique.

En physique classique, la masse précède (logiquement) l'énergie : il n'y a pas d'énergie sans masse ; la seule façon, pour un corps massif, d'avoir de l'énergie est d'être en mouvement et d'avoir une énergie cinétique égale au produit de la masse par la moitié du carré de la vitesse. En physique relativiste, c'est l'énergie qui précède (logiquement) la masse : il n'y a pas de masse sans énergie (c'est ce qu'exprime l'équation d'Einstein) ; en revanche, il peut exister de l'énergie sans masse, la lumière ou le champ électromagnétique en est un exemple. Selon la cosmogonie scientifique résultant du rapprochement de la cosmologie et de la physique des particules, nous verrons que c'est *temporellement* que l'énergie précède la masse : il y aurait eu dans l'histoire de l'univers une époque où toutes les particules étaient sans masse (des particules-lumières constitutives de la matière première de l'univers). La transition au cours de laquelle les particules sont devenues massives est associée au mécanisme de Brout, Englert et Higgs, objet des recherches expérimentales menées auprès du LHC. Encore un mot pour souligner l'enjeu exceptionnellement élevé de ces recherches. Nous avons fait remarquer (voir l'encadré *Temps propre*) que lorsque $v = c$ le temps propre s'annule. Mais nous venons d'expliquer que la vitesse n'est égale à celle de la lumière que si la masse est nulle. *La transition au cours de laquelle les particules sont devenues massives marquerait-elle l'origine de notre temps propre ?*

Dans leur ouvrage cité ci-dessus, Einstein et Infeld font précéder leurs explications à propos de la relativité par une discussion de l'innovation conceptuelle majeure qu'a représentée, dans la théorie électromagnétique de la lumière, la promotion du concept de champ au rang de concept fondamental :

> Figurant d'abord comme modèle utile, le champ est devenu de plus en plus réel. Il nous aide à comprendre les faits connus et nous conduit à des faits nouveaux. L'attribution d'énergie au champ marque un pas de plus dans le développement où le concept de champ a acquis une importance de plus en plus grande et où le concept de substance, qui joue un rôle capital dans la conception mécanique, est de plus en plus éliminé. [... Les équations de Maxwell] marquent l'événement le plus important en physique depuis le temps de Newton, non seulement à cause de leur contenu, mais aussi parce qu'elles forment le modèle d'un nouveau type de loi[4].

Et un peu plus loin :

> Le champ peut être considéré comme quelque chose de réel ; une fois créé, le champ électromagnétique existe, agit et varie conformément aux lois de Maxwell[5].

Ou encore :

> Au début, le concept de champ n'était rien d'autre qu'un moyen de faciliter l'intelligence des phénomènes du point de vue mécanique [mais] la reconnaissance des nouveaux concepts gagna de plus en plus de ter-

rain et le champ finit par éclipser la substance. [...]
Une nouvelle réalité a été créée, un concept nouveau,
pour lequel il n'y avait pas de place dans la description
mécanique. Lentement et par une lutte constante, le
concept de champ est arrivé à occuper la première
place en physique et figure parmi les concepts fondamentaux de cette science. Le champ électromagnétique est pour le physicien moderne aussi réel que la
chaise sur laquelle il est assis[6].

C'est cette analyse qui leur permet de conclure que :

la théorie de la relativité naît des problèmes du champ.
Les contradictions et les inconséquences des anciennes
théories nous obligent à attribuer des propriétés nouvelles au continuum espace-temps, qui est la scène de
tous les événements de notre monde physique[7].

Ainsi, en s'affranchissant du cadre trop rigide de
la conception mécaniste, la théorie relativiste des
champs fournit-elle le fondement d'un authentique
modèle standard de l'interaction électromagnétique.
Ce modèle ne remet pas en cause la théorie électromagnétique de la lumière de Maxwell, au contraire,
il la débarrasse, comme d'un échafaudage provi-
soire, du modèle mécaniste de l'éther qui avait permis de la concevoir, mais qui, ensuite, a posé plus
de problèmes qu'il n'a aidé à en résoudre. De concept
secondaire destiné à décrire l'état d'un système complexe, le champ relativiste est devenu un concept premier, au moins aussi fondamental que celui de point
matériel.

Formulation lagrangienne de l'électrodynamique[8]

La mécanique rationnelle classique fait jouer au temps et à l'espace des rôles dissymétriques : les positions spatiales des points matériels sont traitées comme des variables dynamiques alors que le temps est un paramètre continu. Le passage à la mécanique relativiste suppose que l'on rétablisse la symétrie entre le temps et l'espace (rappelons qu'en relativité le temps est la quatrième dimension de l'espace-temps). On y parvient si on considère, comme système mécanique, un champ, que nous appellerons *le champ dynamique*, c'est-à-dire un ensemble infini de degrés de liberté, représenté par une fonction, ou un ensemble de quelques fonctions de quatre variables, les trois coordonnées d'espace et le temps, qui sont traitées toutes les quatre comme des paramètres continus. Les coordonnées d'espace peuvent être assimilées à des sortes d'indices continus, permettant d'indicer la suite infinie de degrés de liberté du champ.

Dans la formulation lagrangienne de la mécanique rationnelle classique, on fait dériver les équations du mouvement (dites d'Euler-Lagrange) d'un principe variationnel, dit principe de moindre action : la trajectoire du point représentatif du système dans l'espace de configurations est celle qui rend minimum l'*intégrale d'action*, l'intégrale sur le temps du *lagrangien*, différence de l'énergie cinétique et de l'énergie potentielle. La généralisation relativiste de cette formulation lagrangienne ne pose pas de difficultés de principe. On forme, à partir des champs et de leurs dérivées partielles spatiales et temporelles, une *densité de lagrangien*, dont l'intégrale sur l'espace est le lagrangien, dont, à son tour, l'intégrale sur le temps est l'intégrale d'action, si bien que cette intégrale d'action est l'intégrale sur l'espace-temps de la densité de lagrangien. Comme l'intégration sur l'espace-temps peut être définie de manière invariante de Lorentz, il suffit de partir d'une densité de lagrangien invariante de Lorentz pour obtenir une intégrale d'action invariante de Lorentz et donc des équations du mouvement invariantes de Lorentz, c'est-à-dire une théorie relativiste.

Cette méthodologie peut être appliquée à l'électrodynamique. Comme les équations de Maxwell (dans le vide et dans la matière) sont du premier ordre dans les champs électrique et magnétique, alors que les équations du mouvement de la généralisation relativiste de la mécanique sont du second ordre, il faudra considérer, comme champ dynamique, non pas les champs électrique et magnétique, mais plutôt les *potentiels* d'où ils dérivent. Il est en effet possible de formuler la théorie de Maxwell au moyen d'un potentiel scalaire et d'un potentiel vecteur d'où dérivent, par différentiation par rapport aux coordonnées spatiales et temporelles, les champs électrique et magnétique. En théorie relativiste, le potentiel scalaire et les trois composantes du potentiel vecteur forment un quadrivecteur, que l'on appelle le quadrivecteur potentiel. Si on considère, comme champ dynamique, ce quadrivecteur potentiel, les équations du mouvement seront bien du second ordre.

Pour exprimer la covariance de Lorentz des champs électrique et magnétique, c'est-à-dire la façon dont ils se transforment sous l'action d'une transformation de Lorentz, nous devons introduire le concept de *tenseur*, dont nous verrons plus loin qu'il joue un rôle fondamental dans la théorie de la relativité générale. Un tenseur à deux indices est un ensemble de seize composantes, que l'on peut disposer sur un tableau à quatre lignes et quatre colonnes, qui, sous l'action d'une transformation de Lorentz, se transforme comme le produit[9] de deux quadrivecteurs. On peut prendre « le carré de Lorentz » d'un tenseur, c'est un scalaire. Le champ électrique et le champ magnétique forment le *tenseur champ électromagnétique*, un tenseur *antisymétrique*, que l'on forme à partir du quadrivecteur potentiel et du *quadrivecteur de dérivation* formé par les dérivations partielles par rapport au temps et par rapport aux trois coordonnées d'espace.

Si les équations que nous voulons interpréter comme des équations d'Euler-Lagrange relativistes sont les équations de Maxwell dans la matière, nous devons aussi tenir compte de la matière pondérable dans la construction de l'intégrale d'action. Pour en décrire la contribution, nous allons adopter la théorie des électrons de Lorentz qui assimile la matière pondérable à un ensemble de points matériels porteurs de charges électriques invariantes. C'est ainsi que l'on construit le *quadrivecteur courant*, formé par la densité scalaire de charge par unité de volume, et les trois composantes de la densité vectorielle de courant électrique par unité de volume. Le quadrivecteur courant obéit à l'*équation de continuité* (ou loi de *conservation du courant*) qui traduit la conservation de la charge portée par la matière pondérable : la variation par unité de temps de la charge contenue dans un certain volume doit être égale à la quantité de charge qui, par unité de temps, traverse ce volume. En termes invariants de Lorentz, cette équation de continuité revient à l'annulation du produit scalaire du quadrivecteur courant par le quadrivecteur de dérivation.

À l'aide du quadrivecteur potentiel (le champ dynamique), du tenseur champ électromagnétique (fonction du champ dynamique et du quadrivecteur de dérivation) et du quadrivecteur courant, nous pouvons, maintenant, construire l'intégrale d'action invariante de Lorentz, d'où dérivent les équations de Maxwell au travers du principe de moindre action. De manière surprenante, le résultat de cette construction est, dans son interprétation, relativement simple. L'intégrale d'action contient trois termes :

- le premier est proportionnel à l'intégrale sur l'espace-temps du carré de Lorentz du tenseur champ électromagnétique ; c'est un terme d'énergie *cinétique* associé à la propagation du champ électromagnétique en l'absence de charge ;
- le second est la somme des actions invariantes de Lorentz des particules chargées ; c'est aussi un terme d'énergie *cinétique* associé à la propagation des particules chargées, en l'absence de champ ;
- le troisième est l'intégrale sur l'espace-temps du produit scalaire du quadrivecteur potentiel et du quadrivecteur courant ; c'est un terme d'énergie *potentielle* associé à l'interaction (on dit aussi au *couplage*) du champ électromagnétique avec la matière.

L'invariance de jauge

La formulation lagrangienne de la théorie électro-magnétique que nous venons d'esquisser est enta-chée d'un certain arbitraire à cause de l'utilisation du quadrivecteur potentiel : déjà en mécanique clas-sique, lorsque l'on fait dériver une force d'un poten-tiel, ce potentiel n'est défini qu'à une constante additive près (puisque, par dérivation, un potentiel constant donne une force nulle). En théorie relativiste, cet arbitraire prend une forme un peu plus complexe : on peut montrer que si l'on ajoute au quadrivecteur potentiel l'application du quadrivecteur de dérivation à une fonction scalaire quelconque, le tenseur champ électromagnétique ne change pas. Une telle transfor-mation du quadrivecteur potentiel, que l'on appelle une *transformation de jauge*, laisse donc invariantes les équations de Maxwell, tout au moins en l'absence de matière. En présence de matière, le terme d'inter-action qui fait explicitement intervenir le quadri-vecteur potentiel ne semble pas invariant sous une telle transformation de jauge. Mais il se trouve que si (et seulement si) le quadrivecteur courant obéit à l'équation de continuité, la modification du terme d'interaction ne modifie pas les équations du mou-vement. On a donné le nom d'*invariance de jauge* à cette propriété de symétrie qui, en quelque sorte, géné-ralise à la théorie électromagnétique le théorème d'Emmy Nœther : la *relativité* du potentiel est équi-valente à l'*invariance* des équations du mouvement sous les transformations de jauge et à *la loi de conser-vation* du courant. Mais l'invariance de jauge ne prend sa signification physique pleine et entière que dans le cadre de la théorie quantique des champs et, comme elle présente une profonde analogie avec l'invariance de la théorie relativiste de la gravitation que nous allons maintenant décrire, elle est devenue un puissant principe unificateur pour l'ensemble de la physique des interactions fondamentales.

LA RELATIVITÉ GÉNÉRALE

Une théorie relativiste de la gravitation universelle

Ayant à disposition, grâce à la relativité restreinte, un cadre théorique englobant aussi bien la mécanique rationnelle que la théorie des champs, on peut se poser deux questions si l'on souhaite encore élargir ce cadre :

1. Pourquoi la relativité serait-elle restreinte aux changements de référentiels inertiels ? Qu'est-ce qui privilégie les référentiels inertiels ? N'est-il pas possible de *généraliser* la relativité à d'autres changements, voire à des changements quelconques de référentiels ?

2. Le succès de la théorie relativiste du champ électromagnétique a montré que la conjecture qu'il n'y a pas d'interaction instantanée à distance est bien fondée et que, vraisemblablement, la seule façon de propager une interaction à la plus grande vitesse possible, celle de la lumière, le soit au moyen d'un champ relativiste. Ce suc-

cès ne rend-il pas possible, voire nécessaire, une théorie relativiste du champ gravitationnel ?

La relativité générale est la réponse qu'a apportée Einstein à ces deux questions conjointes. Le raisonnement qui lui a permis, en 1916, de mettre en équations cette théorie force l'admiration, car, comme le disent Einstein et Infeld, « la force de [cette] théorie réside dans sa cohésion interne et la simplicité de ses suppositions fondamentales[10] ».

C'est ce raisonnement qu'Einstein a explicité dans l'article de 1916 consacré aux fondements de la théorie de la relativité générale[11] et que nous souhaitons esquisser très sommairement dans le présent paragraphe. À partir de l'égalité de la masse inertielle et de la masse gravitationnelle, jusque-là considérée comme accidentelle et qu'Einstein érige en principe (ce qu'il appelle le *principe d'équivalence*), il montre qu'un changement de référentiel comportant une accélération est équivalent à la présence d'un champ gravitationnel d'accélération opposée. Plus généralement, il établit que tout changement de référentiel peut être remplacé, localement (c'est-à-dire dans une région infinitésimale d'espace-temps), par un champ gravitationnel adéquat et que, réciproquement, tout champ gravitationnel peut être remplacé, localement, par un changement adéquat de référentiel. Il montre alors que la théorie de la relativité peut être généralisée à des changements quelconques de référentiels à la condition d'admettre que la gravitation influe sur la géométrie de l'espace-temps : la marche des horloges et la longueur mesurée par les règles sont affectées par la gravitation. Comme le dit Jean-Pierre Luminet :

Les équations du champ gravitationnel d'Einstein relient le degré de courbure de l'espace-temps à la nature et au mouvement des sources de gravitation : la matière dicte à l'espace-temps comment il doit se courber, l'espace-temps dicte à la matière comment elle doit se mouvoir[12].

L'équation d'Einstein qui exprime mathématiquement la théorie de la relativité générale a été établie de façon à ce qu'elle redonne, à la limite non relativiste (c'est-à-dire à la limite où la vitesse de la lumière tendrait vers l'infini), la théorie newtonienne de la gravitation universelle. Cette équation relie le *tenseur de Ricci-Einstein* lié à la géométrie non euclidienne de l'espace-temps au *tenseur énergie-impulsion* décrivant de manière phénoménologique les propriétés de la matière. Parvenu à son équation, Einstein en fit le commentaire suivant : « La théorie évite tous les défauts que nous avons reprochés aux fondements de la mécanique classique. Elle est suffisante, autant que nous sachions, pour la représentation des faits observés de la mécanique céleste. Mais elle ressemble à un édifice dont une aile est bâtie de marbre fin (premier membre de l'équation) et l'autre de bois de qualité inférieure (second membre de l'équation). La représentation phénoménologique de la matière ne supplée, en réalité, que très imparfaitement une représentation qui correspondrait à toutes les propriétés connues de la matière[13]. »

C'est donc à un dépassement du modèle standard newtonien qu'Einstein aboutit avec sa théorie de la relativité générale. Comme le disent Einstein et Infeld dans l'ouvrage déjà cité :

Les conséquences expérimentales de la théorie de la relativité générale ne diffèrent que de très peu de celles de la mécanique classique. Elles résistent bien à l'épreuve de l'expérience partout où la comparaison est possible[14].

En relativité générale, on peut, comme en relativité restreinte, définir un temps propre. D'après le principe d'équivalence, un corps non soumis à des forces non gravitationnelles est en chute libre, c'est-à-dire en apesanteur (c'est, par exemple, la situation des objets dans une station orbitale). Une horloge attachée à un tel corps indique son temps propre. L'objectivité de ce temps propre relève aussi du principe d'universalité que nous avons évoqué plus haut. Einstein a toujours cependant souligné que l'universalité de ce temps propre, c'est-à-dire le fait qu'une horloge en chute libre fonctionne toujours et partout de la même façon, n'est pas une conséquence de la théorie de la relativité générale, mais qu'elle doit être supposée dans ce que l'on appelle maintenant le *principe d'équivalence d'Einstein*[15]. Les horloges les plus précises dont nous disposons actuellement sont des horloges atomiques qui fonctionnent selon les principes de la physique quantique, et c'est de l'universalité de cette physique, une universalité prouvée aussi bien par les expériences en laboratoire que par les observations astrophysiques, que nous pouvons conclure à l'objectivité du temps propre indiqué par les horloges en chute libre.

Pendant qu'il élaborait sa théorie de la relativité générale, Einstein a compris qu'un test crucial pouvait en être fourni dans l'explication du phénomène de la précession du périhélie de Mercure. D'après la théorie de la gravitation de Newton, le mouvement des planètes se fait suivant des ellipses qui sont fixes par rapport aux étoiles fixes (une fois prises en compte les corrections dues à la gravitation des autres planètes). Or, on avait pu observer et mesurer, pour Mercure qui est la planète du système solaire la plus proche du Soleil, un mouvement de rotation de l'orbite, appelé récession du périhélie, certes extrêmement lent (43 secondes d'arc par siècle), mais inexplicable par la théorie newtonienne. Quelle n'a pas été pour Einstein la satisfaction de trouver précisément cette valeur à la suite d'un calcul utilisant sa théorie de la relativité générale[16] !

Un autre effet pouvant permettre de tester expérimentalement la théorie de la relativité générale était la déflexion des rayons lumineux par le Soleil, une déflexion qui pouvait être mise en évidence lors d'une éclipse totale du Soleil : un changement de position d'étoiles dû à cette déflexion devait devenir observable lors d'une telle éclipse. L'observation de cet effet par sir Arthur Eddington en 1919, en accord avec les prédictions de la théorie de la relativité générale, a porté aux nues la renommée d'Einstein.

De nos jours, de nombreux tests observationnels ou expérimentaux de la relativité générale ont pu être effectués avec succès. Citons les effets de lentilles gravitationnelles (analogues à la déflexion des rayons lumineux par le Soleil), ou alors les anomalies dans le mouvement de pulsars doubles (analogues à la précession du périhélie de Mercure), ou enfin le décalage vers le rouge de raies spectrales provoqué par un champ gravitationnel, un décalage qu'il a été possible de mesurer en laboratoire grâce à l'effet Mössbauer. Le succès des systèmes de positionnement global comme le GPS (et bientôt, nous l'espérons, le système européen GALILEO) n'est possible que si les conséquences de la relativité restreinte et de la relativité générale sont prises en compte (le fait de négliger ces effets conduirait en quelques heures à des erreurs de position de plusieurs kilomètres !).

Une autre prédiction de la théorie de la relativité générale concerne l'existence d'ondes gravitationnelles, des ondes de déformation de l'espace-temps qui sont à la gravitation ce que les ondes hertziennes ou lumineuses sont à la théorie électromagnétique de la lumière. Cette prédiction n'a pas encore été confirmée, mais des détecteurs comme VIRGO et LIGO sont en cours de mise au point et devraient permettre un test critique de la théorie de la relativité générale par la découverte des ondes gravitationnelles. Au-delà de ces tests, ces détecteurs sont développés dans l'intention de pouvoir observer, sous la forme d'ondes gravitationnelles, les effets d'événements astronomiques spectaculaires comme la fusion de deux étoiles à neutrons en un trou noir ou même de deux trous noirs.

Relativité générale et cosmologie

L'étude de l'univers dans son entier est l'objectif de la cosmologie, un domaine qui, encore récemment, appartenait davantage à la philosophie qu'à la science. Ce n'est pas l'un des moindres mérites de la physique du XXᵉ siècle que d'avoir fait de la cosmologie une authentique discipline scientifique. En réalité, la cosmologie est un domaine privilégié d'application de la théorie de la relativité générale qui fournit le cadre théorique rendant possible le rassemblement des données observationnelles de l'astrophysique au sein de modèles cosmologiques : ainsi, on peut en obtenir un au travers de la modélisation du contenu matériel ou énergétique de l'univers à l'aide d'une forme spécifique du membre de droite de l'équation d'Einstein.

Comme l'interaction gravitationnelle est extrêmement faible à l'échelle des particules élémentaires[17], il est raisonnable de la négliger en physique des particules, tout au moins aux énergies accessibles au moyen des accélérateurs les plus puissants que l'on puisse concevoir[18]. C'est pourquoi la physique de la structure de la matière a pu se développer indépendamment de la relativité générale. Si, en revanche, on veut aborder le domaine de la cosmologie, il est clair que l'on ne peut pas se contenter d'une description trop sommaire du contenu matériel de l'univers. Comme ce n'est que dans les chapitres suivants que nous aborderons les progrès accomplis dans la compréhension de la structure de la matière, en particulier les implications de la physique quantique, nous n'entrerons pas, dès maintenant, dans de longs développements à propos de la cosmologie. Il est cependant utile de souligner l'importance qu'a prise pour la physique du XXe siècle la découverte essentielle de l'expansion de l'univers qui a conduit à la naissance de la cosmologie moderne, et d'attirer l'attention du lecteur sur le rôle éminent joué dans cette avancée scientifique par l'œuvre du chanoine Georges Lemaître.

L'EXPANSION DE L'UNIVERS

Einstein a lui-même tenté, dès 1917, d'élaborer un premier modèle cosmologique. Comme, à cette époque, il semblait difficile d'imaginer un univers qui ne fût pas statique, Einstein modifia son équation, qui semblait ne pas être compatible avec un tel univers, en introduisant dans le premier membre de celle-ci un terme parfaitement compatible avec les principes d'invariance de la théorie. Il appela « constante cosmologique » ce terme qui pouvait induire une sorte de pression répulsive universelle, une pression négative, susceptible d'empêcher l'effondrement de l'univers sous sa propre gravitation. Quand des arguments théoriques et observationnels conduisirent à la conclusion que l'univers n'est effectivement pas statique, Einstein fut conduit à abandonner l'hypothèse de la constante cosmologique, qu'il qualifia de « plus grosse bourde » de sa vie.

C'est à Edwin Hubble que l'on doit les premiers indices observationnels d'une expansion de l'univers[19]. Cet astronome utilisa pour cela la mesure de vitesses d'éloignement de galaxies dont la position était également connue (la vitesse était en fait donnée par le décalage Doppler sur les raies spectrales alors que l'éloignement l'est grâce à des étoiles dites céphéides présentes dans ces galaxies et dont les caractéristiques de luminosité absolue étaient connues). Le résultat qu'il annonça en 1929 était que la vitesse d'éloignement était proportionnelle à la distance. Mais si toutes les galaxies s'éloignent les unes des autres à des vitesses proportionnelles à leurs distances il nous faut admettre que c'est l'univers dans son ensemble, l'espace-temps lui-même, qui se dilate. En remontant (par la pensée) le cours du temps, on est conduit à l'idée que, dans le passé, l'univers a connu une phase dans laquelle toute la matière aurait été concentrée en un fluide de densité et de température extrêmes, voire infinies (une phase que les astrophysiciens hostiles à cette hypothèse ont appelée, en dérision, le « big bang »). Selon une telle cosmologie, l'univers est non seulement en expansion, mais aussi en refroidissement, en dilution, c'est-à-dire en évolution, en devenir. La cosmologie en train de naître doit plutôt être considérée comme une *cosmogonie*.

Un essai de cosmogonie scientifique :
l'hypothèse de l'atome primitif
de Georges Lemaître

Dans l'ouvrage destiné à un large public, intitulé *L'hypothèse de l'atome primitif — essai de cosmogonie —*, dans lequel il présente sa théorie, Georges Lemaître définit ce qu'il appelle une « hypothèse cosmogonique » : pour lui, une telle hypothèse « cherche à trouver des conditions initiales présentant quelque caractère de simplicité et d'où, par le jeu des lois de la mécanique, l'état actuel du monde a pu résulter ». Avant de présenter sa propre hypothèse, celle de l'atome primitif (celle qui a ensuite été baptisée théorie du big bang), il passe en revue les hypothèses cosmogoniques avancées par d'autres penseurs, comme Buffon, Kant ou Laplace. En conclusion de l'ouvrage, il revient, en la précisant, sur sa définition de la cos-

mogonie scientifique : « L'objet d'une théorie cosmogonique est de rechercher des conditions initiales
idéalement simples d'où a pu résulter, par le jeu des
forces physiques connues, le monde actuel dans
toute sa complexité », et il dresse un bilan modeste
de son hypothèse : « Je ne prétendrai certes pas que
cette hypothèse de l'atome primitif soit dès à présent
prouvée et je serais déjà fort heureux si elle ne vous
apparaissait ni absurde ni invraisemblable. »

Dans l'ouvrage qu'il a consacré à la vie et l'œuvre
de Georges Lemaître, *Un atome d'univers*, Dominique Lambert[20] raconte comment celui qu'il appelle
le cosmologiste de Louvain s'est trouvé en quelque
sorte pris entre deux feux, celui des rationalistes qui
l'accusaient de propager des idées créationnistes et
celui d'un Vatican qui a pu être tenté de récupérer
son œuvre au profit d'une douteuse preuve scientifique de l'existence de Dieu. Mais, d'après la théolo-
gie de Georges Lemaître[21] :

> [Le chercheur chrétien] sait que tout ce qui a été fait
> a été fait par Dieu, mais il sait aussi que nulle part
> Dieu ne s'est substitué à sa créature. L'activité divine
> omniprésente est partout essentiellement cachée. Il ne
> pourra jamais être question de réduire l'Être suprême
> au rang d'une hypothèse scientifique.

Cela dit, pour illustrer son opposition au détermi-
nisme laplacien, Georges Lemaître développe une analogie musicologique sur laquelle nous serons amenés
à nous appuyer un peu plus loin :

> Il n'est pas nécessaire que l'histoire entière de l'uni-
> vers ait été inscrite dans le premier quantum comme
> une mélodie sur le disque d'un phonographe.(...) Le

monde s'est différencié au fur et à mesure qu'il évoluait. Il ne s'agit pas du déroulement, du décodage d'un
enregistrement ; il s'agit d'une chanson dont chaque
note est nouvelle et imprévisible. Le monde se fait et
il se fait au hasard[22].

Une difficulté persistante : le dualisme champ/point matériel

Indépendamment des modèles cosmologiques, nous
souhaitons clore ce chapitre consacré à la théorie de
la relativité en soulignant une difficulté persistante :
même si le concept de champ (qui remplace la notion
de force nécessaire à la mécanique classique) a bien
été promu au rang de concept fondamental par la théorie de la relativité aussi bien dans sa version restreinte
(pour l'interaction électromagnétique) que dans sa
version générale (pour l'interaction gravitationnelle),
l'autre notion nécessaire à la mécanique classique,
celle de point matériel, reste nécessaire en théorie de
la relativité. Cette théorie reste donc marquée par le
dualisme du champ et de la matière, un dualisme qui
laisse Einstein profondément insatisfait. Le commentaire qu'il fait à propos de l'équation qui résume sa
théorie de la relativité générale (que nous avons cité
ci-dessus) montre qu'il ne voit pas comment on pourrait décrire la matière autrement que comme un système de points matériels dont la dynamique serait
régie par la mécanique classique. Or, dit-il par ailleurs :

> Pourtant, ce qui me paraît certain, c'est que dans
> une théorie de champ cohérente, ne doit pas apparaître,
> à côté du concept de champ, le concept de particule. La

théorie tout entière doit être basée uniquement sur des équations aux dérivées partielles[23] et leurs solutions sans singularité[24].

Ce dualisme, qui, d'après Einstein, n'a pas pu être éliminé[25], nous pensons, comme nous allons le montrer dans les chapitres qui suivent, que la théorie quantique des champs l'a surmonté : un champ quantique est un champ relativiste dont la dynamique est régie par des équations aux dérivées partielles, et qui peut être impliqué dans des événements strictement localisés (des « points d'espace-temps ») d'émission ou d'absorption de quanta d'énergie. En théorie quantique des champs, le concept de point matériel ne joue plus un rôle fondamental.

Chapitre 3

LA MÉCANIQUE QUANTIQUE

LES QUANTA,
LA PHYSIQUE CLASSIQUE EN CRISE

L'introduction par Planck, en 1900, de la constante universelle qui porte son nom, le *quantum élémentaire d'action*[1], dans la formule rendant compte du spectre de fréquence de la radiation du corps noir, a été le point de départ d'une longue période d'intenses recherches et de vives controverses qui a abouti à l'accord universel actuel à propos du caractère fondamental de la physique quantique[2]. Il faut reconnaître que les implications du quantum d'action ont de quoi surprendre : à peine venait-on de s'accorder sur l'interprétation ondulatoire de la lumière, voilà que l'on découvrait, au travers de la formule de Planck et de son interprétation par Einstein en termes de quanta d'énergie, qu'elle est aussi susceptible d'une interprétation corpusculaire ; à peine était-il devenu possible de rejeter clairement les objections positivistes à la conception atomiste, voilà qu'il apparaissait qu'à cause de leurs propriétés quantiques, les atomes ou molécules ne peuvent pas être assimilés aux points matériels de la mécanique classique. Plus fondamentalement, en tant qu'élément de discontinuité dans l'action, la constante de Planck provoque une véritable crise, car elle met en question les deux piliers de l'ensemble de l'entreprise scientifique, la *causalité* et l'*objectivité*.

Crise de la causalité

La causalité est mise en question car, comme nous l'avons dit plus haut, en mécanique rationnelle, les lois causales du mouvement peuvent être déduites d'un principe de moindre action, ce qui exige impérativement la continuité de l'action, et que l'on ne voit pas comment on peut établir un principe de moindre action s'il existe un quantum élémentaire d'action. De manière générale, l'aspect caractéristique nouveau de la physique quantique est que, à cause de la finitude du quantum d'action, toute subdivision des processus individuels mettant en jeu cette quantité élémentaire d'action est exclue. De tels processus, comme la transition d'un atome entre deux états, ou une désintégration radioactive, ou encore une réaction entre particules élémentaires provoquée à l'aide d'un accélérateur, doivent être considérés comme des *événements* qui ne sont, individuellement, ni reproductibles ni prédictibles ; la seule prédictibilité possible concernant ces processus, susceptible de déboucher sur des lois causales, est de nature probabiliste, à partir du traitement statistique de séquences reproductibles d'événements.

Crise de l'objectivité

L'objectivité est aussi mise en question en physique quantique puisque l'objet de l'observation est modifié, transformé, voire *produit* par l'acte d'observation même : si l'on veut observer une structure microscopique avec un degré élevé de précision spatiale et temporelle (c'est-à-dire avec une marge d'erreur spatiale et temporelle minimale), il est nécessaire de lui transférer, pendant une certaine durée, une certaine quantité d'énergie ; le produit de cette durée par cette énergie doit au moins être égal à la constante de Planck ; mais comme la durée de la mesure ne doit pas excéder la marge d'erreur temporelle tolérée, l'énergie requise pour obtenir un résultat de mesure, au moins inversement proportionnelle à cette marge d'erreur temporelle, peut complètement transformer l'objet de l'observation. Une telle circonstance n'a certes aucune conséquence tant que l'on reste dans le domaine de la physique classique, c'est-à-dire tant que les actions mises en jeu sont beaucoup plus grandes que le quantum élémentaire d'action[3], mais dès que l'on veut explorer avec une précision suffisante les mondes atomique ou subatomique, elle nous oblige à abandonner le présupposé implicite selon lequel il n'est pas nécessaire, au moins en principe, d'avoir à prendre en compte les conditions de l'observation : dans sa préparation, aussi bien que dans l'interprétation de ses résultats, toute expérience dans le monde microscopique dépend de façon tellement essentielle de ces conditions d'observation qu'elles doivent être prises en compte jusque dans le formalisme même. Une telle contrainte semble mettre en doute la possibilité d'une description objective du monde microscopique.

LA MÉCANIQUE QUANTIQUE

La formule de Planck pour le rayonnement du corps noir

La physique quantique est née grâce aux travaux théoriques menés par Planck et Einstein qui faisaient partie des rares physiciens à avoir compris, au début du XXᵉ siècle, les difficiles travaux de Boltzmann en thermodynamique statistique. Planck s'efforçait de réconcilier cette théorie statistique avec la théorie électromagnétique de la lumière de Maxwell, à propos du problème du rayonnement du corps noir. L'enceinte d'un four isotherme (c'est-à-dire à température constante) fournit une bonne illustration de ce que l'on appelle un corps noir, un corps en équilibre avec le rayonnement qu'il émet et absorbe. Pour connaître la densité de lumière en équilibre à l'intérieur de l'enceinte, on peut pratiquer une petite ouverture dans sa paroi, mais si, comme l'explique Jean Perrin dans *Les atomes*, on essaye d'éclairer l'intérieur du four en envoyant, par cette ouverture, une lumière auxiliaire,

cette lumière auxiliaire, une fois entrée, s'épuisera par des réflexions successives sur les parois et n'aura aucune chance de ressortir en quantité notable par l'ouverture qu'on a supposée très petite. Cette ouverture doit être appelée *noire* si nous pensons que le caractère essentiel d'un corps noir est de ne rien renvoyer de la lumière qu'il reçoit[4].

Quoi qu'il en soit, le spectre du rayonnement (c'est-à-dire son intensité en fonction de la fréquence) s'échappant à travers une telle ouverture a pu être mesuré, et la propriété caractéristique du corps noir est que ce spectre est une fonction *universelle*, qui dépend, non des caractéristiques du four, ou des corps qu'il peut contenir, mais seulement de la température. Pour pouvoir rendre compte de ce spectre à partir de la thermodynamique statistique, Planck fait l'hypothèse que les échanges d'énergie entre le corps noir et le rayonnement électromagnétique se font de manière discontinue : l'énergie échangée est, d'après cette hypothèse, égale à un nombre entier de fois une quantité élémentaire qu'il appelle ε. À partir de cette hypothèse, Planck évalue de deux façons différentes l'entropie du corps noir, l'une faisant intervenir les propriétés thermodynamiques, connues en physique classique, de l'interaction du rayonnement électromagnétique avec la matière, et l'autre la théorie statistique de Boltzmann qui relie l'entropie au nombre de complexions. Pour que ces deux approches soient compatibles, il trouve que la quantité élémentaire d'énergie ε doit nécessairement être proportionnelle à la fréquence v, avec un facteur de proportionnalité égal à la constante h que l'on a appelée depuis la constante de Planck. À partir de cette relation de proportionnalité et de l'expression qu'il a ainsi obtenue pour l'entropie, Planck peut déduire une formule pour le spectre de rayonnement applicable à toutes les fréquences. Cette formule, qui fait intervenir les trois constantes universelles que sont la vitesse de la lumière c, la constante de Planck h et la constante de Boltzmann k, est en accord, d'une part avec le comportement à basse fréquence déduit des propriétés thermodynamiques classiques (c'est-à-dire ne faisant pas intervenir la constante de Planck), et d'autre part avec un comportement à haute fréquence, que Planck avait établi quelques années auparavant avec Wien, qui faisait intervenir la constante de Planck, et qui s'apparente plutôt au comportement des distributions de probabilité dans la théorie cinétique de la matière de Maxwell et Boltzmann. Par ailleurs, la formule de Planck se trouve en très bon accord avec les données obtenues dans les expériences faites, à la demande de Planck, par Rubens et Kurlbaum entre octobre et décembre 1900[5].

Einstein et l'effet photoélectrique

Frappé par la subtilité des raisonnements de Planck, Einstein propose, en 1905, une nouvelle interprétation de sa formule, qu'il considère comme un acquis, puisqu'elle est en accord avec l'expérience. Dès l'introduction de cet article, Einstein expose sa façon d'aborder le problème des rapports entre l'électromagnétisme et la statistique, et définit une stratégie qui est, comme nous le verrons dans la suite de l'ouvrage, celle qui sous-tend les recherches contemporaines en physique des particules :

La théorie ondulatoire de la lumière opérant avec des fonctions d'espace continues s'est avérée parfaite pour ce qui est de la description des phénomènes purement optiques et il se peut qu'elle ne soit jamais remplacée par une autre théorie. Il ne faut cependant pas perdre de vue que les observations optiques portent sur des valeurs moyennes dans le temps, et pas sur les valeurs instantanées ; il n'est pas inconcevable, bien que les théories de la diffraction, de la réflexion, de la réfraction, de la dispersion, etc., soient entièrement confirmées par l'expérience, que la théorie de la lumière qui opère sur des fonctions continues de l'espace puisse conduire à des contradictions avec l'expérience lorsqu'elle est appliquée aux phénomènes de production et de transformation de la lumière[6].

Admettant donc que la partie de basse fréquence du spectre est bien décrite par la physique « classique » fondée sur la théorie de Maxwell, Einstein se concentre sur la partie de haute fréquence, bien décrite par la formule de Planck, qui fait peut-être intervenir une « nouvelle physique » décrivant ces « phénomènes de production et de transformation de la lumière ». Il trouve alors que, dans la partie de haute fréquence du spectre, l'entropie à partir de laquelle peut se déduire la formule de Planck varie, lorsque l'on fait varier le volume de l'enceinte, de la même façon que celle d'un gaz parfait moléculaire selon la théorie cinétique de la matière :

Dès lors qu'un rayonnement monochromatique (de densité suffisamment faible) se comporte, relativement à la dépendance en volume de son entropie, comme un milieu discontinu constitué de quanta d'énergie de grandeur hv, on est conduit à se demander si les lois de la production et de la transformation de la lumière n'ont pas également la même structure que si la lumière était constituée de quanta d'énergie de ce type.

Telle est la question dont nous allons maintenant nous occuper[7].

Et c'est ainsi qu'Einstein résout le problème de l'effet photoélectrique. Ce qui pose problème dans l'effet photoélectrique, c'est l'existence d'un seuil de fréquence : la production d'un courant d'électrons par l'éclairement d'une substance photoélectrique par un rayonnement ne survient que si la fréquence de ce rayonnement est supérieure à un certain seuil ; au-dessous de ce seuil, on n'obtient aucun courant, quelle que soit l'intensité du rayonnement ; par contre, au-dessus du seuil de fréquence, le courant est produit, même à faible intensité, et l'énergie des électrons est indépendante de l'intensité. L'interprétation que donne Einstein de cet effet semble couler de source. Au niveau élémentaire, dans l'effet photoélectrique un électron est arraché à un atome par le choc d'un quantum d'énergie dont est constitué le rayonnement, et, du fait de la proportionnalité de la fréquence et de l'énergie, le seuil de fréquence n'est rien d'autre qu'un seuil d'énergie : pour qu'un quantum d'énergie puisse arracher un électron il faut que l'énergie soit supérieure à l'énergie de liaison de l'électron avec l'atome, et l'énergie communiquée à l'électron, s'il est arraché, ne dépend pas de l'intensité du rayonnement.

L'atome de Bohr

Après les travaux de Planck en 1900 et d'Einstein en 1905, celui de Bohr en 1913 provoque « le troisième choc[8] » qui va profondément secouer la physique classique et ouvrir la voie à la résolution de la crise qu'elle traverse. Dans l'article intitulé *On the constitution of atoms and molecules*[9], Niels Bohr propose une théorie quantique de la constitution des atomes et des molécules qui va avoir d'immenses répercussions. Après la découverte de l'électron en 1897 par Thomson et celle du noyau en 1911 par Rutherford, il devenait clair que, contrairement à la conception antique selon laquelle les atomes sont des constituants élémentaires, insécables et irréductibles de la matière, ils ont une structure comportant un noyau qui concentre la quasi-totalité de la masse et dont la charge électrique positive compense celle, négative, portée par les électrons qui orbitent autour de lui. S'imposait ainsi l'image d'un « atome système planétaire », puisque la force liant les électrons au noyau en inverse du carré de la distance est analogue à celle qui lie les planètes au Soleil. Mais cette image ne faisait qu'aggraver encore la crise de la physique classique : comment un tel « système planétaire » pouvait-il être stable ? En tournoyant autour du noyau, les électrons devraient émettre de l'énergie sous forme de rayonnement électromagnétique et ils devraient finir par s'écraser sur le noyau ! De plus, rien a priori ne contraint les orbites possibles des électrons : chaque orbite possible est déterminée par la position et la vitesse de l'électron à un moment donné, ce que l'on appelle des conditions initiales ; des orbites différant par ces conditions initiales sont a priori différentes, et donc on ne comprend pas pourquoi des atomes d'une même espèce sont toujours et partout dans l'univers strictement identiques. Faudrait-il, comme nous le mentionnions plus haut, invoquer, comme le fait Maxwell, une surnaturelle fabrication à l'iden-

tique des atomes et des molécules ? En faisant appel
à la balbutiante physique quantique d'alors, Bohr
invente en 1913 la théorie qui va permettre de lever
ces deux paradoxes : celui de la stabilité, car

> les électrons ne peuvent s'assembler autour du noyau
> que selon certains modes bien définis — les états
> quantiques — à l'exclusion de tout autre. Dans les
> conditions normales, c'est le mode qui a la plus basse
> énergie qui prévaut. On a alors affaire à une configu-
> ration stable (l'atome est dans son état dit fondamen-
> tal). Tout changement n'est possible qu'en fournissant
> une quantité d'énergie suffisante pour passer à un niveau
> nettement supérieur sur l'échelle d'énergie (l'atome a été
> excité)[10].

Et celui de l'identité, car

> la théorie quantique nous dit que l'atome est une entité
> non divisible, *si* les énergies qu'on y applique ne dépas-
> sent pas un certain seuil — lequel est défini par l'énergie
> nécessaire pour élever l'atome de son état fondamental
> au premier de ses états excités. De fait, si la perturba-
> tion infligée à l'atome est inférieure à un certain seuil,
> l'atome est indivisible au sens réel du mot, au sens grec,
> étymologique et philosophique traditionnel. Cela signi-
> fie que si les atomes entrent en collision avec des éner-
> gies inférieures à ce seuil, ils rebondissent sans être
> atteints et se retrouvent identiques après le choc. Voilà
> l'idée de quantum, l'idée nouvelle[11] !

Le caractère quantique de la théorie de Bohr tient
au fait que, d'une part, c'est la quantification du
moment cinétique de l'électron sur son orbite atomique qui contraint l'énergie à être bien définie, et
que, d'autre part, la transition entre deux états quan-

tiques possibles se fait par émission ou absorption d'un quantum lumineux de fréquence égale à la différence d'énergie entre les deux états divisée par la constante de Planck h. La mesure des fréquences émises ou absorbées par un atome permet de reconstruire son diagramme énergétique : un spectre de raies est caractéristique d'un atome, il en est en quelque sorte une « empreinte génétique ». Tel est le principe de la spectroscopie qui est la source essentielle d'information sur les constituants de divers types de milieux, notamment en astrophysique.

La théorie quantique du rayonnement

Comme tous ses contemporains, Einstein a été profondément impressionné par l'importance des découvertes de Bohr. C'est ce qu'il reconnaît dans son autobiographie :

> Que des bases aussi vacillantes et contradictoires aient suffi à un homme doué, tel que Bohr, d'un instinct et d'une finesse sans pareils, pour découvrir les principales lois régissant les raies spectrales et les couches électroniques des atomes, ainsi que leur importance en chimie, m'a fait et me fait encore, l'effet d'un miracle. La pensée est portée là à son plus haut degré de musicalité[12].

En 1917, armé de la théorie de l'atome de Bohr, réfléchissant à nouveau sur la formule de Planck, Einstein en propose une véritable démonstration[13]. Pour ce faire, il essaie d'en comprendre la forme en termes de bilan des processus d'émission et d'absorption de quanta d'énergie. Il est amené à considérer trois types de processus : l'absorption et l'émission, qualifiées de spontanées, d'une part, et, d'autre part, un troisième type de processus, « l'émission stimulée », en l'absence duquel la formule de Planck se réduirait à sa limite de haute fréquence. Ce processus d'émission stimulée est complètement incompréhensible dans le cadre de la physique classique : lorsque des atomes se trouvent dans un état excité, ils peuvent, et ceci se comprend bien intuitivement, se désexciter spontanément, mais pour que l'on puisse retrouver la formule de Planck, il faut admettre qu'à cette émission spontanée doit s'ajouter une émission stimulée par la présence de quanta d'énergie égale à celle des quanta à émettre ! Ce processus, purement quantique, a été redécouvert dans les années cinquante et il se trouve qu'il est à l'origine de l'effet laser (« light amplification by stimulated emission of radiation ») dont les applications sont sorties du laboratoire et ont envahi de nombreux domaines. Dans ce même article, Einstein observe que l'émission ou l'absorption d'un quantum est un processus dirigé et que l'on peut attribuer à ce quantum une impulsion, ou quantité de mouvement, et, donc, que les quanta d'énergie du rayonnement électromagnétique sont des particules qui non seulement portent de l'énergie mais aussi de la quantité de mouvement. L'existence de tels quanta d'énergie a clairement été démontrée dans l'effet Compton[14] dans lequel un quantum d'énergie entre en collision avec un électron et lui transfère son énergie et sa quantité de mouvement. Les quanta d'énergie ont été dénommés photons en 1926 par G.N. Lewis[15], et c'est ainsi qu'à partir de maintenant nous les dénommerons.

Les statistiques quantiques

C'est finalement en 1923, après la publication d'un article du physicien indien Satyendranath Bose, traduit en allemand par Einstein, qu'a été comprise définitivement la propriété purement quantique des photons qui est à l'origine du phénomène de l'émission stimulée et donc du succès de la formule de Planck : les photons ne se comportent pas comme des particules classiques, on dit qu'ils obéissent à une *statistique quantique*. Les statistiques quantiques ont été introduites pour tenir compte du fait que des particules identiques sont quantiquement indiscernables. Il existe deux statistiques quantiques, la *statistique de Bose-Einstein*, à laquelle obéissent les photons et toutes les particules qualifiées de *bosons*, et la *statistique de Fermi-Dirac*, à laquelle obéissent les particules qualifiées de *fermions*. Alors que les bosons ont tendance à s'agréger, s'accumuler tous dans le même état, les fermions tendent à s'exclure mutuellement : on ne peut pas mettre plus qu'un fermion d'une espèce donnée dans un même état. Le photon est un boson, et c'est ce qui explique le phénomène de l'émission stimulée : la présence de photons stimule l'émission de nouveaux photons dans le même état. L'électron est un fermion.

La dualité onde-corpuscule

Ainsi se trouve établie, à propos du rayonnement électromagnétique, la *dualité onde-corpuscule*, une propriété fondamentale de la physique quantique :

la lumière a une double nature, elle est ondulatoire *et* corpusculaire. Les ondes de la représentation ondulatoire sont les ondes électromagnétiques de la théorie de Maxwell, et les corpuscules de la représentation corpusculaire sont les photons. En 1924, dans sa thèse intitulée *Recherche sur la théorie des quanta*, Louis de Broglie étend à la matière la dualité onde-corpuscule[16] : tout comme la lumière, la matière a une double nature, corpusculaire *et* ondulatoire. Aux électrons, des particules élémentaires de matière, de Broglie associe des « ondes de matière », qui ont été mises en évidence dans les expériences de diffraction des électrons menées en 1926 par Davisson et Germer. Petit à petit, il est apparu que, dans le monde quantique (c'est-à-dire lorsque les actions en jeu sont de l'ordre du quantum élémentaire d'action), aussi bien dans le domaine de la structure de la matière que dans celui des interactions, les phénomènes sont susceptibles de deux descriptions, qui seraient complètement contradictoires si l'on s'en tenait à la physique classique, l'une en termes d'ondes et l'autre en termes de particules. La fréquence v et la longueur d'onde λ qui caractérisent la propagation d'une onde sont reliées à l'énergie E et la quantité de mouvement, ou impulsion p, qui caractérisent le mouvement d'une particule par les équations d'Einstein Planck et de De Broglie :

$$E = hv$$
$$p = h / \lambda$$

La dualité onde-corpuscule est certes incompréhensible dans le cadre de la physique classique, et elle en aggrave la crise. En effet, la propriété caractéristique des ondes est leur aptitude à se combiner, s'interpénétrer, se *superposer,* ce que l'on nomme la *cohérence,* susceptible d'induire des effets d'*interférence,* alors que la propriété caractéristique des corpuscules, dont les tailles peuvent être considérées comme négligeables à l'échelle du monde macroscopique, est que leur comportement se prête bien à une description statistique en termes de *probabilités.* Or, ces deux propriétés caractéristiques sont, en physique classique, irréductiblement contradictoires : la possibilité d'interférences interdit d'attribuer des probabilités additives à des événements indépendants. Nous verrons plus loin comment la refondation quantique de la mécanique permet de lever cette contradiction.

La quantification spatiale et le spin

En 1921, Otto Stern et Walter Gerlach réalisent une expérience qui a joué un rôle fondamental : un faisceau d'atomes d'argent passant dans l'entrefer d'un aimant comportant un fort gradient de champ magnétique forme deux taches symétriques par rapport à celle qu'on obtient en l'absence de champ. Pour la première fois, cette expérience démontre une *quantification spatiale* : le moment magnétique des atomes ne peut prendre, lorsqu'il est projeté sur un axe, que certaines valeurs bien précises. Comme le moment magnétique est proportionnel au moment cinétique, cette découverte suggère, et cela a été confirmé expérimentalement, que le moment cinétique aussi ne peut prendre que certaines valeurs bien déterminées lorsqu'il est projeté sur un axe.

En 1925, Ulhenbeck et Goudsmit donnent une interprétation à l'étrange propriété quantique à deux valeurs (*Zweideutigkeit*) de l'électron qui, d'après Pauli, était censée expliquer l'effet Zeeman anormal : l'électron possède un moment cinétique intrinsèque, appelé *spin*, égal à la moitié du quantum élémentaire d'action, 1/2 ℏ. La propriété quantique à deux valeurs correspond à la quantification du spin de l'électron quand il est projeté sur un axe : ses deux valeurs possibles sont égales à +1/2 ℏ et −1/2 ℏ. Petit à petit, il est apparu que toutes les particules ont un spin qui, en unité de quantum d'action, est soit un entier, soit un demi-entier. Le photon a un spin égal à 1. Lorsque s'est développé le formalisme de la théorie quantique des champs, on a compris que le spin est une propriété relativiste et Pauli a pu établir le théorème de la « connexion spin-statistique » selon lequel les fermions sont des particules dont le spin est demi-entier et les bosons des particules dont le spin est entier. Notons que le concept de spin éloigne encore plus les particules quantiques de l'idée de point matériel : comment un point matériel pourrait-il avoir un moment cinétique intrinsèque ?

LA REFONDATION QUANTIQUE
DE LA MÉCANIQUE

Le corpus (formalisme et interprétation) de la mécanique quantique a été élaboré à un rythme effréné en 1925 et 1926, par « une poignée de jeunes chercheurs brillants venant des quatre coins d'une Europe que la guerre venait de déchirer [qui] a, en quelques années, construit l'une des plus extraordinaires réalisations de l'esprit humain, la *mécanique quantique*[17] ». C'est d'abord Heisenberg qui, en 1925 et en collaboration avec Born et Jordan, développe une approche complètement nouvelle, qu'on appelle *la mécanique des matrices*, laquelle associe aux quantités physiques observables des matrices obéissant à des relations de commutation.

De son côté, Dirac parvient par un cheminement différent à une formalisation de *la mécanique quantique*, le titre de la thèse qu'il soutient en 1926. C'est aussi en 1926 que Schrödinger développe, dans le but de rendre compréhensible la dualité onde-corpuscule de De Broglie, une troisième approche, appelée *mécanique ondulatoire*, fondée sur la fonction d'onde Ψ qui obéit à la désormais célèbre *équation de Schrödinger*. Un peu plus tard, toujours en 1926, Schrödinger montre l'équivalence de son approche et de celle de Heisenberg, et aussi de celle de Dirac. Un formalisme cohérent, essentiellement fondé sur l'équation de Schrödinger, commence donc à se dégager, qui permet de rendre compte de manière précise des observations expérimentales comme les effets Stark et Zeeman.

À ces avancées de la formalisation, il convient d'ajouter deux contributions majeures en matière d'interprétation : l'interprétation probabiliste de la fonction d'onde proposée par Born en juin 1926, et le principe d'indétermination énoncé par Heisenberg en 1927, l'année où se dérouleront les deux rencontres internationales qui ont consacré le couronnement de la mécanique quantique, le congrès de Côme et le cinquième conseil Solvay.

Espace de Hilbert, états et vecteurs,
observables et opérateurs

Alors qu'en mécanique classique, les états d'un système sont représentés par des points de l'espace de configuration ou de l'espace de phase, ils le sont, en mécanique quantique, par des vecteurs d'un *espace de Hilbert,* un espace vectoriel de fonctions complexes, sur lequel sont définis une norme et un produit scalaire. Plus précisément un *état quantique* est associé à un rayon de l'espace de Hilbert, c'est-à-dire un ensemble de vecteurs définis à une constante multiplicative près. On utilise aussi le terme de *fonction d'onde* pour désigner un vecteur de l'espace de Hilbert représentant un état quantique. La norme de l'état est égale au module de sa fonction d'onde.

La *linéarité* de l'espace de Hilbert correspond au principe de superposition selon lequel les états quantiques peuvent se combiner, se superposer, comme le font, en physique classique, des ondes ou des champs, c'est-à-dire en s'ajoutant comme des nombres complexes. Cette propriété de cohérence est une des caractéristiques essentielles de tout l'univers quantique. Mais c'est aussi cette propriété qui est à l'origine des aspects les plus troublants et paradoxaux de cette nouvelle physique : on a ainsi pu imaginer des expériences de pensée dans lesquelles un système physique pourrait se trouver dans un état, superposition de deux états contradictoires (comme le pauvre chat qu'avait imaginé Schrödinger, à la fois mort et vivant). Nous verrons plus loin comment les développements théoriques et expérimentaux les

plus récents permettent de jeter une lumière nouvelle sur ces paradoxes.

La prédictibilité probabiliste

Une autre caractéristique essentielle de la mécanique quantique, qui est révélée, à notre échelle, par
la radioactivité est que sa prédictibilité est essentiellement probabiliste. On est contraint de recourir aux
probabilités, d'une part parce qu'il existe des processus, mettant en jeu une action de l'ordre du quantum
d'action, comme une désintégration radioactive ou
une réaction nucléaire ou particulaire, qu'il est impossible de décrire de manière déterministe à l'aide
d'équations différentielles, et d'autre part parce qu'il
est nécessaire d'inclure dans le formalisme les conditions de l'observation et que ces conditions ne peuvent en général pas être mieux déterminées que de
manière statistique. La norme d'un état est associée,
selon la proposition de Born mentionnée ci-dessus,
à la probabilité que le système soit dans l'état considéré.

Amplitudes de probabilité
et indiscernabilité quantique

Toutes les difficultés, mais aussi toute la richesse
de la mécanique quantique, résident dans la subtile
dialectique de la cohérence et de la probabilité : la
cohérence donne lieu à des interférences, typiques
d'une dynamique ondulatoire, mais les interférences

ruinent la propriété d'additivité des probabilités d'événements indépendants sans laquelle la notion de probabilité n'a aucun sens, alors qu'une dynamique corpusculaire s'accommode bien d'une approche probabiliste.

Pour comprendre comment fonctionne cette dialectique, il convient de revisiter la fameuse expérience des interférences de Young, dans laquelle on fait passer de la lumière produite par une source ponctuelle au travers d'un cache percé de deux trous et on recueille la lumière sur un écran situé à quelque distance du cache. En physique classique, c'est le formalisme des *amplitudes de champ* qui permet de rendre compte mathématiquement des figures d'interférence que l'on observe dans cette expérience. L'intensité de l'éclairement en un point de l'écran est proportionnelle au flux de l'énergie électromagnétique qui parvient en ce point, elle-même proportionnelle à la somme des carrés du champ électrique et du champ magnétique. Cette intensité est nécessairement représentée par un nombre réel, non négatif. Si, pour obtenir l'intensité totale en un point de l'écran, on devait additionner les deux intensités correspondant chacune au passage par un des deux trous, on n'obtiendrait jamais de figure d'interférence, puisque ces deux intensités sont des nombres réels positifs ou nuls. On appelle amplitude de champ un nombre complexe dont le module au carré est proportionnel à l'intensité. Dans l'expérience de Young, on obtient des interférences si, pour calculer l'intensité de l'éclairement en un point de l'écran on additionne comme des nombres complexes les deux amplitudes de champ correspondant chacune au passage par l'un des deux trous, pour obtenir l'amplitude totale dont le carré du module est proportionnel à l'intensité d'éclairement au point considéré. Cette propriété d'additivité complexe des amplitudes de champ ne fait que traduire la propriété, fondamentale en théorie électromagnétique de la lumière, de l'additivité vectorielle du champ électrique et du champ magnétique.

Des aspects corpusculaires peuvent commencer à se manifester dans l'expérience de Young si l'on essaie de la réaliser à la limite des très faibles intensités. À cette limite, le champ électromagnétique devient fluctuant ; ses fluctuations sont des processus élémentaires dans lesquels un photon émis par la source parvient au détecteur « en passant par l'un des deux trous ». En remplaçant l'écran par un détecteur très sensible, on peut enregistrer les impacts de photons un à un. Au bout d'un certain temps, ces impacts reproduisent la figure d'interférence : accumulation d'un grand nombre d'impacts dans les zones éclairées et petit nombre d'impacts dans les zones sombres. Comme fluctuations quantiques du champ électromagnétique, les processus élémentaires ne sont pas descriptibles à l'aide de la mécanique corpusculaire classique. Le passage à la théorie quantique suppose le renoncement à une description déterministe des processus élémentaires individuels mettant en jeu une action égale au quantum d'action. Ces processus ne sont descriptibles que de manière statistique. Dans le cas qui nous intéresse, il est clair que l'intensité recueillie en un point du détecteur est proportionnelle au nombre d'impacts de photons et donc à la probabilité d'impact au point considéré. Pour rendre compte de l'apparition d'une figure d'interférence, il sera nécessaire, en complète analogie avec la description ondulatoire, d'introduire le concept d'*amplitude de probabilité* : pour calculer la probabilité de l'impact d'un photon en un point du détecteur on devra additionner comme des nombres complexes les deux amplitudes de probabilité correspondant au passage par chacun des deux trous et prendre le module au carré de l'amplitude résultante. Les fonctions d'onde que nous avons introduites à propos de l'espace de Hilbert sont des amplitudes de probabilité : la fonction d'onde de l'état quantique d'un certain système est l'amplitude de probabilité que le système soit dans l'état considéré.

Le phénomène des interférences dans le cadre de l'interprétation corpusculaire est extrêmement paradoxal : alors que l'on comprend facilement comment une onde peut se scinder en deux parties qui passent chacune par un trou et se recombinent en parvenant sur l'écran, on ne voit pas comment une particule pourrait se scinder en deux parties ou bien passer par les deux trous à la fois ! La nouveauté radicale qu'introduit la mécanique quantique, c'est que pour des conditions expérimentales données, il peut y avoir des questions sans réponses. Par exemple, la question de savoir par quel trou est passé le photon qui a donné un impact est sans réponse. On dira que, dans ces conditions expérimentales, les voies de passage par chacun des deux trous sont *indiscernables* ; on ne peut même pas leur attribuer une probabilité bien définie. Notons que l'indiscernabilité est relative aux conditions expérimentales : il est toujours possible de lever cette indiscernabilité, mais seulement au prix d'un changement des conditions expérimentales.

Cette subtile articulation de la cohérence et de la

probabilité nous conduit, lorsque nous parlons de dualité onde-corpuscule, à mettre des guillemets au mot « dualité » pour exprimer que la physique quantique s'efforce de surmonter le dualisme de la physique classique qui oppose le concept de champ et celui de point matériel représentant l'idée qu'elle se fait des constituants élémentaires de la matière. Nous venons de voir que la mécanique quantique entremêle très subtilement les descriptions corpusculaire (en termes de probabilité de détection) et ondulatoire (pour l'évaluation des probabilités à l'aide des amplitudes de probabilité). Comme le disent Feynman et Hibbs en conclusion d'une discussion de l'interprétation par la mécanique quantique de l'expérience de Young, photon par photon : « Pour résumer, nous calculons l'intensité (c'est-à-dire le module au carré de l'amplitude) d'ondes qui arriveraient au point x de l'appareil, et ensuite nous interprétons cette intensité comme la probabilité qu'une particule arrive au point x. »

Observables et opérateurs

Comme, en mécanique quantique, toute mesure ou observation est une interaction mettant en jeu au moins un quantum d'action, on ne peut pas se désintéresser de l'effet de l'observation sur l'état quantique. C'est pourquoi à chaque grandeur physique observable on associe un certain opérateur agissant sur les vecteurs de l'espace de Hilbert, c'est-à-dire sur les états quantiques. Ces opérateurs partagent avec les vecteurs la propriété de linéarité. Le produit de deux opérateurs n'est pas nécessairement commutatif, et précisément, les aspects quantiques sont associés à la non-commutation des opérateurs ou des observables.

Parmi les observables, la plus importante est l'énergie totale, associée à l'opérateur hamiltonien, lequel est proportionnel à la dérivation par rapport au temps ; telle est la signification de l'équation de Schrödinger. Par exponentiation, le hamiltonien donne accès à l'opérateur d'évolution dans le temps, qui est la réponse au problème fondamental de la mécanique.

Lorsque l'action d'un opérateur sur un vecteur se réduit à la multiplication du vecteur par un nombre, on dit que le vecteur est un vecteur propre de l'opérateur et que le facteur multiplicatif est sa valeur propre. L'état associé à un vecteur propre de l'opérateur associé à une certaine observable est donc laissé invariant par l'action de l'observable. Cela signifie que l'observable en question peut être mesurée lorsque le système quantique est dans l'état associé au vecteur propre, et la valeur mesurée de l'observable n'est rien d'autre que la valeur propre. Comme la valeur mesurée d'une observable physique ne peut qu'être réelle, l'opérateur qui la représente n'a que des valeurs propres réelles ; on dit qu'il est *hermitien*.

Si, immédiatement avant la mesure d'une certaine observable, le système est dans un état associé à un vecteur propre de l'observable, le résultat de la mesure est, avec certitude, égal à la valeur propre ; si, par contre, le système n'est pas dans un état associé à un vecteur propre, le résultat de la mesure n'est pas déterminé avec certitude mais seulement de façon probabiliste.

Comme des observables qui commutent partagent leurs vecteurs propres (ou plus précisément leurs sous-espaces propres), un ensemble complet d'observables qui commutent (ECOC) forme ce que l'on appelle une représentation, associée à un ensemble de vecteurs propres communs, formant une base de l'espace de Hilbert (analogue à un référentiel dans un espace vectoriel ordinaire).

Déjà en mécanique classique, les propriétés de symétries jouent un rôle essentiel pour caractériser les invariances et les lois de conservation. En mécanique quantique, c'est aussi sur ces propriétés que l'on compte pour pouvoir accéder à l'objectivité : est objectif ce qui est invariant par changement des conditions d'observation. Dans l'espace de Hilbert on associe des opérateurs aux transformations de symétries qui agissent sur les états et sur les observables en laissant invariante la norme (associée à la probabilité) des états.

L'INTERPRÉTATION DE L'ÉCOLE
DE COPENHAGUE

Il est évident qu'une telle accumulation de concepts étrangers à la physique classique ne pouvait que susciter incompréhensions, interrogations et controverses. Il était indispensable de compléter le formalisme par une interprétation qui fixât les conditions de la mise en œuvre du formalisme lors de sa confrontation à la réalité expérimentale. Telle est la tâche à laquelle se sont attelés les physiciens de l'Institut de physique théorique de Copenhague, sous l'impulsion décisive de Niels Bohr. C'est avec une extrême prudence, caractérisée par un certain minimalisme

philosophique, qu'a été entrepris ce travail d'interprétation : il s'agissait essentiellement, quitte à être
taxé de positivisme, d'établir un mode d'emploi, strictement limité à la description d'expériences réalisées
ou réalisables en laboratoire, d'un appareil formel
qui déconcertait par sa nouveauté.

Le phénomène redéfini

Mais, aussi prudent soit-il, ce travail d'interprétation a conduit à la remise en cause de certains concepts
qui relèvent de la philosophie. Ainsi, une remise en
cause très importante, impliquée par la mécanique
quantique, concerne, selon Bohr, le concept de *phénomène*. Dans la science et dans la philosophie classiques, le terme de phénomène tend à désigner un
objet ou un processus, relativement stable et indépendant des conditions selon lesquelles il est observé.
Or, comme nous l'avons dit ci-dessus, il semble impossible, en mécanique quantique, de séparer nettement
l'objet de l'appareil de mesure. L'idée essentielle de
Bohr est de redéfinir le concept même de phénomène : comme le dit Catherine Chevalley, dans sa
longue introduction à *Physique atomique et connaissance humaine* de Niels Bohr[18] :

> Ce qui se présente en réalité comme *phénomène*,
> comme manifestation, c'est un ensemble indissociable
> — une *totalité* — d'effets observés sous des conditions
> expérimentales données. Le mot phénomène *doit dési-
> gner exclusivement des observations obtenues dans des
> conditions spécifiées, incluant un compte-rendu de la
> totalité du dispositif expérimental*[19].

La complémentarité

Avec cette nouvelle définition du concept de phénomène présente à l'esprit, on avance dans l'interprétation de la mécanique quantique en notant que ses concepts ne sont pas relatifs à « l'objet » mais seulement à des « phénomènes ». Cela ne veut absolument pas dire, comme de nombreux auteurs l'ont cru ou ont voulu le croire, que la mécanique quantique renoncerait à l'idéal d'objectivité fondateur de toute démarche scientifique. En effet, comme le note Catherine Chevalley[20] :

> Le phénomène ainsi redéfini ne donne pas immédiatement un concept d'objet. Puisque la physique quantique ne fournit jamais qu'une collection de phénomènes uniques, constitués en fonction des conditions de l'expérience et irréversibles, aucun phénomène ne peut devenir objet. (…) Pourtant la physique quantique est en même temps la démonstration que l'on peut faire des prévisions statistiques sur cette collection de phénomènes irréversibles. Il y a donc des objets de la physique, pour Bohr. Simplement, ces objets sont construits par des *ensembles de preuves* : *des phénomènes définis par divers concepts correspondant à des arrangements expérimentaux s'excluant mutuellement peuvent être considérés sans équivoque comme des aspects complémentaires de l'ensemble des preuves que l'on peut obtenir concernant les objets étudiés.*

Dans cette citation apparaît la notion fondamentale de *complémentarité*, qui est la clé de voûte de l'interprétation de l'école de Copenhague :
• Un ensemble complet d'observables qui commutent définit une représentation de la réalité

physique, dépendant des conditions d'observation.

• Deux représentations différentes (impliquant des observables qui ne commutent pas) pouvant être nécessaires à la représentation complète de la réalité microphysique sont dites complémentaires.

• Les inégalités de Heisenberg empêchent d'utiliser des représentations complémentaires là où elles seraient contradictoires.

Deux commentaires à propos de l'idée de complémentarité nous semblent particulièrement éclairants. Le premier est dû à Léon Rosenfeld[21] : « On peut dire, somme toute, que l'idée de complémentarité parvient à concilier une entière objectivité de la description des phénomènes avec la nécessité de tenir compte explicitement, dans cette description, des conditions d'observation du système étudié. » L'autre est de Louis de Broglie[22] :

C'est pour exprimer ces faits nouveaux mis en lumière par le développement des théories quantiques que Bohr a introduit la notion de *complémentarité*. Pour les entités élémentaires que nous nommons corpuscules ou particules, l'aspect *onde* et l'aspect *grain* ont tous deux leur valeur, mais suivant les conditions expérimentales c'est l'un ou l'autre qui s'affirme et qui permet une bonne représentation des faits. D'après Bohr, les images d'onde et de grain sont complémentaires en ce sens que, bien que ces images se contredisent, elles sont l'une et l'autre nécessaires pour rendre compte de l'ensemble des aspects sous lesquels peuvent se présenter à nous les particules élémentaires. Suivant les circonstances expérimentales, c'est l'un ou l'autre des deux aspects qui prédomine et ce qui permet à ces deux images contradictoires de nous servir tour à tour sans jamais entrer en conflit, c'est que chacune s'estompe quand l'autre se précise. C'est là le sens profond des inégalités d'incertitude d'Heisenberg.

MÉCANIQUE QUANTIQUE ET RELATIVITÉ

Tous les progrès accomplis grâce à la mécanique quantique montrent que la prudence dont avait fait preuve l'interprétation de Copenhague n'est plus de mise à l'heure actuelle, et d'ailleurs l'interprétation de la théorie quantique a été, comme nous le verrons plus loin, profondément renouvelée dans un sens plus ambitieux, sans que ses principes fondamentaux n'aient été invalidés. La théorie quantique a triomphé, et plus personne ne conteste qu'aucune théorie ne pourra rendre compte de la réalité physique si elle n'en intègre pas les acquis. Cette affirmation ne signifie pas que la théorie quantique ne continue pas à susciter de grandes interrogations concernant sa signification profonde, ni qu'il ait été répondu de façon satisfaisante aux sévères objections en particulier soulevées par Einstein (voir l'encadré *Le paradoxe EPR, les inégalités de Bell et les expériences d'Aspect*, à la fin de ce chapitre), ni que le cadre fourni par la *mécanique* quantique soit suffisant pour affronter les difficultés de la prise en compte des contraintes quantiques en physique statistique et en physique relativiste. Il va nous falloir, dans le domaine de la physique quantique, opérer la même transition que celle que nous avons discutée au précédent chapitre, celle du dépassement de la *mécanique* quantique dans une théorie quantique des *champs*. C'est ainsi, croyons-nous, que la théorie quantique pourra fournir la base sur laquelle il semble possible de fonder, de manière robuste, l'ensemble de la physique.

Alors qu'à la fin des années vingt on était parvenu à un consensus sur le formalisme et l'interprétation de la mécanique quantique, les années trente ont vu se succéder quelques découvertes expérimentales qui ont rendu nécessaire ce passage de la mécanique quantique à la théorie quantique des champs.

Le noyau et ses constituants

Dès que la preuve de son existence eut été apportée, il est apparu que l'atome que l'on pensait être le constituant irréductible de la matière est en fait un monde recelant une très grande complexité, « un fourmillement prodigieux de mondes nouveaux », selon l'expression de Jean Perrin[23]. Alors qu'il a fallu vingt-cinq siècles à la conception atomiste pour devenir une véritable théorie scientifique, quelques dizaines d'années ont suffi pour que soient découverts trois niveaux subatomiques d'élémentarité, celui du *noyau atomique*, celui des constituants du noyau, les *nucléons*, et celui des constituants de ces nucléons, les *quarks*. Ainsi est née la physique des particules qui s'intéresse aux constituants de la matière et aux interactions, qualifiées de fondamentales, dans lesquelles ils sont impliqués[24].

Rutherford, qui, dès le début du XXe siècle, était convaincu que le rayonnement issu de la radioactivité α est constitué d'ions d'hélium, a découvert en 1911 le noyau atomique, une particule concentrant la quasi-totalité de la masse de l'atome, dont la charge électrique positive équilibre celle, négative, de l'ensemble des électrons qui orbitent dans son champ et qui confèrent à l'atome l'ensemble de ses propriétés chimiques caractéristiques. Cependant, la classification de Mendeleïev suggérait que le noyau lui-même est une structure composite comportant un nombre de constituants chargés appelés *protons* (le proton, « premier » des noyaux, est le noyau de l'hydrogène.) Dès 1920, Rutherford pressentait l'existence d'un second constituant élémentaire du noyau, neutre celui-là, et de masse proche de celle du proton. Mais c'est seulement en 1932 que James Chadwick découvre ce second constituant, que l'on appellera le *neutron*. Le proton et le neutron qui ont des masses très voisines sont considérés comme deux états d'une même particule que l'on appelle un *nucléon*.

Deux nouvelles interactions fondamentales

À partir du moment où on admet, selon l'hypothèse émise par Heisenberg en 1933, que le noyau est constitué de particules de charge positive, les protons, et de particules sans charge, les neutrons, il est clair qu'on ne peut compter sur l'interaction électromagnétique[25] pour assurer sa cohésion, puisque cette interaction est répulsive pour des particules de même charge et sans effet pour des particules neutres. On est donc amené à postuler l'existence d'une nouvelle interaction, différente de l'interaction électromagnétique, capable de lier protons et neutrons au sein du noyau, une interaction de très forte intensité, et de très courte portée (une portée de l'ordre de la taille du noyau, soit 1 fermi = 10^{-15} mètre), que l'on appelle l'*interaction forte*. C'est ce que constate Heisenberg lors du septième conseil Solvay en 1933, en même temps qu'il affirme que, vraisemblablement, c'est la physique quantique qui fournira tous les concepts nécessaires à la compréhension des phénomènes subatomiques.

Pratiquement en même temps, a été découverte une autre interaction, que, par comparaison avec l'interaction forte, l'on a appelée l'*interaction faible*. Cette dénomination appelle une remarque à propos de la force ou de l'intensité des interactions. Ce qui caractérise cette intensité c'est la probabilité avec laquelle l'interaction considérée peut se manifester. L'interaction qui lie les constituants du noyau est dite forte parce que la probabilité avec laquelle le rayonnement issu d'une source α, par exemple, peut provoquer une réaction nucléaire est élevée. L'interaction à l'origine de la radioactivité β est dite *faible* parce que les processus qui en relèvent ont une très faible probabilité. La probabilité de désintégration radioactive d'un noyau radioactif est inversement proportionnelle à un paramètre appelé *demi-vie*, qui est la durée pendant laquelle une proportion donnée de noyaux radioactifs de son espèce est, en moyenne, réduite de moitié. La demi-vie du neutron qui se désintègre par radioactivité β est macroscopique (de l'ordre de 15 minutes). C'est pourquoi on appelle faible l'interaction dont relève cette radioactivité.

La théorie de cette interaction a été formulée par Fermi en 1933 ; c'est, comme nous le verrons dans la seconde partie de l'ouvrage, une véritable théorie quantique de champs en interaction, en accord avec les données expérimentales de basse énergie concernant les désintégrations radioactives de certaines particules et que l'on considère maintenant comme l'approximation de basse énergie de la *théorie électrofaible*, qui, comme nous le verrons dans la suite, est l'une des composantes du *modèle standard de la physique des interactions fondamentales*. Dans la radioactivité β, un noyau de numéro atomique A (le numéro atomique est la somme du nombre de protons Z et du nombre de neutrons N) se transmute en un noyau de même numéro atomique mais dont le nombre de protons s'est accru d'une unité et celui de neutrons a décru d'une unité, et la transmutation s'accompagne de l'émission d'un électron. Au niveau élémentaire, on peut donc interpréter la radioactivité β comme une désintégration d'un neutron en un proton et un électron. Au moment de sa découverte, on interprétait ce phénomène à partir de l'hypothèse que l'électron préexistait au sein du noyau. Le modèle de Fermi est en complète rupture par rapport à cette hypothèse ; il relève d'une physique entièrement nouvelle, la théorie quantique des champs, selon laquelle des particules (ou plus précisément des quanta de champs) peuvent être produites sans avoir à préexister, et d'autres peuvent disparaître ou complètement changer de caractéristiques.

Le neutrino

L'analyse expérimentale de la radioactivité β faite par Chadwick en 1914 avait révélé que la particule émise (on sait maintenant que c'est un électron) n'avait pas une énergie bien définie. Le maximum de cette énergie correspondait bien, d'après la loi $E = mc^2$, à la différence de masse entre le noyau initial et le noyau final, mais on ne comprenait pas pourquoi l'électron pouvait avoir une énergie différente de cette valeur. Le trouble provoqué par les bizarreries de la mécanique quantique, à l'époque en construction, était tel que certains, comme Niels Bohr, étaient prêts à renoncer à la loi de conservation de l'énergie. En 1930, Pauli propose, comme explication au phénomène, l'existence d'une nouvelle particule, qui serait neutre, de petite masse, émise conjointement à l'électron, et emporterait l'énergie qui lui manque d'après la sacro-sainte loi de conservation de l'énergie. Pauli explique son hypothèse dans une « lettre à Mesdames et Messieurs les radioactifs », dans laquelle il s'excuse presque d'avoir émis une hypothèse aussi difficile à vérifier. Il baptise « neutron » cette hypothétique particule qui, deux ans plus tard, après la découverte du vrai neutron, est rebaptisée par Fermi (en accord avec Pauli) le *neutrino*, « le petit neutron ». Contrairement aux craintes de Pauli, l'hypothèse du neutrino a bel et bien été vérifiée. Les neutrinos existent (il y en a, en fait, de plusieurs types) ; ce sont des éléments constitutifs du modèle standard ; la physique des neutrinos nous apporte, comme nous le verrons dans la suite de l'ouvrage, des renseignements irremplaçables sur l'évolution du cosmos et la structure de la matière.

La radioactivité artificielle et le positon

C'est aussi dans les années trente que l'on a appris à manipuler des noyaux, à provoquer des réactions nucléaires. Ainsi, en 1934, Frédéric et Irène Joliot-Curie découvrent la *radioactivité artificielle*, c'est-à-dire des réactions de transmutation nucléaire, provoquées par le bombardement de noyaux avec un faisceau de particules α, accompagnées de l'émission d'un rayonnement, analogue à celui de la radioactivité β. En réalité, ce rayonnement est ce que l'on appelle maintenant la radioactivité β *inverse*, car dans cette réaction, c'est un proton qui se transforme en neutron avec émission d'un électron de charge positive. Cet électron de charge positive et de même masse que l'électron est ce que l'on appelle un *positon*, ou *anti-électron*, une particule dont l'existence avait été pressentie par Dirac, à partir de sa version relativiste de l'équation de Schrödinger, et découverte par Anderson en 1932. Le mécanisme associant à chaque particule son antiparticule est une des caractéristiques les plus essentielles de la théorie quantique des champs qui a eu de plus en plus tendance à s'imposer comme théorie fondamentale, à la suite de la découverte de l'antiparticule de l'électron puis de celles de toutes les particules connues. Notons, en passant, que, dans la radioactivité β inverse, un neutrino aussi est émis, et que ce neutrino est l'antiparticule de celui qui est émis dans la radioactivité β. Par convention, on appelle neutrino le neutrino émis dans la radioactivité β inverse et antineutrino celui qui est émis dans la radioactivité β.

Sources de rayonnements et détecteurs

Les moyens expérimentaux de l'exploration du monde subatomique se sont aussi développés dans cette même période. Si la seule source disponible de particules capables de provoquer des réactions nucléaires avait été la radioactivité α, on n'aurait pas pu aller beaucoup plus loin dans cette exploration. Il fallait disposer de sources artificielles délivrant de plus hautes intensités et de plus hautes énergies. En 1932, Van de Graaff invente un accélérateur électrostatique et, en 1931, Ernest Lawrence invente le *cyclotron*, qui dès 1938 permet d'accélérer des particules jusqu'à 100 MeV[26]. Le rayonnement cosmique, découvert en 1911 par Victor Hess, fournissait aussi une source de rayonnements probablement très énergiques dont les propriétés ont été explorées dans les années vingt et trente sans que l'on comprenne très bien son origine. D'ailleurs, dans le livre où il expose son hypothèse cosmogonique de l'atome primitif, Lemaître émet l'hypothèse que le rayonnement cosmique est la trace fossile des premières désintégrations de l'atome primitif et de ses descendants. Cette hypothèse n'a pas été confirmée dans la suite du développement de la cosmologie, mais l'idée de rechercher une trace fossile des événements intervenant dans l'univers primordial a fait son chemin et elle a abouti à la découverte, puis à la mesure précise, du rayonnement de fond cosmologique (obéissant à la loi du corps noir de Planck) qui nous fournit une précieuse trace observationnelle des instants qui ont suivi le big bang. Quelles que soient les interrogations théoriques qui le concernaient, le rayonnement cosmique a permis de constituer une certaine base de données expérimentales concernant le monde subatomique, dont la moindre n'est pas la découverte du positon par Anderson en 1932 (soit deux ans avant la découverte par Irène et Frédéric Joliot-Curie de la radioactivité artificielle qui confirmait son existence).

L'observation des événements subatomiques nécessite aussi des appareils, appelés détecteurs, qui, grâce aux énormes quantités d'énergie (par particule) impliquées dans les réactions nucléaires, sont susceptibles de réagir à des événements individuels. Les détecteurs de la préhistoire de la physique nucléaire, le compteur Geiger, inventé par Hans Geiger en 1913, et la chambre à brouillard inventée par Wilson en 1912, ont été activement perfectionnés, mais il faut attendre 1952 pour que soit inventée par Glaser la chambre à bulles, un détecteur qui a joué un rôle très important dans le développement de la physique des particules dans les années cinquante et soixante que nous évoquerons plus loin dans la suite de l'ouvrage.

Champ d'interaction, masse des particules et portée des interactions

Alors que le modèle de Fermi est l'ancêtre de la théorie moderne de l'interaction faible, c'est le modèle du *méson* élaboré par le physicien Hideki Yukawa qui est l'ancêtre de la théorie moderne de l'interaction forte. L'idée sous-jacente à ce modèle, qui est la relation entre la masse des particules et la portée des interactions, relève à la fois de la physique quantique et de la relativité restreinte, et elle se trouve au cœur de toute la physique des particules contemporaine. Cette idée ne prend un sens quantitatif précis que dans le cadre de la théorie quantique des champs que nous développerons ensuite, mais il est possible, d'ores et déjà, d'en faire une présentation simplifiée[27] qui correspond au raisonnement heuristique que l'on pouvait faire dans les années trente.

Rappelons que la théorie de la relativité restreinte est née de la prise en compte de la limitation fondamentale qui interdit à toute interaction de se propager instantanément à distance : à partir d'un point donné, et pendant un temps t, aucune interaction ne peut se propager à une distance supérieure à ct, où c est la vitesse de la lumière. La théorie des champs permet de rendre compte de forces qui respectent cette limitation : une particule en mouvement émet un champ qui, plus tard, peut mettre en mouvement une autre particule à condition qu'elle soit située assez près. Que nous dit maintenant la physique quantique ? D'après la propriété fondamentale de la dualité onde-corpuscule, caractéristique de cette physique, tous les phénomènes de la microphysique peuvent être décrits soit en termes d'ondes (ou de champs), soit en termes de particules, ou quanta d'énergie. Ainsi, la force s'exerçant entre deux particules, par exemple des constituants de noyau, que l'on appelle maintenant des *nucléons* (la dénomination actuelle des protons et des neutrons), peut être décrite soit au moyen de la propagation d'un *champ d'interaction*, soit au moyen de l'échange de la particule qui en est le quantum, appelée *méson*. Quand elle est échangée, cette particule est *délocalisée*, quelque part entre les deux nucléons. Cette délocalisation de la particule induit une indétermination, que nous dénoterons Δt, sur son temps de parcours. Son énergie E est aussi entachée d'une indétermination ΔE et les inégalités de Heisenberg impliquent que la particule ne peut être détectée que si le produit des indéterminations sur le temps de parcours et sur l'énergie est au moins égal à $\hbar$, la constante de Planck divisée par 2π. La force entre les deux nucléons ne peut résulter de l'échange d'un méson que si ce méson n'est pas détectable, parce qu'une détection interromprait la transmission de la force. Les inégalités de Heisenberg doivent donc être violées, c'est-à-dire que le produit des indéterminations sur le temps de parcours et sur l'énergie de la particule ne peut excéder $\hbar$. Cette borne sur les indéterminations reste valable pour le produit du temps de parcours t et de l'énergie E eux-mêmes, puisque ces caractéristiques du méson qui ne peut être détecté doivent être inférieures à leurs indéterminations respectives. Supposons que le méson soit une particule massive de masse invariante m. D'après la relativité restreinte, le méson a une énergie au moins égale à mc^2. Le temps de parcours maximum t du méson entre les deux nucléons est donc au plus égal à la constante de Planck divisée par mc^2, et la portée maximum d de l'interaction autorisée par la relativité restreinte est égale au produit de ce temps de parcours maximum par la vitesse de la lumière, c'est-à-dire qu'elle est inversement proportionnelle à la masse du méson. Ce résultat fondamental peut être établi de manière rigoureuse en théorie quantique des champs. Notons qu'il peut s'étendre à l'interaction électromagnétique : comme le photon, le quantum de champ électromagnétique est de masse nulle, il induit, en accord avec l'expérience, une portée infinie pour cette interaction.

Le méson π et le lepton μ

Dans le domaine de la physique nucléaire, c'est ce raisonnement qui est à l'origine du modèle proposé par Yukawa. On connaît, au moins approximativement, la portée de l'hypothétique interaction forte, elle est de l'ordre de la taille des noyaux, soit 1 fermi ; on a donc une idée de la masse de l'hypothétique méson, soit une à deux centaines de MeV/c^2. C'est cet ordre de grandeur de la masse de l'hypothétique particule qui explique le nom de méson qui lui a été attribué : une masse *intermédiaire* entre celle de l'électron (0,5 MeV/c^2) et celle du proton (environ 1 GeV/c^2). Cette particule a donc été activement recherchée, et, en 1937, Anderson découvre, dans le rayonnement cosmique, une particule dont la masse est environ 200 fois celle de l'électron, que l'on s'est empressé d'identifier au méson de Yukawa. Toutefois, le comportement de cette particule ne semblait pas correspondre aux propriétés attendues du méson : elle peut traverser de grandes épaisseurs de matière sans interagir, ce qui suggère qu'elle ne participe pas à l'interaction forte. Bethe suggère que la particule observée, que l'on baptise *méson μ*, résulte de la désintégration du méson recherché que l'on baptise désormais *méson π*. C'est en 1947 que le méson π est découvert par Cecil Powell et G. Occhialini, toujours dans le rayonnement cosmique, et que se trouve confirmée l'hypothèse de Bethe : la nouvelle particule est plus massive que le méson μ et elle participe bien à l'interaction forte puisqu'elle est capable de briser des noyaux avec une probabilité élevée.

•

Cet épisode appelle une remarque d'ordre terminologique. Au fur et à mesure que de nouvelles particules étaient découvertes, il a fallu adapter la terminologie : comme sa masse correspondait à peu près à l'attente, la première particule a été baptisée méson μ, mais comme les propriétés de cette particule sont très nettement différentes de celles du véritable méson, le méson π, il est peu judicieux de continuer à l'appeler méson. De nos jours, on réserve l'appellation de méson à des particules appartenant à la famille de toutes les particules participant à l'interaction forte, que l'on désigne sous le nom générique de *hadrons* (du grec *hadros*, signifiant « fort ») : le méson π est un hadron, tout comme le nucléon. Lorsque la terminologie faisait référence à la masse des particules, le nucléon, particule la plus massive connue à l'époque, était appelé *baryon* (dont l'étymologie signifie « lourd »). Lorsque l'on s'est mis à découvrir, dans les années soixante, de très nombreux nouveaux hadrons, la terminologie s'est stabilisée : on a réservé le nom générique de baryons aux hadrons obéissant à la statistique de Fermi-Dirac (des fermions), quelle que soit leur masse, et le nom générique de méson aux hadrons obéissant à la statistique de Bose-Einstein (des bosons), quelle que soit leur masse. Quant aux particules qui, comme l'électron ou le « méson » μ, ne participent pas à l'interaction forte, on les désigne désormais sous le nom générique de *leptons* (dont l'étymologie signifie « faible »). Comme l'électron, le lepton μ est un fermion, alors que le méson π est un boson (encore une différence marquante entre les deux particules).

Le méson π (aussi appelé « pion ») et le lepton μ (aussi appelé « muon ») sont des particules instables.

Leur désintégration relève de l'interaction faible. Le méson π se désintègre en un lepton μ et un neutrino ; le lepton μ se désintègre en un électron et deux neutrinos. L'étude de ces désintégrations a conduit à l'hypothèse qu'il y a plusieurs types de neutrinos, associés chacun à un type de lepton, à savoir un neutrino associé à l'électron et un neutrino associé au lepton μ.

La situation au début des années cinquante

Ainsi voyons-nous, dès la fin des années quarante, s'accroître le tableau des particules élémentaires. En quoi consiste-t-il ? Nous avons trois grandes familles de particules classées d'après leur participation aux interactions fondamentales non gravitationnelles :

1. Le photon, seul membre de sa famille, quantum du champ électromagnétique, participant à l'interaction électromagnétique, et seulement à cette interaction ;
2. la famille des hadrons qui participent à toutes les interactions, y compris l'interaction forte, comportant deux sous-familles, celle des baryons, qui sont des fermions, et celle des mésons, qui sont des bosons ;
3. la famille des leptons (ce sont tous des fermions) qui ne participent pas à l'interaction forte, comportant deux sous-familles, celle des leptons chargés comme l'électron et le lepton μ, qui participent aux interactions électromagnétique et faible, et celle des leptons neutres ou neutrinos, qui ne participent qu'à l'interaction faible.

Cette classification semble compatible avec l'hypothèse des antiparticules qui s'est révélée nécessaire à la cohérence de la théorie quantique des champs. Certaines particules, comme le photon, sont identiques à leur antiparticule ; l'antiélectron a été découvert, comme nous l'avons mentionné ci-dessus ; il y a en réalité deux leptons μ de charges opposées, le μ^+ et le μ^-, qui sont dans la même relation qu'une particule et son antiparticule ; il y a en réalité trois mésons π, le π^+, le π^- et le π^0 ; le π^+ est l'anti-π^- et vice versa ; le π^0 est confondu avec son antiparticule ; la découverte en 1959 de l'antiproton par Emilio Segrè et Owen Chamberlain a confirmé l'existence des antiparticules de tous les hadrons.

En ce qui concerne la compréhension des interactions fondamentales, la situation est très contrastée. Les interactions nucléaires forte et faible viennent juste d'être découvertes ; elles sont en attente de données expérimentales suffisantes et de théories explicatives précises. L'interaction gravitationnelle est considérée comme totalement négligeable aux niveaux atomique et subatomique, mais, aux échelles cosmiques, elle est décrite de manière quantitative grâce à la théorie de la relativité générale. Seule l'interaction électromagnétique est dotée d'une théorie prédictive en accord avec l'ensemble des observations expérimentales. Dans le domaine macroscopique, là où les effets quantiques sont négligeables, la théorie de Maxwell donne entière satisfaction. Dans le domaine des hautes énergies, c'est l'électrodynamique quantique, objet du chapitre 5, qui prend le relais, donne entière satisfaction et va servir de modèle de référence pour l'élaboration du modèle standard, comme nous le montrerons dans la deuxième partie de l'ouvrage.

LE PARADOXE EPR,
LES INÉGALITÉS DE BELL
ET LES EXPÉRIENCES D'ASPECT

Dans l'article original EPR (Albert Einstein, Boris Podolsky et Nathan Rosen, « Peut-on considérer que la mécanique quantique donne de la réalité physique une decription complète ? », *Physical Review*, vol. XLVII, pp. 777-780), le paradoxe était formulé à partir d'une pure expérience de pensée concernant la détermination des positions et moments d'une paire de particules produites dans un état quantique bien déterminé. Bien que, pour chaque particule de la paire, la position q et le moment p obéissent à la loi de non-commutation et ne puissent donc être mieux déterminés qu'avec des incertitudes contraintes par les inégalités de Heisenberg, la différence des positions q_1-q_2 commute avec la somme des moments p_1+p_2. Il semblerait donc que l'on puisse mesurer avec une précision arbitrairement élevée cette différence et cette somme et qu'en conséquence on puisse prédire avec précision soit la valeur de q_1 soit celle de p_1 si, respectivement, celle de q_2 ou celle de p_2 sont mesurées. Comme, au moment des mesures, l'interaction directe entre les particules de la paire a cessé, q_1 et p_1 peuvent être considérés comme des attributs physiques d'un objet isolé, il semblerait donc que l'on puisse « battre les inégalités de Heisenberg », ce qui signifierait que la mécanique quantique ne fournit pas une description complète de la réalité.

L'élucidation complète du paradoxe EPR a pris plusieurs années. Elle a nécessité plusieurs avancées d'ordre expérimental et d'ordre théorique. Une première avancée a été réalisée par David Bohm qui a imaginé des expériences possibles, plus réalistes que celle évoquée dans l'article EPR, dans lesquelles les observables non commutatives de position et de moment sont remplacées par des composantes de spins sur des axes différents, dont on sait, en mécanique quantique, qu'elles sont représentées par des opérateurs qui ne commutent pas. Au plan théorique, c'est John Bell qui, en 1964, a établi des inégalités (John S. Bell, « On the Einstein-Podolsky-Rosen paradox », *Physics*, 1, 195, 1964), que devraient satisfaire les résultats des expériences imaginées par Bohm, dans l'hypothèse où la mécanique quantique serait incomplète et où il faudrait donc la compléter avec des « variables cachées » et dans l'hypothèse de la localité (absence, conformément au principe de séparation d'Einstein, de connexion instantanée entre systèmes spatialement séparés). Ces inégalités permettraient donc de soumettre l'argumentaire d'Einstein à un test quantitatif précis : ou bien elles seraient satisfaites, et alors Einstein aurait raison, ou bien elles seraient violées, et alors au moins une des deux hypothèses de Bell (variables cachées ou localité) serait en défaut. Dès les années soixante-dix des expériences destinées à tester les inégalités de Bell ont été tentées en physique atomique et en physique nucléaire mais c'est en 1982 que se produit l'avancée décisive sur le plan expérimental : Alain Aspect (A. Aspect, P. Granger et G. Roger, *Phys. Rev. Letters*, 49,91, 1982) et ses collaborateurs réussissent la prouesse de réaliser une authentique expérience EPRB (B pour Bohm) ; ils trouvent, et ceci est confirmé par de nombreuses autres expériences réalisées depuis, une nette violation des inégalités de Bell, confirmant donc les prédictions de la théorie quantique.

Chapitre 4

LA PHYSIQUE DES PARTICULES
À LA FIN DES ANNÉES SOIXANTE

Au terme de cette première partie de notre ouvrage, il peut être utile de résumer le contenu des trois premiers chapitres. La conception mécaniste du monde, objet du premier chapitre, est essentiellement dualiste : ses deux concepts fondamentaux sont celui de *point matériel* et celui de *force*. Pour la mécanique classique, héritière de la conception atomiste des philosophes de l'Antiquité, les points matériels correspondent à l'intuition des « atomes », les constituants irréductibles et insécables de toute matière. Quant aux forces, susceptibles de mettre en mouvement les points matériels, elles relèvent en quelque sorte de son point aveugle : à propos de leur origine, comme disait Newton[1], on ne forge pas d'hypothèses, (« *hypotheses non fingo* »). La mécanique rationnelle a évolué en approfondissant et le concept de point matériel et le concept de force. Grâce au recours aux méthodes statistiques, la mécanique rationnelle a abouti à la thermodynamique statistique, qui a permis réellement d'opérer sa jonction avec la conception atomiste, le point matériel apparaissant comme l'idéalisation de l'atome. De son côté, l'autre évolution a concerné le concept de force. On avait identifié et compris une première force, la force de gravitation, mais, au XIXᵉ siècle, on avait identifié d'autres forces, les forces électriques et magnétiques et, au sein de l'unification des phénomènes électriques, magnétiques et optiques dans le cadre de la théorie électromagnétique de la lumière de Faraday, Maxwell et Hertz, on a réussi à étendre le domaine d'application de la mécanique à ce que l'on appelle des *champs*, un champ étant une certaine entité, une certaine structure, définie en chaque point de l'espace et à chaque instant. Ce concept de champ a alors pris de plus en plus d'importance, et la révolution de la relativité, objet du deuxième chapitre, l'a élevé au rang de concept fondamental, de concept premier. Dans le troisième chapitre, nous avons montré comment la mécanique quantique permet de trouver une issue à la crise provoquée par la découverte du quantum d'action et ouvre la voie à l'exploration de la structure microscopique de la matière, en termes de particules élémentaires impliquées dans des interactions qualifiées de fondamentales.

Avant la mise en œuvre concrète de la théorie quantique des champs, la physique du XXᵉ siècle restait marquée par le dualisme de la mécanique rationnelle, le concept de *particule élémentaire* remplaçant, dans le cadre de la mécanique et de la statistique quantiques, celui de point matériel et le concept de *champ d'interaction* remplaçant, dans le cadre de la relativité, celui de force. Or, Einstein[2] avait fait valoir que, dans aucune théorie fondamentale, ne pouvaient coexister des points matériels dont la dynamique est régie par des équations différentielles ordinaires et des champs dont la dynamique est régie par des équations aux dérivées partielles. Il a bien essayé de faire dériver le point matériel d'une théorie des champs, mais il n'y est pas parvenu.

Ce que nous allons donc essayer de montrer dans le présent chapitre, en continuant à négliger provisoirement l'interaction gravitationnelle à l'échelle des particules, c'est que la prise en compte des contraintes liées à la constante de Planck en théorie relativiste des champs et celle des contraintes liées à la vitesse de la lumière en mécanique quantique permettent d'aboutir à la *théorie quantique et relativiste des champs en interaction locale* susceptible de fournir un cadre *non dualiste* à la physique des particules élémentaires et des interactions fondamentales non gravitationnelles. Comme le note Weinberg[3] :

> Dans sa forme mature, l'idée de la théorie quantique des champs est que les champs quantiques sont les ingrédients de base de l'univers, et que les particules ne sont que des paquets d'énergie et de moment de ces champs. [...] La théorie quantique des champs a donc conduit à une vue plus unifiée de la nature que la vieille interprétation dualiste en termes à la fois de particules et de champs.

DE LA MÉCANIQUE QUANTIQUE
À LA THÉORIE QUANTIQUE DES CHAMPS

Le cadre axiomatique de la physique quantique

Pour introduire la théorie quantique des champs, il peut être utile de passer en revue les axiomes qui forment le cœur dur de l'interprétation, dite de Copenhague, de la mécanique quantique qui, à la fin des années vingt, faisait consensus. Nous verrons alors que ces axiomes sont à même de définir le cadre général d'une physique quantique dans laquelle le système physique à l'étude puisse être un champ ou un système de champs, et non plus seulement un ensemble d'un nombre fini et fixé de particules soumises à des forces dérivant d'un potentiel. Cette approche permettra de définir, progressivement, ce qu'est physiquement un champ quantique et, en quelque sorte, d'établir le « cahier des charges » du formalisme adéquat qui servira, dans ce chapitre et les suivants, de cadre théorique à la physique des particules.

Exprimés de façon très générale, c'est-à-dire en évitant toute référence à la nature du système physique à l'étude (champs ou particules en nombre fini et fixé), les axiomes de la physique quantique sont au nombre de quatre. Ce sont

1. L'axiome des *états* quantiques qui stipule que les états d'un système physique sont représentés par des vecteurs d'un espace de Hilbert.

2. L'axiome des *observables* selon lequel les quantités physiques observables relativement à un système sont représentées par des opérateurs agissant sur les vecteurs de l'espace de Hilbert de ses états, et dont la propriété de non-commutation est caractéristique de la physique quantique. Les observables sont représentées par des opérateurs « hermitiens », i.e. dont les valeurs propres sont des nombres réels.

3. L'axiome de la *mesure* selon lequel la mesure d'une observable relativement à un certain système donne un résultat qui ne peut être qu'une valeur propre de (l'opérateur représentant) l'observable et l'état du système considéré, immédiatement après la mesure, est représenté par un vecteur propre de l'observable correspondant à cette valeur propre. Lorsque le système n'est pas, immédiatement avant la mesure, dans un état représenté par un vecteur propre de l'observable, le résultat de la mesure ne peut être prédit que de manière probabiliste.

4. L'axiome de la *dynamique* qui fait dépendre la loi d'évolution temporelle du système de la résolution d'une équation différentielle, l'équation de Schrödinger.

États et observables en théorie des champs

Le premier axiome concernant la notion d'état quantique représenté par un vecteur de l'espace de Hilbert est très problématique en mécanique. En effet, l'espace de Hilbert étant un espace *linéaire*, il nous faut admettre que les états quantiques obéissent à un *principe de superposition*, c'est-à-dire qu'ils sont superposables, qu'ils peuvent se combiner comme le font des ondes ou des... champs ! Ce qui est donc très difficile à admettre en mécanique où le composant élémentaire de la matière est le point matériel (comment des états de points matériels pourraient-ils être superposables ?) est parfaitement naturel en théorie des champs, puisque les champs obéissent, par définition, au principe de superposition. En mécanique quantique, le vecteur de l'espace de Hilbert représentant l'état quantique d'un système d'un nombre fixé et fini de particules est ce que l'on appelle une fonction d'onde. La première étape du passage de la mécanique quantique à la théorie quantique des champs consiste à interpréter la fonction d'onde comme un champ classique. La quantification de ce champ classique est ce que l'on appelle la *seconde quantification*, la première correspondant à l'association d'une fonction d'onde à l'état quantique d'un système d'une ou quelques particules.

Il nous faut maintenant préciser, à l'aide des autres axiomes de la physique quantique, en quoi consiste l'espace de Hilbert des états quantiques du champ. Le second axiome qui associe aux observables des opérateurs dont le produit n'est pas nécessairement commutatif est caractéristique de toute la physique quantique. Pour une particule, les observables représentées par des opérateurs non commutatifs sont la position de la particule et sa quantité de mouvement ou impulsion. En mécanique rationnelle classique, l'impulsion est appelée « moment conjugué de la position », une notion qui peut être définie de manière précise dans le formalisme lagrangien. En théorie des champs, on peut considérer comme des observables représentables par des opérateurs, non commutatifs, agissant sur les vecteurs représentant les états du champ, les variables dynamiques et leurs moments conjugués, que l'on peut aussi définir de manière précise dans le formalisme lagrangien. Ainsi, l'application de l'axiome des observables à la théorie des champs permet de définir de manière un peu plus précise ce qu'est un champ quantique : c'est un champ d'*opérateurs* définis en chaque point de l'espace et à chaque instant. De cette façon la quantification du champ électromagnétique défini au chapitre 2 consistera à remplacer les quatre composantes du quadrivecteur potentiel (que nous avons appelé le champ dynamique de l'interaction électromagnétique) et les composantes du tenseur électromagnétique (qui ne sont autres que les moments conjugués des composantes du champ dynamique) par des opérateurs obéissant à des règles de commutation, que nous appellerons des *opérateurs champs*.

Mesure et événements quantiques

Toutes les critiques qu'Einstein adressait à la mécanique quantique concernent les implications contradictoires des axiomes de la mesure et de la dynamique. L'axiome de la dynamique postule que l'évolution dans le temps d'un système quantique est déterministe mais celui de la mesure implique une prédictibilité probabiliste, ce qui entraîne immanquablement l'accusation d'incomplétude. De plus, le processus par lequel l'état quantique du système se projette instantanément lors de la mesure, dans le vecteur propre de l'observable mesurée (ce que l'on appelle l'effondrement de la fonction d'onde) reste tout à fait mystérieux ; de l'avis même des tenants de l'interprétation de Copenhague, cet aspect apparaît comme l'un de ses points faibles.

C'est à propos de la résolution de ces difficultés d'interprétation que le passage à la théorie quantique des champs prouve sa véritable efficacité. En examinant ce qui se fait concrètement lors de toute expérience interprétable dans le cadre de la physique quantique, on constate qu'en dernière instance on ne fait qu'*enregistrer et compter des événements*. C'est ce que font tous les détecteurs, aussi perfectionnés soient-ils : les belles trajectoires que l'on photographie dans une chambre à bulles sont constituées de chapelets de petites bulles dont chacune est l'enregistrement d'un *événement quantique de détection* (en l'occurrence un événement d'ionisation) provoqué par le passage dans le liquide d'une particule chargée de haute énergie. La reconstitution de la « trajectoire » de la particule ionisante n'est, en aucune façon, la détermination de la fonction d'onde de cette particule dans l'espace-temps ; elle permet seulement de mesurer l'énergie et la quantité de mouvement de l'une des particules produites lors de l'*événement d'interaction* que l'on a provoqué dans une expérience auprès d'un accélérateur ou qui a été provoqué par le rayonnement cosmique. La motivation physique d'une telle expérience est l'étude théorique de ces événements d'interaction, l'enregistrement des événements de détection faisant partie des moyens expérimentaux permettant cette étude théorique. Comme tous ces événements, qu'ils soient d'interaction ou de détection, relèvent de la physique quantique qui comporte un quantum indivisible d'action, aucun n'est individuellement prédictible ni reproductible. Ils peuvent cependant être produits en très grandes quantités, dans des conditions telles que leurs propriétés statistiques soient reproductibles et prédictibles : les *sections efficaces,* les *durées de demi-vie* et *taux relatifs de désintégration,* les *polarisations* sont des exemples de quantités mesurables (voir l'encadré *Observables en physique expérimentale des particules*) à l'aide de moyennes statistiques relevant de la prédictibilité probabiliste, la seule possible en physique quantique.

OBSERVABLES EN PHYSIQUE
EXPÉRIMENTALE
DES PARTICULES

Comme les événements produits lors des collisions entre particules ne sont pas individuellement prédictibles ni reproductibles, il est nécessaire d'avoir recours à la statistique pour extraire des données expérimentales l'information relative à la physique des interactions fondamentales. On produit de très grandes quantités d'événements dont les caractéristiques cinématiques sont enregistrées, et selon la quantité physique à laquelle on est intéressé, on suit certaines variables et on effectue des moyennes sur les variables qui ne sont pas suivies. Ces moyennes se présentent en général sous la forme d'intégrales qui sont évaluées numériquement à l'aide d'algorithmes adaptés à ce type de traitement statistique. Les quantités observables que l'on rencontre le plus souvent en physique expérimentale des particules sont les suivantes.

La section efficace, qui a les dimensions d'une surface, donne accès à la probabilité que se produise une certaine réaction : elle représente la surface apparente qu'il faudrait donner à la particule cible pour que la particule projectile (supposée ponctuelle) la frappe et donne la réaction considérée avec une probabilité égale à celle qui est effectivement mesurée. C'est un nombre extrêmement petit, car la probabilité que se produise une réaction entre des particules aussi petites est très faible. Les sections efficaces sont mesurées en *barn*. Un barn vaut 10^{-24} cm^2, soit une section efficace cependant considérée comme très grande (le mot anglais *barn* qui signifie « grange » suggère qu'une cible de surface apparente d'un barn est aussi difficile à rater que la porte grande ouverte d'une grange !). Des sections efficaces de l'ordre du barn se rencontrent dans les réactions entre des noyaux de grandes tailles. L'efficacité des moyens de détection a beaucoup évolué : dans les années soixante, quand on s'intéressait surtout à l'interaction forte, on avait affaire à des sections efficaces typiquement de l'ordre du dixième de barn. Aujourd'hui dans le cadre des recherches menées au LHC, l'ordre de grandeur des sections efficaces des réactions recherchées est plutôt du femto-barn (soit 10^{-15} barn !). D'ailleurs l'efficacité d'une installation se mesure en inverse de section efficace par unité de temps, ce que l'on appelle la *luminosité* : le nombre d'événements que l'on peut produire par unité de section efficace et par unité de temps.

La section efficace peut se décliner en plusieurs modes : *section efficace totale* (probabilité que dans une certaine collision se produise toute réaction possible quelle qu'elle soit : la section efficace totale est alors la somme de toutes les sections efficaces partielles) ; *section efficace totale inélastique* (somme des sections efficaces partielles de toutes les réactions produisant un état final différent de l'état initial) ; *sections efficaces différentielles*, c'est-à-dire distribution de probabilité de réactions pouvant se produire dans des intervalles infinitésimaux de variables cinématiques, tels des angles, des énergies, des masses…

La durée de demi-vie mesure le temps nécessaire en moyenne à la réduction par un facteur 2 d'une population de particules instables (pouvant se désintégrer). L'inverse de la durée de vie est reliée, par l'inégalité de Heisenberg temps-énergie, à l'incertitude quantique sur l'énergie ou la masse de la particule soumise à la désintégration que l'on appelle sa *largeur*. Tout comme la section efficace, cette largeur peut être totale ou partielle, relative à un certain mode de désintégration, qui aura alors un *taux relatif de désintégration*.

La polarisation mesure la valeur moyenne de la projection du spin (moment cinétique intrinsèque) projeté sur un certain axe.

Il se trouve que c'est justement à propos de l'axiome de la mesure que les différences sont les plus marquées entre la mécanique et la théorie des champs. En mécanique quantique, c'est-à-dire lorsque l'on a affaire à un système comportant un nombre fini et fixé de particules assimilées à des points matériels, l'opération de mesure consiste à répondre à des questions du type suivant : soit un certain système de particules ; quelle est la probabilité que la position ou l'énergie de telle ou telle particule appartenant au système soit égale à telle valeur ? En théorie quantique des champs, la question est différente : soit un certain système de champs quantiques ; quelle est la probabilité d'observer ou de détecter un événement d'émission ou d'absorption d'un quantum de champ avec telle énergie ou en telle position ? Cette remarque permet de comprendre en quoi, en physique quantique, le passage de la mécanique à la théorie des champs marque un véritable changement de perspective. En mécanique quantique, la fonction d'onde d'une particule qui représente l'état quantique de cette particule est une fonction complexe du temps t et des coordonnées d'espace x, y, z, dont le carré du module est proportionnel à la probabilité que *la* particule ait au temps t la position dont les coordonnées sont x, y, z. En théorie quantique des champs, la fonction d'onde, représentant l'état du champ, est aussi une fonction complexe du temps et des coordonnées d'espace, mais maintenant le carré de son module est proportionnel à la probabilité de détecter au temps t et à la position dont les coordonnées sont x, y, z, *une* particule, quantum d'énergie du champ.

La discussion que nous venons de mener nous permet de préciser en quoi consistent les opérateurs champs : un opérateur champ est associé à un événement d'émission ou d'absorption[4] d'un quantum de champ. Cet opérateur pourrait être défini dans l'espace-temps : il serait alors défini au moyen des quatre coordonnées spatio-temporelles de l'événement auquel il est associé ; mais une telle définition comporte des difficultés mathématiques[5]. En revanche, dans l'espace des moments conjugués, l'opérateur champ quantique peut, sans difficulté, être défini comme une fonction des quatre composantes du quadrivecteur énergie impulsion, que nous avons appelé au chapitre 2 le *quadrimoment*, du quantum émis ou absorbé.

La dynamique des champs quantiques

En mécanique quantique, l'équation de Schrödinger gouverne, de façon déterministe, la dynamique d'un système de particules soumises à des forces dérivant d'un potentiel. Pour un système de champs couplés, le hamiltonien est l'opérateur associé à l'énergie totale du système, somme de l'énergie cinétique associée à la propagation des champs et de l'énergie potentielle associée à l'interaction, c'est-à-dire à leur couplage ; il est équivalent à la dérivation par rapport au temps de la fonction d'onde, le vecteur de l'espace de Hilbert associé à l'état quantique du système. L'opérateur d'évolution dans le temps, en quoi consiste la solution de l'équation de Schrödinger, est l'exponentielle du hamiltonien multiplié par i (la racine carrée de -1) fois le temps t et divisé par $\hbar$. Dans le cas de champs libres, c'est-à-dire en l'absence d'interaction, l'équation de Schrödinger peut être résolue analytiquement. En présence d'interaction, il n'existe en général pas de solution analytique de l'équation de Schrödinger, et il est nécessaire d'avoir recours à des méthodes d'approximation ; mais, en tout état de cause, le caractère déterministe de la dynamique régie par l'équation de Schrödinger, impliqué par le quatrième axiome, est préservé dans le passage de la mécanique quantique à la théorie quantique des champs.

Une très importante contrainte sur la forme générale que peut revêtir l'opérateur hamiltonien en théorie quantique des champs résulte d'un principe qu'Einstein avait mis en avant dans sa critique de la mécanique quantique, le *principe de séparation* ou *principe des actions par contiguïté*, qui ne fait que généraliser à la physique quantique la propriété de localité spatio-temporelle essentielle en théorie classique des champs relativistes :

> L'idée qui caractérise l'indépendance relative des choses distantes spatialement (A et B) est la suivante : toute influence extérieure s'exerçant sur A n'a aucun effet sur B qui ne soit médiatisé. Ce principe est appelé principe des actions par contiguïté, et seule la théorie du champ en a fait une application conséquente. L'abolition complète de ce principe fondamental rendrait impensable l'existence de systèmes quasi fermés et donc l'établissement de lois empiriquement vérifiables, au sens habituel du terme[6].

Ce principe implique que le hamiltonien susceptible de décrire la dynamique d'un système de champs quantiques ne peut faire intervenir que des produits d'opérateurs champs évalués au même point d'espace-temps. Comme nous le verrons plus loin, cette contrainte est la source d'importantes difficultés qui n'ont pu être levées que par la mise en œuvre de la très sophistiquée technique de la renormalisation que nous essaierons d'expliquer dans les prochains chapitres.

Retenons donc en résumé que les champs qui interviennent dans la théorie quantique des champs sont d'abord des champs *relativistes*, c'est-à-dire qu'ils sont définis, non plus en chaque point de l'espace et à chaque instant, mais en chaque point de l'espace-temps, qu'ils ont des propriétés de covariance par rapport aux transformations de Lorentz, et que leur dynamique est régie par des équations aux dérivées partielles. D'autre part, ces champs sont *quantiques* en ce sens que ce ne sont pas des *nombres* définis en chaque point de l'espace-temps, mais plutôt des *opérateurs* définis en chaque point de l'espace-temps. Ces opérateurs agissent dans un espace de Hilbert, l'espace de représentation des phénomènes quantiques ; ils provoquent des *événements* consistant en l'émission ou l'absorption d'un *quantum de champ,* c'est-à-dire une particule élémentaire ayant un quadrimoment donné. Enfin, les champs quantiques sont en *interaction locale*, ce qui veut dire qu'il peut y avoir une pluralité de champs, et que ces champs sont en interaction, c'est-à-dire qu'ils peuvent être couplés sous la forme de leurs produits évalués au même point de l'espace-temps.

LES CHAMPS LIBRES
ET LA BASE CINÉMATIQUE

La première étape de l'élaboration d'une théorie quantique des champs consiste à considérer ce que l'on appelle des champs libres, c'est-à-dire sans interaction, car, dans ce cas, les équations dynamiques peuvent être résolues intégralement. En quelque sorte la théorie quantique des champs libres représente la base cinématique de la théorie en construction.

Oscillateurs harmoniques
et quantification des champs

L'image d'un bouchon oscillant verticalement à la surface de l'eau d'un lac sur lequel se propage une vague suggère qu'un champ peut être conçu comme un système infini d'oscillateurs harmoniques (voir l'encadré *Le paradigme de l'oscillateur harmonique quantique*), placés en chaque point de l'espace et couplés chacun à ses plus proches voisins : la surface de l'eau serait ainsi le modèle d'un champ à deux dimensions. La quantification d'un tel modèle consiste à traiter de manière quantique ces oscillateurs harmoniques. Il se trouve que quel que soit le nombre de dimensions de l'espace cette quantification peut s'effectuer analytiquement. Lorsque l'on analyse les états du champ en transformée de Fourier, c'est-à-dire en termes d'ondes planes caractérisées chacune par une pulsation $\omega = 2\pi\nu$ et un vecteur d'onde $\mathbf{k}$, on trouve que le champ est une superposition infinie d'ondes planes dont les coefficients sont des opérateurs de création ou d'annihilation de quanta d'énergie $\hbar\omega$ et quantité de mouvement $\hbar\mathbf{k}$ résultant de la quantification d'oscillateurs harmoniques indépendants. Le hamiltonien du système s'écrit comme la somme infinie des hamiltoniens de ces oscillateurs harmoniques indépendants.

LE PARADIGME
DE L'OSCILLATEUR HARMONIQUE
QUANTIQUE

L'oscillateur harmonique est l'un des systèmes les plus simples descriptibles en mécanique quantique et il se trouve qu'il est au cœur de la quantification de la théorie des champs. Rappelons que la théorie du rayonnement du corps noir élaborée par Planck faisait intervenir ce qu'il appelait des « résonateurs » émettant ou absorbant de l'énergie par quanta discrets. Or ces résonateurs ne sont autres que des oscillateurs harmoniques. À une dimension d'espace, un oscillateur harmonique consiste en une particule oscillant autour de sa position d'équilibre sous l'action d'une force de rappel proportionnelle à l'écart par rapport à cette position. Le hamiltonien de ce système est la somme de l'énergie cinétique proportionnelle au carré du moment p et de l'énergie potentielle proportionnelle au carré de l'écart par rapport à la position d'équilibre q. La quantification, dite *canonique*, consiste à remplacer moment et position par des opérateurs non commutatifs. À partir de ces opérateurs, on construit les opérateurs a, nommé opérateur d'annihilation, et $a^\dagger$, nommé opérateur de création, qui font respectivement décroître et croître d'une unité le nombre de quanta d'énergie $h\nu$, où ν est la fréquence propre de l'oscillateur. L'espace de Hilbert des états de l'oscillateur harmonique quantique comporte d'abord l'état fondamental ou vide, noté $|0\rangle$, état à zéro quantum, et les états $|1\rangle, |2\rangle, \cdots, |n\rangle$, état à 1, 2, ..., n,... quanta. L'opérateur d'annihilation a annihile le vide : $a|0\rangle = 0$ et il fait décroître d'une unité le nombre de quanta : $a|n\rangle = \sqrt{n}|n-1\rangle$, alors que l'opérateur de création $a^\dagger$ fait croître d'une unité ce nombre : $a^\dagger|n\rangle = \sqrt{n+1}|n+1\rangle$. Le produit $a^\dagger a$ n'est autre que l'opérateur nombre de quanta d'énergie : $a^\dagger a|n\rangle = n|n\rangle$. En termes des opérateurs d'annihilation et de création, l'opérateur qui représente l'énergie totale que l'on appelle le hamiltonien s'écrit $h\nu a^\dagger a$. En accord avec le modèle de Planck, le spectre de l'oscillateur harmonique quantique consiste donc en un nombre entier de quanta d'énergie $h\nu$.

À partir de maintenant, nous utiliserons, sauf avis contraire explicite, le système d'unités dites naturelles (i.e. naturelles en physique quantique et relativiste) dans lesquelles $\hbar$ et c valent 1. Dans ce système d'unités, fréquence et énergie ont la même dimension, vecteur d'onde et moment ont la même dimension, longueur et durée ont la même dimension.

Champ de Klein et Gordon et champ de Dirac

La théorie du rayonnement du corps noir initiée par Planck en 1900 et précisée par Einstein en 1905 représente les premiers pas d'une théorie quantique du champ électromagnétique, mais c'est lorsque l'on a tenté de généraliser l'équation de Schrödinger de façon à tenir compte de la cinématique relativiste que l'on a été amené à élaborer une théorie quantique des champs. Deux généralisations relativistes de l'équation de Schrödinger relatives à des champs libres ont été tentées par Klein et Gordon, d'une part, et par Dirac, d'autre part. Celle de Klein et Gordon concerne le champ le plus simple que l'on puisse considérer, un champ *scalaire*, c'est-à-dire un champ à une composante, dont les quanta sont des particules massives neutres, sans spin. Celle de Dirac concerne un champ *spinoriel*, c'est-à-dire un champ dont les quanta sont des particules massives de spin ½ comme l'électron. À partir de la résolution des équations de Klein et Gordon et de Dirac ont été rendues possibles les principales innovations conceptuelles de la théorie quantique des champs que nous allons maintenant passer en revue : la théorie des antiparticules, le spin des particules élémentaires, la connexion spin statistique, l'espace de Fock.

La théorie des antiparticules et la symétrie PCT

La théorie des antiparticules a été élaborée en réponse à une difficulté qui s'est posée dans les équations de Klein et Gordon et de Dirac, celle de l'existence de solutions d'énergie négative. Rappelons qu'en mécanique non relativiste, l'énergie est définie positive : pour une particule massive, l'énergie se réduit à l'énergie cinétique qui ne peut être négative, égale au produit de la moitié de la masse par le carré de la vitesse, aussi égale au carré de la quantité de mouvement divisée par deux fois la masse. En mécanique relativiste, la masse, l'énergie et la quantité de mouvement sont reliées par une équation, appelée *rela-*

tion de dispersion (voir l'encadré *Relation de dispersion* au chapitre 2), traduisant l'invariance du carré de Lorentz du quadrivecteur énergie impulsion, ce que nous avons appelé le quadrimoment. Comme, dans cette relation, elle intervient par son carré, l'énergie n'est définie qu'au signe près. Lorsque Dirac a tenté de généraliser l'équation de Schrödinger, il a voulu écrire une équation qui, comme elle, fût du premier ordre dans la dérivée par rapport au temps, donc, qui fasse intervenir l'énergie et non pas le carré de l'énergie ; il a donc été amené à extraire la racine carrée de l'opérateur associé au carré de l'énergie. Il y est parvenu à l'aide de l'introduction de quatre matrices 4×4 (c'est-à-dire quatre tableaux à quatre lignes et quatre colonnes), qui portent maintenant son nom ; son équation a pour inconnue un champ à quatre composantes. L'équation de Klein et Gordon, quant à elle, est du second ordre dans les dérivées par rapport au temps et aux coordonnées spatiales ; son inconnue est un champ à une seule composante.

Énergie négative et causalité

Les contraintes de la causalité s'expriment au moyen des règles de commutation des opérateurs champs. Un opérateur de création d'une particule au point d'espace-temps x et l'opérateur d'annihilation de cette même particule au point d'espace-temps y doivent commuter pour une séparation de x et y du genre espace et ne pas commuter pour une séparation du genre temps : ces règles empêchent une particule de se propager sur une ligne du genre espace (ce qui voudrait dire que la particule se propagerait plus vite que la lumière) et, pour la propagation sur une ligne du genre temps, elles impliquent que la création de la particule a précédé son annihilation. Cette circonstance est suffisante pour rendre vaines toutes les tentatives de construire une mécanique quantique relativiste de points matériels. Rappelons en effet qu'en mécanique quantique, le temps et les coordonnées spatiales sont l'objet de traitements très différents : le temps est un paramètre continu alors que les coordonnées spatiales sont des observables représentées par des opérateurs. En mécanique quantique, l'équation de Schrödinger est locale dans le temps mais globale dans l'espace. Les relations de commutation de la mécanique quantique sont indépendantes de la position spatiale alors que les conditions liées à la causalité que nous venons d'évoquer impliquent que les relations de commutation dépendent non seulement du temps mais aussi de la position spatiale. Ces règles ne peuvent pas être satisfaites si l'analyse de Fourier des opérateurs champs ne comporte pas de *particules d'énergie négative,* ou, ce qui revient au même, d'*ondes de fréquence négative.* Comment interpréter alors de tels états du champ ? La solution de ce problème passe par l'introduction d'une nouvelle propriété de symétrie, la symétrie par rapport à l'opération *PCT* qui est le produit de trois opérations, la *parité d'espace P* qui change le signe des coordonnées d'espace, le *renversement du sens du temps T* et la *conjugaison de charge C,* l'opération qui consiste à changer toute particule en son *antiparticule,* une particule de même masse, de même spin, mais de charge opposée. On résout le problème des états d'énergie négative *en posant en axiome que de tels états seraient non physiques car ils ne se propageraient qu'en remontant le temps,* et en réinterprétant, grâce à la symétrie *PCT*, une particule (ou une antiparticule) d'énergie négative qui remonterait le temps et se propagerait dans une certaine direction de l'espace comme *une antiparticule (ou une particule) d'énergie positive qui descend le temps et qui se propage dans la direction opposée*. Il est très important de noter que ce mécanisme des antiparticules et de la symétrie *PCT* revient à donner *de manière axiomatique une flèche au temps* : la théorie quantique des champs que nous sommes en train de construire n'est pas la plus générale qui soit, mais celle dans laquelle ne sont physiques (c'est-à-dire qui descendent le temps) que les particules (ou antiparticules) d'énergie positive.

Les équations de Klein et Gordon et de Dirac sont bien invariantes sous l'opération *PCT*, à condition de considérer les quanta du champ de Klein et Gordon comme identiques à leurs antiparticules et d'interpréter les quanta des quatre composantes du champ de Dirac comme les états de deux particules de spin ½, l'électron et son antiparticule, le *positon*. La théorie des antiparticules et l'invariance par l'opération *PCT* peuvent être généralisées à tous les champs quantiques qui interviennent en physique des interactions fondamentales. Si par exemple on généralise l'équation de Klein et Gordon à un champ complexe, donc à deux composantes (la partie réelle et la partie imaginaire), on pourra interpréter les quanta d'un tel champ comme des particules chargées, de charges opposées, chacune étant l'antiparticule de l'autre. De fait, il apparaît bien que toute particule connue a un partenaire de même masse et de nombres quantiques opposés que l'on peut assimiler à son antiparticule, et que jusqu'à présent on n'a jamais observé la moindre violation de la symétrie *PCT*.

Le modèle heuristique de Dirac

Le concept d'antiparticule avait été inventé par Dirac lorsqu'il avait buté sur le problème des états d'énergie négative. La solution qu'il proposait consistait à redéfinir le vide, non plus comme espace à zéro particule, mais comme la configuration d'énergie minimale. Cette configuration est celle dans laquelle tous les états possibles d'énergie négative sont occupés chacun par un électron. En fait, l'énergie du vide n'est pas nulle, elle vaut plutôt moins l'infini. Mais le principe d'exclusion de Pauli auquel obéissent les électrons interdit d'ajouter à un tel vide aucun électron d'énergie négative, puisque tous les états possibles sont déjà occupés. Il devient alors possible de redéfinir le vide comme un espace à zéro particule et d'énergie nulle. Tout se passe donc comme si les états d'énergie négative n'existaient pas : ils ne sont que *virtuels*. Supposons alors qu'il manque au vide un électron d'énergie négative ; ce « trou » d'énergie négative représente un antiélectron, ou *positon* d'énergie positive. Si un électron « tombe dans un trou », on dira qu'il y a eu annihilation d'une paire électron-positon. Si une certaine interaction ponctuelle éjecte du vide un des électrons d'énergie négative, en lui donnant une énergie positive et en laissant un « trou » à sa place, on dira qu'il y a eu création d'une paire électron-positon.

Ce modèle heuristique de Dirac, qui semble ne s'appliquer qu'à des fermions (particules obéissant au principe d'exclusion de Pauli), est dépassé par la théorie des antiparticules que nous avons présentée plus haut et qui s'applique aussi bien à des bosons qu'à des fermions. D'un point de vue épistémologique, ce modèle présente cependant l'intérêt de bien mettre en évidence le profond changement de perspective que représente le passage de la mécanique quantique à la théorie quantique des champs. En effet, l'intention initiale de Dirac était de rendre relativiste la mécanique quantique ; c'est pourquoi, initialement, la fonction d'onde qui était l'inconnue de son équation était la fonction d'onde d'une particule. La solution qu'il avait alors imaginée au problème des états d'énergie négative ne pouvait avoir aucune interprétation compréhensible dans ce cadre théorique impliquant un nombre fini et fixé de particules. Seul le passage à la théorie des champs quantiques pouvant impliquer un nombre indéterminé de quanta d'énergie pouvait donner à cette solution un semblant de vraisemblance.

Spin des particules, polarisation des champs

En mécanique classique le moment cinétique ou angulaire est une quantité vectorielle[7] conservée, qui a le contenu dimensionnel d'une action (produit d'une impulsion par une longueur) et dont la conservation traduit, comme indiqué au chapitre 1, selon le théorème de Nœther, l'invariance par rotation. En physique quantique, le moment cinétique est quantifié, c'est-à-dire que c'est un ensemble de trois opérateurs agissant sur les vecteurs de l'espace de Hilbert et dont les valeurs propres sont des multiples entiers de $\hbar$, le quantum d'action. En réalité, il apparaît que ces valeurs propres sont entières *ou demi-entières* en unités de ℏ. Cette circonstance vient du fait que les états quantiques n'étant définis qu'à une phase près, il convient d'élargir le groupe des rotations à ce que l'on appelle son *groupe de recouvrement*, le groupe des rotations à une phase près. Ce groupe est le groupe SU(2) (le groupe des matrices unitaires 2 × 2 de déterminant 1), un groupe qui joue un rôle fondamental en théorie quantique des champs et que nous rencontrerons encore plusieurs fois dans la suite de l'ouvrage. Dans ce groupe, une rotation de 360° peut laisser invariant l'état sur lequel elle s'applique, et c'est ce qui se passe lorsque le moment cinétique est entier en unités de ℏ, mais elle peut aussi *changer son signe*, et c'est ce qui se passe lorsque le moment cinétique est demi-entier[8].

En mécanique quantique, les particules élémentaires ont un moment cinétique intrinsèque, ou spin, qui est entier ou demi-entier. Ce concept de spin est purement quantique puisqu'en physique classique le moment cinétique intrinsèque d'une particule ponctuelle ne peut qu'être nul. Dans le cadre de la dualité onde-corpuscule, au spin des particules correspond la *polarisation* des ondes. Pour un système à plus d'une particule, le moment cinétique total est la somme vectorielle du *moment orbital*, équivalent quantique du moment angulaire relatif de la mécanique classique, aux valeurs propres toujours entières, et des spins des particules du système. Si, dans une transition, le moment cinétique est demi-entier dans l'état initial, il l'est, du fait de la loi de conservation du moment cinétique total, aussi dans l'état final, et donc seules des transitions ou interactions impliquant un multiple entier du quantum d'action sont possibles : il n'y a pas de demi-quantum d'action !

En théorie quantique des champs, le seul cadre dans lequel la théorie quantique du moment cinétique peut être mise en accord avec les principes de la relativité, le spin est relié au nombre de composantes du champ ou au nombre d'états quantiques des particules qui en sont les quanta. Pour un spin S, égal à un entier ou un demi-entier (dans le système d'unités où $\hbar$ est égal à 1), ce nombre de composantes ou d'états est égal à $2S+1$: les valeurs propres de la projection du spin sur un certain axe, appelé axe de quantification du spin, forment une suite de $2S + 1$ valeurs allant de $- S$ à $+ S$ par saut d'une unité, $- S, - S + 1, ..., S - 1, S$. Ce nombre est impair lorsque le spin est entier et pair lorsqu'il est demi-entier. En physique des particules élémentaires et des interactions fondamentales, on rencontre quatre types de champs quantiques :

1. des champs *scalaires* à une composante, dont les quanta sont des particules de spin nul ($2S + 1 = 1$) ; c'est le cas du boson BEH, s'il est bien confirmé qu'il est de spin nul ;

2. des champs *spinoriels* à deux composantes[9], dont les quanta sont des particules de spin ½ ($2S + 1 = 2$), c'est le cas de l'électron (et de son antiparticule, le positon, du proton, du neutron et des quarks et de leurs antiparticules) ;

3. des champs *vectoriels* à trois composantes, dont les quanta sont des particules de spin 1 ($2S + 1 = 3$), c'est le cas des bosons intermédiaires de l'interaction faible ;

4. des champs *tensoriels* à 5 composantes, dont les quanta sont des particules de spin 2 ($2S + 1 = 5$).

Lorsque l'axe de quantification du spin est l'impulsion de la particule, la projection du spin est appelée *hélicité*. Dans le cadre de la dualité ondes-corpuscules, à l'hélicité des particules correspond la polarisation *circulaire* des ondes ; le signe de l'hélicité ou le sens de rotation de la polarisation circulaire est ce que l'on appelle la *chiralité*, une notion qui a joué un rôle essentiel dans l'élaboration du modèle standard de la physique des particules et que nous discuterons en détail au chapitre 7.

La connexion spin/statistique

Les statistiques quantiques de Bose-Einstein et de Fermi-Dirac sont un des aspects les plus marquants de la physique quantique. Rappelons ce que nous avions montré au chapitre 3 à propos de la loi du rayonnement du corps noir établie par Planck : c'est parce que le photon, le quantum du champ électromagnétique, est un boson, que la méthode de comptage des complexions utilisée par Planck lui a permis d'aboutir à l'expression correcte de l'entropie du corps noir et donc à sa loi qui est en accord avec les données expérimentales. Les travaux d'Einstein en 1905, 1916 et 1923 ont confirmé le rôle essentiel de la statistique de Bose-Einstein. Les statistiques quantiques sont liées à la propriété d'*indiscernabilité quantique des particules identiques*. De quoi s'agit-il ? Considérons deux particules identiques notées 1 et 2 pouvant se trouver dans deux états quantiques notés *a* et *b*. L'indiscernabilité quantique se traduit par l'invariance par permutation de la probabilité de trouver les particules 1 et 2 dans les états *a* ou *b*.

Probabilité {1 en *a* ; 2 en *b*} =
Probabilité {1 en *b* ; 2 en *a*}

Comme, en physique quantique, la probabilité est égale au module au carré de l'amplitude de probabilité, les amplitudes de probabilité des deux configurations liées par l'opération de permutation ont même module, et donc ne diffèrent que par une phase, mais comme le carré de l'opérateur de permutation est égal à l'identité (permuter deux fois 1 et 2 ramène à la configuration initiale), le carré de cette phase est nécessairement égal à +1, ce qui signifie qu'elle vaut soit +1 soit –1. Lorsque la phase vaut +1, l'amplitude de probabilité est dite symétrique par permutation :

$$\psi \text{ (1 en } a \text{ ; 2 en } b) = + \psi \text{ (1 en } b \text{ ; 2 en } a)$$

et les particules identiques 1 et 2 sont qualifiées de *bosons*, lorsque la phase vaut –1, l'amplitude est dite antisymétrique par permutation,

$$\psi \text{ (1 en } a \text{ ; 2 en } b) = - \psi \text{ (1 en } b \text{ ; 2 en } a)$$

et les deux particules identiques 1 et 2 sont qualifiées de *fermions*. On comprend dès lors pourquoi les fermions obéissent au principe d'exclusion de Pauli : à cause de l'antisymétrie, l'amplitude de probabilité de trouver deux fermions identiques dans le même état (*a* = *b*) est nécessairement nulle :

$$\psi \text{ (1 en } a \text{ ; 2 en } a) = - \psi \text{ (1 en } a \text{ ; 2 en } a) = 0$$

En théorie quantique des champs il est possible de démontrer (nous ne le ferons pas ici car la démonstration est beaucoup trop technique) *le théo-rème fondamental de la connexion spin/statistique : les bosons ont un spin entier ou nul ; les fermions ont un spin demi-entier.*

LA MATRICE DE DIFFUSION
ET LA PHÉNOMÉNOLOGIE
DES PARTICULES ÉLÉMENTAIRES
ET DES INTERACTIONS
FONDAMENTALES

Dans une collision à haute énergie, l'interaction se produit dans une région infinitésimale d'espace-temps, qu'il est exclu d'explorer directement, mais la dualité onde-corpuscule reliant la cinématique des ondes et celle des particules permet de passer de l'espace-temps à l'espace des quadrimoments. Les particules incidentes et celles produites dans la collision et détectées à une distance macroscopique de la zone d'interaction, des particules dont on peut mesurer les énergies et les moments, peuvent être considérées comme des quanta de champs qui n'ont pas encore interagi ou qui ont fini d'interagir, c'est-à-dire de champs quantiques libres.

La dualité onde-corpuscule s'exprime au moyen des équations d'Einstein et de De Broglie :

$$E = h\nu$$
$$\mathbf{p} = h\mathbf{k}$$

où E et $\mathbf{p}$ désignent respectivement l'énergie et le moment de la particule tandis que ν et $\mathbf{k}$ désignent respectivement la fréquence de l'onde et son vecteur d'onde, c'est-à-dire le vecteur dirigé le long de la direction de sa propagation et de longueur égale au nombre d'ondes, l'inverse de la longueur d'onde λ. La fréquence v (inverse d'un temps) et le nombre d'ondes (inverse d'une longueur) sont les variables conjuguées des coordonnées de temps et d'espace par la transformation de Fourier qui permet souvent de simplifier des calculs en dynamique ondulatoire, par exemple par le remplacement d'équations intégrales par des équations algébriques. Les équations d'Einstein et de De Broglie montrent qu'à la constante de Planck près (une constante que l'on pose à 1 en physique des particules) l'espace de représentation de la *cinématique* est l'espace des quadrimoments qui n'est autre que l'espace conjugué de l'espace-temps par transformation de Fourier.

Seconde quantification et espace de Fock

Pour introduire l'espace de Hilbert des états observables du champ quantique il nous faut faire un détour par la physique statistique, cette branche de la physique qui, depuis le XIXe siècle, permet de passer du microscopique au macroscopique. Pour l'essentiel, et jusqu'à l'avènement de la physique quantique, cette branche se résumait à une mécanique statistique. Or l'indiscernabilité quantique des particules identiques pose, au travers des statistiques de Bose-Einstein et Fermi-Dirac, de sévères difficultés à la mécanique statistique : comme nous l'avons vu plus haut, des quanta de champs comme des fermions ou

des bosons ne peuvent pas être assimilés aux points
matériels d'une mécanique statistique ; les statistiques de Bose-Einstein ou de Fermi-Dirac affectent
de façon très importante le décompte des complexions qui est nécessaire au calcul de l'entropie ;
même en l'absence d'interactions, les quanta de
champs obéissant aux statistiques quantiques sont
corrélés. C'est pour lever ces difficultés que s'est
opéré, en physique statistique, un changement de
point de vue qui, tout compte fait, correspond au
passage de la mécanique quantique à la théorie quantique des champs. Au lieu de caractériser l'état d'un
système macroscopique à partir du produit des fonctions d'onde de chacun de ses constituants (atomes
ou molécules), on considère ce produit de fonctions
d'onde comme un champ que l'on quantifie (ce que
l'on appelle la seconde quantification). Les quanta
de ce champ sont appelés des *quasi-particules*. Les
états observables du champ quantique ainsi obtenu
sont alors des vecteurs d'un *espace de Fock*, c'est-
à-dire une superposition infinie d'espaces de Hilbert,
caractérisés par le nombre de quasi-particules (appelé
nombre d'occupation) comprenant d'abord *le vide*,
l'espace à zéro quantum, l'espace à un quantum,
l'espace à deux quanta, etc. ; dans l'espace de Fock,
la prise en compte des statistiques quantiques ne
pose aucun problème particulier : lorsque les quasi-
particules sont des bosons, le nombre d'occupation
de quasi-particules identiques d'un quadrimoment
donné peut prendre n'importe quelle valeur entière
ou nulle ; lorsque ces quasi-particules sont des fermions identiques, le nombre d'occupation ne peut
être égal qu'à 0 ou 1. Grâce à cette seconde quantification, la description statistique du système

macroscopique se trouve grandement simplifiée : elle se ramène essentiellement à la quantification d'une théorie de champs libres. C'est ainsi qu'ont pu être découverts de nombreux effets quantiques, en termes de quasi-particules, comme des *phonons*, des *plasmons* ou des *paires de Cooper*, à l'origine d'applications technologiques très importantes comme la supraconductivité ou la superfluidité.

La matrice de diffusion

Tant qu'il ne concerne que des champs libres, le concept d'espace de Fock, utilisé en physique statistique quantique non relativiste, peut parfaitement être généralisé dans le domaine de la théorie quantique des champs relativistes. C'est pourquoi la physique des particules où ne sont détectables que des particules qui sont des quanta de quadrimoment de champs libres s'est inspirée de la physique statistique pour faire de l'espace de Fock l'espace de représentation de sa *phénoménologie*[10]. Pour toute réaction entre particules élémentaires relevant d'une interaction fondamentale, les amplitudes complexes de transition dont le carré du module donne la probabilité des événements produits par l'interaction sont les éléments de matrice de la *matrice de diffusion*, aussi appelée *matrice S*, qui fait passer de l'espace de Fock des champs libres entrants à celui des champs libres sortants, et qui contient toute l'information utile concernant l'interaction. C'est pourquoi, dans les années soixante, années au cours desquelles est née la physique des particules et alors que commençaient à s'accumuler les données expérimentales concernant les interactions nucléaires (particulièrement l'interaction forte), la physique théorique des particules se cantonnait dans la modélisation phénoménologique des éléments de la matrice S, en attendant l'élaboration d'une théorie quantique des champs en interaction qui fût tractable et prédictive.

En réalité, une telle théorie existait déjà dès la fin des années quarante, la théorie de l'électrodynamique quantique, aussi appelée QED, théorie quantique et relativiste de l'interaction électromagnétique, à laquelle nous consacrerons le prochain chapitre. Mais cette théorie ne concernait pas à proprement parler la physique des particules, qui n'était pas encore née ; les résultats expérimentaux auxquels ses prédictions avaient pu être comparées (avec d'ailleurs un surprenant succès) relevaient plutôt de la physique atomique. C'est pourquoi nous préférons consacrer le prochain chapitre à revisiter cette théorie, à exposer les avancées conceptuelles qui sont à l'origine de son succès et qui permettent d'établir une véritable feuille de route pour la mise en œuvre de la théorie quantique des champs en physique des particules. C'est dans les chapitres suivants que nous reprendrons le fil de notre mise en perspective « transhistorique ».

Cela dit, nous ne terminerons pas ce dernier chapitre de notre première partie sans évoquer un événement très important intervenu dans les années soixante : la découverte en 1965 par Penzias et Wilson du rayonnement de fond cosmologique, qui confirme de manière irréfutable l'expansion de l'univers et consacre définitivement la naissance de la cosmologie scientifique moderne. L'idée d'une conver-

gence de la physique des particules et de la cosmologie, en vue de la composition d'un grand récit de
l'univers, s'est alors imposée à l'ensemble de la communauté scientifique.

DEUXIÈME PARTIE

LA NÉCESSITÉ DU BOSON

Chapitre 5

L'ÉLECTRODYNAMIQUE QUANTIQUE

La principale critique qu'Einstein portait à la physique quantique était relative à son incapacité à décrire de manière complète le comportement de la réalité matérielle dans l'espace et dans le temps. Nous avons vu dans le chapitre précédent qu'avec l'espace des moments conjugués, la théorie quantique des champs disposait d'un espace de représentation de la *cinématique* des réactions entre particules, qui permettent d'explorer expérimentalement le comportement de la matière aux échelles spatio-temporelles qui ne sont pas accessibles de manière directe, et qu'avec l'espace de Fock, elle disposait d'un espace de représentation de la *phénoménologie* de ces réactions. Pour répondre à la critique d'Einstein, il lui reste à faire la preuve de sa capacité à décrire la *dynamique* de ces réactions dans l'espace-temps. Or il se trouve que dès la fin des années quarante, et dès ses premiers pas, la théorie quantique des champs avait fait la preuve de cette capacité dans l'élucidation de la dynamique quantique de l'interaction électromagnétique, à l'aide de ce que l'on a appelé l'électrodynamique quantique (QED). Dans le premier chapitre de cette deuxième partie, nous allons expliquer comment et pourquoi l'électrodynamique quantique est devenue la première pierre du modèle standard des interactions fondamentales, ainsi que la théorie sur le modèle de laquelle ont été élaborées les théories des autres interactions.

L'INTÉGRALE DE CHEMINS EN ÉLECTRODYNAMIQUE QUANTIQUE

L'espace-temps, espace de représentation de la dynamique

Avec ce que l'on appelle maintenant l'*intégrale de chemins*, Feynman propose de reformuler la mécanique quantique dans l'*espace-temps*, que tous les théoriciens souhaitent utiliser comme espace de représentation de la dynamique. Bien que l'article dans lequel il introduit cette reformulation s'intitule « Approche spatio-temporelle de la mécanique quantique non relativiste[1] », il représente une étape décisive du passage de la mécanique quantique à la théorie quantique (et relativiste) des champs. Ce que propose Feynman dans cet article, c'est de reformuler la mécanique quantique comme une théorie de champs : la fonction d'onde est assimilée à un champ, l'équation de Schrödinger à une équation de champ, sa résolution à l'application du principe de Huygens en optique ondulatoire.

Feynman commence par énoncer une caractéristique essentielle de toute la physique quantique : la probabilité d'un événement qui peut se produire de plusieurs façons différentes est le carré du module de la somme de contributions complexes associées à chacune de ces alternatives. Il étend alors cette propriété à la probabilité qu'une particule se trouve avoir une trajectoire (un « chemin » ou une ligne d'univers) $x(t)$ contenue dans une certaine région de l'espace-temps : cette probabilité est le carré du module de la somme des contributions complexes associées à chacune des trajectoires possibles contenues dans la région en question. Il postule que la contribution d'un chemin est une pure phase, l'exponentielle de i fois l'action classique (en unité de $\hbar$) correspondant à ce chemin. Le résultat fondamental de toute l'approche de Feynman est que la somme des contributions de tous les chemins qui, partant du passé, aboutissent au point x,t n'est rien d'autre que la fonction d'onde de la particule au point x,t $\Psi(x,t)$, à preuve que cette fonction satisfait l'équation de Schrödinger. Feynman établit ensuite la correspondance entre la nouvelle formulation qu'il propose et la méthode canonique de quantification basée sur le formalisme des matrices et des opérateurs. Il discute quelques applications possibles de la méthode qu'il propose ainsi que la possibilité de la généraliser à la physique relativiste et à la physique statistique. Il montre en particulier que cette méthode peut se révéler utile à la résolution de certains problèmes qui se posent en électrodynamique quantique. Cette présentation que nous venons de faire en quelques lignes du travail de Feynman n'est en fait que la traduction, presque mot pour mot, du résumé particulièrement clair de son article.

Feynman était parti d'une réflexion sur l'électromagnétisme, sur la façon dont on peut décrire la propagation de la lumière. Voyons comment s'applique le
principe de Fermat, un principe essentiel en optique
géométrique, dans un cas particulièrement simple.
Considérons un miroir, une source S et un observateur O. Le principe de Fermat nous dit que le trajet
de la lumière est celui qui minimise ce que l'on
appelle le chemin optique, c'est-à-dire le temps mis
par la lumière pour parcourir le chemin qui part de
S, atteint le miroir en I, puis l'observateur O : si on
considère le symétrique S' de la source par rapport
au miroir, il est évident que le temps minimum de
parcours est obtenu si l'on place le point I sur la
droite qui joint S' à O : en effet, par raison de symétrie, les longueurs des segments de droites SI et S'I
sont égales, et la somme des longueurs des deux segments S'I et IO est minimale à cause de l'alignement.

Jusqu'ici, ce principe de Fermat est postulé, mais
ce que note Feynman, c'est que si on accepte l'idée
que la lumière est une onde, un champ, comme l'établit la théorie électromagnétique de la lumière, le
principe de Fermat n'est pas un principe premier,
mais qu'il peut être dérivé à partir d'un principe plus
général, le *principe de Huygens*. Selon ce principe,
l'amplitude du champ, c'est-à-dire le nombre complexe dont le carré du module en donne l'intensité,
évaluée au point O, est la somme des contributions
de toutes les ondes de champ qui, partant de S et
arrivant en O, se sont réfléchies quelque part sur le
miroir. Ces contributions sont des amplitudes complexes susceptibles d'interférer. En optique ondulatoire, régie par le principe de Huygens, on est donc
conduit à considérer tous les « chemins » possibles

des ondes qui, partant de la source, parviennent à l'observateur en se réfléchissant sur le miroir. Ces chemins correspondent aux rayons de l'optique géométrique, orthogonaux aux surfaces d'ondes. La somme sur tous les chemins permet, en quelque sorte, à la lumière d'« explorer » toutes les voies qui s'offrent à elle pour sa propagation et de « choisir » celle qui minimise son temps de parcours. En effet, à la limite des très petites longueurs d'onde, qui est celle de l'optique géométrique, on peut montrer qu'à tout chemin s'écartant notablement du chemin déterminé par le principe de Fermat on peut faire correspondre un chemin très proche dont la contribution annule la sienne par interférence destructive, alors que, la phase étant stationnaire le long du chemin de l'optique géométrique satisfaisant au principe de Fermat, la somme sur tous les chemins se réduit aux contributions des chemins qui en sont tout proches.

Feynman montre que si l'on applique la technique de la sommation sur tous les chemins au mouvement des particules, celles-ci étant considérées comme des quanta de champs, on obtient, à la limite classique, le *principe de moindre action*, un principe qui est au mouvement des particules à la limite classique, c'est-à-dire lorsque ℏ tend vers 0, ce que le principe de Fermat est à la propagation de la lumière, à la limite de l'optique géométrique, c'est-à-dire lorsque la longueur d'onde tend vers 0. Feynman parvient donc à unifier le point de vue ondulatoire et le point de vue corpusculaire et par là à résoudre le problème du dualisme sur lequel Einstein a buté sans jamais parvenir à le résoudre, depuis 1910, lorsqu'il écrivait « peut-on concilier les quanta d'énergie, d'un côté, et le principe de Huygens, de l'autre ? Les apparences sont contre, mais Dieu

semble avoir trouvé un truc[2] », jusqu'à la fin de sa
vie, lorsqu'il affirmait « je dois faire d'abord remarquer que je ne conteste absolument pas que la mécanique quantique représente un progrès significatif,
et même, en un certain sens, définitif, de la connaissance en physique. J'imagine que cette théorie sera
englobée un jour dans une autre, un peu comme l'est
l'optique des rayons dans l'optique ondulatoire[3] ». Le
« truc » que, d'après Einstein, Dieu semble avoir
trouvé, c'est Feynman qui l'a découvert !

Diagrammes et amplitudes de Feynman,
la « mise en musique »
de la théorie dynamique
des interactions fondamentales

Comment donc se présente cette somme sur tous
les chemins, en théorie quantique des champs ?
L'intégrale de chemin n'est pas une intégrale ordinaire, c'est l'*intégrale fonctionnelle*, c'est-à-dire à une
infinité continue de variables d'intégration (!), sur
les champs de l'exponentielle de i fois l'intégrale
d'action « classique » divisée par $\hbar$, le quantum élémentaire d'action. L'intégrale d'action, intégrale sur
le temps du *lagrangien*, est dite classique parce qu'elle
ne fait intervenir que des champs classiques (c'est-
à-dire des champs qui ne sont pas des opérateurs),
et que, selon le principe de moindre action, sa
stationnarité donnerait les équations classiques du
mouvement. Toute l'information concernant une interaction fondamentale, à savoir la propagation et le
couplage des champs quantiques qui y sont impli-

qués ainsi que les propriétés d'invariance et les lois de conservation auxquelles elle obéit, est encodée dans son lagrangien.

En l'absence d'interaction, on retrouve avec l'intégrale de chemins les résultats de la quantification canonique. Quand le lagrangien contient un terme d'interaction sous la forme d'un produit de champs multiplié par une constante de couplage qui détermine l'intensité de l'interaction au niveau élémentaire, l'intégrale de chemins se réduit, pour toute réaction relevant de l'interaction considérée, à un développement, appelé *développement perturbatif*, en série de puissances de la constante de couplage, dont les coefficients n'impliquent que des intégrales ordinaires (c'est-à-dire à un nombre fini de variables d'intégration). Si la constante de couplage est suffisamment petite, on peut espérer obtenir une bonne approximation de l'amplitude de transition de la réaction, en se limitant aux premiers termes du développement. Les diagrammes de Feynman permettent de calculer les coefficients de ce développement : c'est en ce sens qu'ils permettent une « mise en musique » de la théorie de l'interaction.

Nous allons examiner cette méthodologie à l'aide de l'exemple concret, celui de l'électrodynamique quantique, qui est la théorie quantique et relativiste de l'interaction électromagnétique (entre parenthèses, en anglais, électrodynamique quantique se dit *quantum electrodynamics*, dont l'abréviation est QED, qui est aussi l'abréviation du latin *quod erat demonstrandum*, « ce qu'il fallait démontrer », un qualificatif qui va tout à fait à cette théorie qui fonctionne si bien). QED est donc la théorie relativiste et quantique de l'interaction électromagnétique des électrons. En

termes de champs quantiques, cette théorie fait intervenir deux champs quantiques à propos desquels
nous allons expliciter la convention terminologique
que nous adopterons dans la suite de l'ouvrage : nous
écrirons avec une majuscule le nom d'un champ
quantique et avec une minuscule le même nom pour
désigner la particule qui en est un quantum. Ainsi
le Photon (avec une majuscule) est le champ quantique dont le photon (avec une minuscule) est un
quantum. De la même façon, l'Électron est le champ
quantique dont les quanta sont l'électron et l'antiélectron ou positon. Donc en termes de particules,
l'électrodynamique quantique est la théorie des interactions des électrons, des positons et des photons,
en termes de champs quantiques, c'est la théorie de
la propagation et du couplage de l'Électron et du
Photon.

Les diagrammes et amplitudes de Feynman constituent en quelque sorte la partition de la mise en
musique[4] de cette théorie. Les notes de cette partition sont le *propagateur* du Photon, représenté sous
la forme d'une ligne ondulée (parce qu'on veut se rappeler que, tout de même, la lumière est une onde !),
le propagateur de l'Électron, représenté comme une
ligne droite orientée : on voit que nous avons les
deux orientations possibles, ce qui permettra d'avoir
des électrons et des antiélectrons. Quand nous parlons des propagateurs du Photon et de l'Électron, ce
peut être avec des majuscules parce que suivant leurs
positions dans le diagramme, on peut considérer ces
champs quantiques soit comme des ondes soit comme
des particules. La gamme comporte une troisième
note, qu'on appelle le *vertex*, qui représente le couplage ponctuel de trois champs : l'Électron arrivant,

l'Électron partant et le Photon (arrivant ou partant). À partir de cette gamme on peut traiter toute réaction relevant de l'électrodynamique quantique, de QED, comme un morceau de musique dont la partition consisterait à visualiser au moyen des diagrammes tous les chemins spatio-temporels par lesquels peut se produire la réaction. À chacun de ces diagrammes est associée, à partir de règles bien déterminées (le solfège, en quelque sorte), une amplitude complexe, dite amplitude de Feynman, calculable à partir d'intégrales à un nombre fini de variables d'intégration. Calculer l'intégrale de chemins consiste à calculer et sommer toutes ces amplitudes de façon à obtenir l'amplitude totale de transition (ce que, plus haut, nous avons appelé l'élément de matrice de la matrice S) associée à la réaction en question. Le carré du module de cette amplitude totale est proportionnel, avec un facteur cinématique de proportionnalité calculable lorsque sont connus les énergies et moments des particules incidentes et sortantes, à la probabilité de transition. Une des premières règles de Feynman qui associent des amplitudes aux diagrammes nous dit que l'amplitude associée à un diagramme comportant N vertex contribue au coefficient de la Nième puissance de la constante de couplage. Dans le cas de QED, cette constante de couplage n'est rien d'autre que la charge électrique e de l'électron, dont le carré divisé par $\hbar$ et par c, la vitesse de la lumière, est un nombre sans dimension appelé constante de structure fine de QED valant environ 1/137. La petitesse de ce nombre laisse espérer que le développement perturbatif sera efficace pour obtenir une bonne approximation des amplitudes en électrodynamique quantique à partir de ses premiers termes.

Pour illustrer notre propos, nous allons, dans un premier temps, considérer la réaction qui a permis de mettre en évidence l'existence du photon en tant que quantum du Photon, l'effet Compton ou diffusion élastique photon-électron. Nous dessinons d'abord (voir la figure 1) le pseudo-diagramme qui

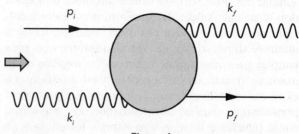

Figure 1

Pseudo-diagramme de Feynman représentant l'amplitude de transition de la réaction d'effet Compton, diffusion d'un photon de quadrimoment k_i sur un électron de quadrimoment p_i donnant un photon de quadrimoment k_f et un électron de quadrimoment p_f. Dans cette figure et dans celles qui suivent, la flèche pleine en gris représente la flèche du temps.

symbolise l'amplitude totale de la réaction, une sorte de boîte noire qu'il va falloir analyser au moyen de tous les chemins spatio-temporels que peut emprunter le processus de réaction (on parle aussi de toutes les *histoires* possibles) visualisable à l'aide des diagrammes de Feynman. On fait entrer un photon et un électron, il y a une interaction entre ces deux particules et il en sort un photon et un électron, et on analyse tous les diagrammes que l'on peut dessiner avec les trois notes de la gamme, les propagateurs de l'Électron et du Photon et le vertex d'interaction, en sachant que les particules incidentes et sortantes sont connues, que la charge électrique portée par l'électron incident doit se trouver portée par l'électron sortant (conservation de la charge) et que la somme des quadrimoments des particules incidentes doit être égale à celle des quadrimoments des particules sortantes (conservation de l'énergie et de la quantité de mouvement). Les diagrammes les plus simples sont ceux qui comportent un nombre minimum de vertex ; en l'occurrence, dans le cas considéré, ce nombre est égal à 2. Un des diagrammes les plus simples que l'on puisse dessiner est représenté sur la figure 2a : on y voit l'électron incident qui, au

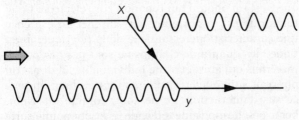

Figure 2a

Un des chemins spatio-temporels sur lesquels porte l'intégrale de chemins pour la réaction d'effet Compton de la figure 1. Ici, le point d'espace-temps *x* est antérieur à *y*.

point d'espace-temps noté x, émet le photon final et qui, plus tard, au point d'espace-temps y absorbe le photon incident et sort comme électron final. N'oublions pas que les propagateurs de l'Électron sont toujours orientés. Pour le moment ce diagramme et l'amplitude qui lui est associée font partie d'une intégrale, la somme sur tous les chemins, dont les variables d'intégration sont ici les quatre coordonnées du point d'espace-temps x et les quatre coordonnées du point d'espace-temps y. Nous n'écrirons pas l'intégrand de cette intégrale car ce serait trop compliqué.

Pour les besoins de notre démonstration, nous avons complété ce diagramme ainsi que tous ceux que nous avons dessinés en leur adjoignant une petite flèche, très importante, car c'est la flèche du temps, celle qui indique le sens d'écoulement du temps[5]. C'est en tenant compte de cette flèche du temps que nous avons pu dire que l'électron incident *d'abord* émet le photon final, *puis* absorbe le photon incident et devient l'électron final. Par parenthèse, on voit que le photon final n'est pas le même que le photon incident, alors que classiquement on est tenté de dire que c'est un photon qui rebondit sur l'électron. Cette remarque est importante, car elle met en évidence une caractéristique essentielle de la physique quantique : les quanta de champs ne sont pas des points matériels qui auraient une individualité, et dont l'on pourrait suivre les trajectoires tout au long du processus d'interaction, ce ne sont, comme dit Weinberg, que des « paquets d'énergie et de moment des champs ».

Comme on doit intégrer sur les coordonnées de x et y, il ne suffit pas de considérer les processus dans lesquels x est antérieur à y, il faut aussi considérer ceux dans lesquels c'est *y* qui est antérieur à *x* (voir la figure 2b). Mais alors, dans ces autres processus, et avec la même flèche du temps, l'électron qui se propagerait entre *x* et *y* remonterait le temps ! Mais en théorie quantique des champs, un électron qui remonte le temps c'est un antiélectron qui le descend. L'interprétation des processus pour lesquels *y* est antérieur à *x* est donc complètement différente de celle pour lesquels *x* est antérieur à *y* : on a d'abord la matérialisation en *y* du photon incident en l'électron final et un antiélectron puis l'annihilation en *x* de cet antiélectron et de l'électron incident en un photon, le photon final.

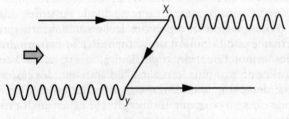

Figure 2b

Un autre chemin spatio-temporel, dans lequel le point d'espace-temps *y* est antérieur à *x*.

Virtualité et dynamique des interactions en théorie quantique des champs

La discussion précédente montre que l'interprétation des propagateurs varie selon leur position

dans un diagramme : les propagateurs des particules
entrantes, qui arrivent de l'infini, et ceux des particules sortantes, qui partent à l'infini, n'ont pas la
même interprétation que le propagateur qui relie
deux vertex dans les diagrammes des figures 2a et
2b. Les premiers ressemblent aux lignes d'univers
représentant, dans l'espace-temps, le mouvement de
particules au sens usuel du terme, des particules que
l'on qualifie de *réelles* : il y a des détecteurs qui permettent de signaler l'arrivée des particules incidentes et d'autres qui permettent de détecter les
particules finales. De celui qui relie les vertex x et y,
il est difficile d'affirmer qu'il représenterait le mouvement d'une particule, puisque selon que x est
avant ou après y c'est un électron ou un antiélectron
qui serait en mouvement. On dit alors d'un tel quantum de champ que c'est une particule *virtuelle*[6].

Pour pouvoir comprendre le lien quantitatif qui
existe entre la notion de virtualité et la dynamique
des interactions entre particules, il est nécessaire
d'aller un peu plus loin dans la discussion des règles
qui associent diagrammes et amplitudes de Feynman. Il se trouve que les intégrales sur les positions
des vertex auxquelles se réduit le calcul des coefficients du développement perturbatif aboutissent à
des expressions, en termes des quadrimoments des
particules incidentes et sortantes, dont l'interprétation physique est suffisamment simple pour être
accessible à des non-spécialistes. Comme il a été dit
plus haut, la région d'espace-temps dans laquelle se
produit la réaction est tellement petite qu'il est totalement exclu de l'explorer directement. Nous avons
aussi souligné plus haut que la transformation de
Fourier qui fait passer de l'espace-temps à l'espace

des quadrimoments pouvait grandement simplifier les calculs. Il se trouve que cette simplification fonctionne particulièrement bien dans le calcul des amplitudes de Feynman : pour les diagrammes à deux vertex que nous avons considérés, les intégrales sur les positions spatio-temporelles des deux vertex peuvent être effectuées analytiquement et aboutissent à des expressions très simples en termes des quadrimoments des particules réelles. L'intégrale sur les positions de x et y dans les diagrammes des figures 2a et 2b se ramène à l'amplitude associée à un seul diagramme (voir la figure 3), qui a la même topologie et la même flèche du temps que ceux des figures 2a et 2b, mais dans lequel aucune indication de position des vertex n'est portée pour signifier que les intégrales sur ces positions ont été faites. Dans l'espace des quadrimoments, les diagrammes de Feynman sont un moyen de rendre aussi explicites que possible les règles de Feynman : les vertex traduisent la loi de conservation, dans l'interaction locale, des quadrimoments portés par les propagateurs ainsi que de la charge électrique, portée par le propagateur de l'Électron.

D'une particule réelle on dit aussi qu'*elle est sur sa couche de masse*, ce qui signifie que son énergie, son moment et sa masse sont reliés par une équation (voir dans le chapitre 2, l'encadré *Les relations de dispersion*) qui se réduit, dans le référentiel où la particule est au repos, à la plus célèbre des équations d'Einstein. L'électron, qualifié de virtuel, qui se « propagerait » entre les deux vertex n'est pas sur sa couche de masse : la loi de conservation des quadrimoments aux vertex contraint le quadrimoment porté par son propagateur à violer l'équation de couche masse, et

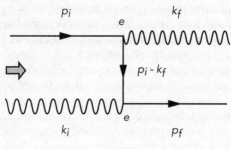

Figure 3

Le diagramme de Feynman résultant de l'intégration sur toutes les positions spatio-temporelles des vertex x et y dans les figures 2a et 2b. La charge est indiquée à chaque vertex et les quadrimoments portés par les propagateurs sont indiqués à proximité de chaque propagateur. La loi de conservation du quadrimoment à chaque vertex fixe le quadrimoment du propagateur de l'électron virtuel et garantit la loi de conservation du quadrimoment total pour la réaction : $p_i + k_i = p_f + k_f$.

donc aussi l'équation d'Einstein. L'écart par rapport à la couche de masse, égal à la différence entre le carré de Lorentz du quadrimoment et le carré de la masse, mesure le degré de virtualité de l'électron virtuel. Il se trouve que l'amplitude de Feynman représentée par le diagramme de la figure est inversement proportionnelle à ce degré de virtualité : plus grande est la virtualité et moins grande est la probabilité de la transition.

Pour mieux comprendre la signification de la relation entre virtualité et dynamique des interactions, il est intéressant de considérer une autre réaction, la diffusion élastique de deux électrons. Dans l'espace des moments le diagramme le plus simple (voir la figure 4a) représente la diffusion de deux électrons réels avec échange d'un photon virtuel. On peut montrer que l'amplitude associée à ce diagramme n'est autre que la transformée de Fourier du potentiel dont dérive la force de Coulomb qui s'exerce entre les deux électrons. C'est pourquoi on qualifie de classique (ou plutôt de quasi classique, pour tenir compte du fait qu'il n'y a pas d'effet Compton en électrodynamique classique) l'approximation qui consiste à se limiter, dans le développement perturbatif, aux diagrammes comportant le nombre minimal de vertex.

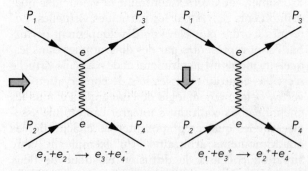

$$e_1^- + e_2^- \rightarrow e_3^- + e_4^-$$

$$e_1^- + e_3^+ \rightarrow e_2^+ + e_4^-$$

Figure 4

Deux réactions représentées par le même digramme de Feynman, mais avec deux orientations différentes de la flèche du temps, en (a), diffusion élastique électron-électron, en (b), annihilation électron-positon en un photon virtuel suivie par la matérialisation du photon en une paire électron-positon.

Au-delà de l'approximation quasi classique : le problème des infinis et sa solution

Avec la mise en chantier de la TQC, on avait rencontré deux problèmes : le premier, ce sont ces particules qui ont l'air de remonter le temps, qui a été résolu grâce au mécanisme des antiparticules. Le second est celui des infinis. Comment cette difficulté se présente-t-elle ?

Dans le développement perturbatif, les diagrammes correspondant à l'approximation quasi classique, i.e. qui comportent le nombre minimal de vertex, ont la propriété que lorsque sont fixés les quadrimoments des particules réelles, la loi de conservation du quadrimoment aux vertex contraint la valeur des quadrimoments portés par les particules virtuelles. Les termes d'ordre plus élevé du développement perturbatif sont représentés par des diagrammes dans lesquels au moins un quadrimoment de particule virtuelle n'est pas contraint par les lois de conservation aux vertex et la méthodologie de l'intégrale sur tous les chemins nous contraint à intégrer l'amplitude associée sur les quatre composantes de chacun de ces quadrimoments arbitraires. Un exemple de cette situation concerne la diffusion élastique de deux électrons : pour évaluer les corrections d'ordre e^4 à l'approximation quasi classique on doit calculer l'amplitude associée au diagramme de Feynman dans lequel le photon virtuel échangé rencontre sur son chemin une boucle électron-antiélectron. Dans cette boucle, à condition qu'il soit enlevé par l'anti-électron de façon à respecter la loi de conservation du quadrimoment aux vertex, le quadrimoment apporté par l'électron est complètement arbitraire. Pour calculer l'amplitude associée au diagramme on doit intégrer sur les quatre composantes de ce quadrimoment arbitraire. Le problème des infinis réside dans le fait que cette intégrale quadruple diverge, c'est-à-dire que la contribution de l'échange d'énergie arbitrairement élevée contribue de manière arbitrairement grande à l'amplitude de transition. Ce problème risque de réduire à néant tous les espoirs que l'on avait fondés sur la théorie quantique de champs : en effet, la contribution qui aurait dû être une petite correction (d'ordre e^4) par rapport à l'approximation quasi classique (d'ordre e^2) est multipliée par l'infini ! Fort heureusement on a trouvé un moyen de surmonter cette difficulté, grâce à ce que l'on appelle la procédure de la *renormalisation*, que nous nous contenterons maintenant de résumer sommairement en attendant d'y revenir plus longuement dans la suite de l'ouvrage. Cette procédure consiste à scinder, à séparer en deux, les paramètres fondamentaux de la théorie qui sont ici la charge e et la masse m de l'électron. On scinde la charge e en deux, e_0 et e_R, où e_0 est ce que l'on appelle la charge nue, c'est-à-dire la charge qu'aurait l'électron s'il n'y avait pas d'interaction, et où e_R est la charge de l'électron compte tenu du fait qu'il y a des interactions. On a compris que les infinis ne sont présents que si l'on s'acharne à exprimer les quantités physiques en fonction de la charge nue qui n'est pas mesurable expérimentalement puisqu'on ne peut pas mesurer la charge de l'électron sans interagir avec lui, mais que si l'on parvient à exprimer ces quantités en fonction de e_R, il n'y a plus d'infinis. Or e_R c'est quelque chose qui se mesure expérimentalement, et donc il apparaît qu'il est possible d'exprimer, sans infinis, les quantités physiques en fonction d'un paramètre qui peut être déterminé expérimentalement. Une théorie dans laquelle ceci est possible, pour tous les processus et à tous les ordres du développement perturbatif, est dite *renormalisable* et il se trouve que QED est une théorie renormalisable. QED est donc une théorie dans laquelle on a pu trouver des quantités expérimentalement mesurables et théoriquement calculables, et donc comparer les prédictions théoriques aux résultats expérimentaux. L'accord obtenu est étonnamment bon, onze chiffres significatifs qui coïncident, l'épaisseur d'un cheveu sur la distance Paris-New York !

À première vue, les résultats de la procédure de renormalisation peuvent sembler miraculeux : les conséquences nuisibles des divergences sont effacées si on exprime les amplitudes physiques de transition au moyen de la charge renormalisée qui, en principe, peut être déterminée par comparaison avec l'expérience. Il faut cependant reconnaître que ce miracle a un coût : alors que la charge nue, même si elle n'est pas accessible expérimentalement, est une constante absolue, la charge renormalisée, accessible expérimentalement, n'a aucune raison d'être constante. En réalité, cette charge renormalisée dépend de l'énergie, c'est une fonction de l'énergie, arbitraire, dite de renormalisation, à laquelle on identifie la charge renormalisée à celle qui est mesurée expérimentalement. Mais alors tous les résultats de QED ne sont-ils pas entachés d'arbitraire ?! Il n'en est rien, car si l'on considère que ce qui décrirait de manière objective l'interaction, c'est la charge nue, celle qui apparaît dans le lagrangien de l'interaction, et qui, même si elle n'est pas accessible expérimentalement, est une vraie constante, il est raisonnable d'imposer que la façon dont la charge renormalisée dépend de l'énergie de renormalisation soit telle que les observables physiques n'en dépendent pas. Les *équations du groupe de renormalisation* sont les équations différentielles qui expriment cette contrainte. Tant et si bien qu'une théorie renormalisable ne peut pas être une théorie *fondamentale* décrivant de manière définitive l'interaction à toute énergie, mais elle peut être *prédictive* bien que le paramètre qui mesure l'interaction au niveau élémentaire dépende de l'énergie, car cette dépendance est prédictible grâce aux équations du groupe de renormalisation. On qualifie d'*effective*[7] une telle théorie qui, dès lors, peut être intégrée au modèle standard.

Il convient de marquer un temps de réflexion pour bien mesurer le progrès accompli lorsque l'on passe d'un modèle phénoménologique à une théorie effective. Un modèle phénoménologique est adapté à la description de données expérimentales concernant une ou quelques réactions entre particules ; il dépend de paramètres ajustables dont le nombre peut varier en fonction des besoins de la comparaison du modèle aux données expérimentales. À l'inverse, une théorie effective comme QED ne dépend d'aucun autre paramètre que la masse et la charge de l'électron. Les calculs qui permettent de comparer les prédictions de la théorie aux données expérimentales obéissent à des règles aussi strictes que celles du solfège dans l'interprétation d'une partition, pour reprendre notre analogie musicale : la théorie effective est au modèle phénoménologique ce que la musique écrite sur des partitions est à celle qui s'interprète « à l'oreille ».

DE QED AU MODÈLE STANDARD
DES INTERACTIONS NUCLÉAIRES,
UNE FEUILLE DE ROUTE

Il peut être instructif de considérer le diagramme associé à la diffusion élastique de deux électrons, mais avec une flèche du temps tournée de 90° (voir la figure 4b). On obtient alors l'annihilation électron-positon en un photon virtuel, qui, ensuite, se matérialise en une paire positon-électron. Une telle réaction peut être étudiée expérimentalement : on a appris à produire les positons, à les accélérer, à les stocker et à les faire entrer en collision avec des électrons. Cela s'est fait d'abord aux États-Unis, en France et en Italie puis ensuite au CERN au LEP, un collisionneur qui a fonctionné pendant une dizaine d'années. Ce qui se passe dans ce collisionneur, c'est que l'on provoque des annihilations électron-positon en un photon virtuel qui, après, peut se matérialiser en autre chose qu'une paire électron-positon, par exemple en un μ^- et un μ^+ (l'anti-μ^-). Autrement dit, on va pouvoir ainsi explorer tout ce qui se couple au Photon. D'autre part on a découvert un autre champ qui est couplé à l'Électron, le Boson Intermédiaire Z^0 dont le quantum est massif (alors que le photon est de masse nulle). Le boson Z^0 ayant une masse de 90 GeV, on peut contraindre l'énergie des collisions électron-positon justement à cette énergie-là de façon à avoir une résonance due à la production de ce boson, c'est-à-dire des probabilités élevées de produire tous les quanta des champs couplés au Photon et au Boson Intermédiaire. C'est ainsi que l'on est parvenu au modèle standard de l'interaction électrofaible qui généralise QED.

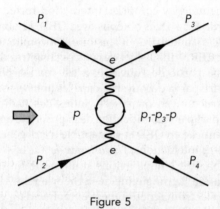

Figure 5

Diagramme de Feynman représentant une correction d'ordre e^4 s'ajoutant au terme de l'approximation quasi classique d'ordre e^2 du diagramme de la figure 4a. Le quadrimoment qui circule dans la boucle électron-positon est arbitraire et il faut donc, pour calculer cette correction, intégrer sur les quatre composantes de ce quadrimoment. C'est la divergence de cette intégrale quadruple qui provoque la difficulté qui a été résolue par la procédure de la renormalisation.

On peut aussi utiliser l'électron et les neutrinos qui ne participent pas à l'interaction forte comme des sondes non destructives du proton pour éventuellement mettre en évidence une structure de constituants élémentaires du proton qui seraient les quanta d'une théorie quantique des champs. C'est ainsi, comme nous l'expliquerons dans le prochain chapitre, que l'on a découvert le Quark et le Gluon, des champs quantiques dont les quanta sont les constituants élémentaires du proton ainsi que de tous les *hadrons*, les particules qui participent à toutes les interactions fondamentales, y compris l'interaction forte.

À partir des succès obtenus avec QED, l'élaboration du modèle standard, dont l'histoire, concomitante avec celle du CERN, fait l'objet des autres chapitres de cette deuxième partie de l'ouvrage, a été rendue possible, d'une part, par la découverte, dans les années soixante, de la structure en quarks et gluons des hadrons, et d'autre part par l'identification de la propriété de symétrie essentielle en QED et susceptible d'être généralisée aux autres interactions, l'*invariance de jauge*.

Au chapitre 2 nous avions souligné le fait que la formulation lagrangienne de la théorie relativiste du champ électromagnétique est entachée d'un certain arbitraire lié à l'utilisation du quadrivecteur potentiel comme champ dynamique de l'interaction : si l'on ajoute au quadrivecteur potentiel l'application du quadrivecteur de dérivation à une fonction scalaire quelconque, le tenseur champ électromagnétique ne change pas. Comme la discussion présente est extrêmement importante pour toute la suite de l'ouvrage, il convient de reprendre intégralement ce que nous disions alors :

Une telle transformation du quadrivecteur potentiel, que l'on appelle une *transformation de jauge*, laisse donc invariantes les équations de Maxwell, tout au

moins en l'absence de matière. En présence de matière,
le terme d'interaction qui fait explicitement intervenir
le quadrivecteur potentiel ne semble pas invariant sous
une telle transformation de jauge. Mais il se trouve que
si (et seulement si) le quadrivecteur courant obéit à
l'équation de continuité, la modification du terme
d'interaction ne modifie pas les équations du mouvement. On a donné le nom d'*invariance de jauge* à cette
propriété de symétrie qui, en quelque sorte, généralise
à la théorie électromagnétique le théorème d'Emmy
Nœther : la *relativité* du potentiel est équivalente à
l'*invariance* des équations du mouvement sous les
transformations de jauge et à la *loi de conservation* du
courant. Mais l'invariance de jauge ne prend sa signification physique pleine et entière que dans le cadre
de la théorie quantique des champs.

Effectivement, en électrodynamique quantique, le
lagrangien de l'interaction s'exprime au moyen du
Photon, le champ quantique dont le quantum est le
photon, de l'Électron, le champ quantique dont les
quanta sont l'électron, et le positon. Son groupe de
symétrie est le plus simple que l'on puisse imaginer,
c'est le groupe commutatif (on dit aussi abélien) de
la multiplication par un nombre complexe de module
égal à 1 : le champ quantique dont l'électron est le
quantum est défini à une phase près. D'après le théorème de Nœther, à la *relativité* de cette phase, c'est-
à-dire l'arbitraire dans le choix de l'origine des phases,
correspond l'*invariance* du lagrangien par changement de cette phase et la loi de *conservation* de la
charge électrique. Il est raisonnable de demander
que l'invariance par changement de la phase soit une
invariance locale, c'est-à-dire une invariance par
un changement de phase dépendant du point d'espace-
temps où on l'applique : il n'y a en effet aucune rai-

son qu'un choix de l'origine des phases effectué en un certain point de l'espace-temps s'impose à tout l'espace. Or le terme qui, dans le lagrangien, décrit la propagation de l'Électron, n'est invariant que par un changement global (indépendant du point d'espace-temps où il est appliqué) de la phase de ce champ. Cette invariance n'est valable pour des changements locaux de phase, c'est-à-dire dépendant du point d'espace-temps où ils sont appliqués, que s'il existe un champ quantique qui soit couplé à l'Électron, et qui n'est autre que le Photon, champ quantique dont le photon est le quantum et que l'on appelle désormais le *champ de jauge* de l'interaction. Ainsi l'*invariance locale de jauge* (c'est ainsi que désormais nous désignerons cette propriété fondamentale de symétrie) détermine-t-elle complètement la forme même de la théorie, en impliquant, en plus du champ quantique de matière (l'Électron), l'existence d'un champ de jauge (le Photon) par lequel les quanta du champ de matière entrent en interaction. Outre ce rôle décisif que joue l'invariance locale de jauge dans l'élaboration de la théorie quantique de l'interaction électromagnétique, il se trouve qu'elle joue aussi un rôle essentiel dans la preuve du caractère renormalisable de cette théorie, que nous qualifions désormais de théorie à invariance de jauge ou, simplement, de *théorie de jauge*.

Les théories de jauge du modèle standard

L'invariance locale de jauge a été généralisée en 1954 par Yang et Mills[8] à des groupes plus complexes que le groupe abélien de changement de la phase, et on s'est attaché à découvrir, pour l'interaction forte et l'interaction faible, des théories de jauge non abéliennes, que l'on appelle des théories de Yang et Mills, avec l'espoir qu'elles seraient elles aussi renormalisables. C'est ainsi que l'on a abouti aux théories de jauge du modèle standard, mais, pour y arriver, il a fallu relever un certain nombre de défis redoutables, dont le moindre n'est pas celui de la portée des interactions. En effet, une des propriétés caractéristiques des théories de jauge, qu'elles soient abéliennes ou non, est que le champ de jauge est nécessairement de masse nulle, ce qui implique une portée infinie pour l'interaction induite par ce champ de jauge. Or les interactions nucléaires, l'interaction forte et l'interaction faible, sont de portées finies, et, pourtant, le modèle standard basé sur des théories de jauge est en excellent accord avec l'ensemble des données expérimentales concernant ces interactions. La motivation de cette deuxième partie de l'ouvrage, que nous résumons ici rapidement, est de tenter d'expliquer comment ce défi a été relevé.

La première étape, qui a été décisive, de la construction du modèle standard a été la découverte d'un nouveau niveau d'élémentarité, celui des quarks, les constituants supposés élémentaires des hadrons, les particules participant à toutes les interactions et dont la famille s'est mise à proliférer au cours des années soixante, au point de faire douter de la possibilité de décrire l'interaction forte au moyen d'une théorie quantique des champs qui fût raisonnable. Selon le modèle dit des *quarks-partons*, les hadrons sont des composites de quarks et d'antiquarks, les baryons (les hadrons de spin demi-entier) sont des états liés à trois quarks, et les mésons (les hadrons de spin nul ou entier) sont des états liés quark-anti-quark. Les quarks sont des particules de spin $\frac{1}{2}$, dont la charge électrique est fractionnaire (2/3 ou –1/3 en unité de charge électrique de l'électron), qui semblent se comporter comme des particules élémentaires dans l'interaction électromagnétique. Il était très tentant d'interpréter les quarks comme les quanta d'un nouveau champ quantique, le Quark, au sein d'une théorie de jauge pour l'interaction forte, et, avec le Lepton, au sein d'une théorie de jauge pour l'interaction faible.

Pour l'interaction forte, au niveau des quarks, la théorie de jauge non abélienne est la *chromodynamique quantique* (QCD), objet du chapitre 6, dans laquelle le groupe de jauge est un goupe SU(3), le groupe des *trois couleurs*, en référence à une analogie avec les trois couleurs ordinaires : les quarks existent en trois « couleurs fondamentales » et se combinent pour former des hadrons « blancs », i.e. sans couleur. Le champ de jauge de la chromodynamique est le Gluon dont les huit quanta, les gluons, se couplent aux quarks pour changer leurs couleurs.

Dans le modèle standard, les interactions faible et électromagnétique se combinent au sein de la théorie électrofaible de Glashow[9], Salam[10] et Weinberg[11] dans une théorie putative de jauge impliquant, comme champs de matière, le Quark et le Lepton *sans masse*, et comme champs de jauge, outre le Photon sans masse, le Boson Intermédiaire *sans masse*. Pour obtenir, à partir de cette théorie putative, un modèle phénoménologique viable il a fallu concevoir un *mécanisme de brisure spontanée de symétrie de jauge*, le « mécanisme de Brout, Englert et Higgs[12] », susceptible de rendre massifs les quarks, les leptons et des bosons intermédiaires massifs, et respectant la renormalisabilité espérée des théories de jauge. Nous avons qualifié d'espérée cette qualité des théories de jauge, car il a fallu attendre le début des années soixante-dix pour que la preuve complète en eût été apportée par 't Hooft et Veltman[13] et par Lee et Zinn-Justin[14].

Le mécanisme BEH (pour Brout, Englert et Higgs) conduit à la prédiction de l'existence d'une nouvelle particule, *le boson BEH*, dont la recherche était l'objectif prioritaire assigné au Grand Collisionneur hadronique du CERN, et dont la découverte a été triomphalement annoncée au CERN le 4 juillet 2012. Dans le chapitre 7, nous passerons en revue tous les résultats de la validation expérimentale de la théorie électrofaible, hors boson BEH, et le chapitre 8 sera consacré à la longue et fructueuse traque de celui-ci.

Puisse l'initiation au solfège de la musique des particules que le lecteur aura eu la patience de suivre l'aider à apprécier cette musique telle qu'elle est interprétée dans les expériences que nous décrirons dans les chapitres 6 et 7, à mesurer les enjeux et les défis du gigantesque programme de recherche, objet du chapitre 8, mais aussi à se faire une idée des promesses que comportent ses premiers résultats, et qui feront l'objet des chapitres suivants !

Chapitre 6

DU MODÈLE DES QUARKS
À LA CHROMODYNAMIQUE
QUANTIQUE

« ENNUYEUSES »,
LES ANNÉES SOIXANTE ?

De manière rétroactive, une fois qu'eut triomphé le modèle standard, certains physiciens théoriciens ont qualifié d'ennuyeuses (*boring* en anglais) les années soixante, au cours desquelles, face à l'accumulation des données expérimentales concernant l'interaction forte et la prolifération de la famille des hadrons, commençait à poindre la tentation de renoncer à fonder la physique des particules sur la théorie quantique des champs en interactions, et de rechercher des cadres théoriques alternatifs. Nous, qui avons fait nos premiers pas en physique des particules pendant ces mêmes années soixante, l'un comme expérimentateur et l'autre comme théoricien travaillant dans le champ de la phénoménologie, ne partageons pas cette opinion. Nous gardons au contraire le souvenir d'une période pendant laquelle de puissants nouveaux moyens étaient mis à la disposition des scientifiques pour explorer la terra incognita de la structure de la matière aux échelles subnucléaires, et où l'imagination créatrice était sollicitée pour tenter de mettre de l'ordre dans les données qui ne cessaient de s'accumuler.

Quelle était, au début des années soixante, l'état de la physique des particules ? Seule, comme nous l'avons montré dans le précédent chapitre, l'une des quatre interactions fondamentales, l'interaction électromagnétique, était susceptible d'une description quantitative à l'aide de la théorie quantique des champs qui respecte à la fois les principes de la relativité et ceux de la mécanique quantique. QED, la théorie quantique des champs appliquée à l'interaction électromagnétique, permettait de calculer, par approximations successives (méthode des perturbations) et avec une précision élevée, les valeurs de certaines quantités (constante de structure fine, moment magnétique anormal de l'électron, etc.) mesurables expérimentalement avec une précision comparable. L'accord obtenu entre le résultat des calculs et celui des mesures expérimentales était tellement bon qu'il en était troublant : la théorie QED comportait en effet des points obscurs à propos du traitement des infinis qui surgissaient dans les calculs et que l'on pouvait résorber à l'aide de la technique de la renormalisation dont la signification profonde n'a été comprise que petit à petit. C'est ainsi, comme nous le montrerons dès le présent chapitre et ceux qui suivent, que QED est devenue la théorie de référence sur le modèle de laquelle a pu être échafaudé l'ensemble du modèle standard.

Les modèles phénoménologiques

Sans parler de l'interaction gravitationnelle, totalement négligeable à l'échelle des particules élémentaires, les deux autres interactions fondamentales, l'interaction faible et l'interaction forte, semblaient complètement réticentes à un traitement analogue à celui qui s'était révélé fructueux pour l'interaction électromagnétique. Comme son nom l'indique, l'interaction forte est caractérisée par une intensité élevée qui semblait rendre rédhibitoire l'usage de la méthode des perturbations à partir du *modèle du méson de Yukawa*, inspiré de la théorie quantique des champs. Quant à l'interaction faible (pour laquelle on espérait pouvoir utiliser la méthode des perturbations), le seul *modèle* de théorie quantique des champs qui fonctionnait à peu près correctement, le modèle de l'interaction de contact de Fermi, donnait lieu, lorsque l'on voulait le traiter par la méthode des perturbations, à des infinis non traitables par la procédure de la renormalisation.

Les interactions forte et faible sont dites *nucléaires* car, contrairement à l'interaction électromagnétique qui est à l'œuvre à toutes les échelles, elles ne font sentir leurs effets qu'à des échelles nucléaires ou subnucléaires. C'est pourquoi les informations d'ordre expérimental concernant ces interactions étaient, jusqu'au début des années soixante, extrêmement limitées. Toute avancée dans leur compréhension était donc conditionnée par l'établissement d'une solide base de données expérimentales. Pour constituer une telle base de données, on ne pouvait pas trop compter sur l'interaction faible puisque les événements auxquels elle donne lieu sont extrêmement rares. Cette interaction était d'ailleurs plutôt l'objet de l'attention des théoriciens qui s'attachaient à lever les difficultés persistantes de la théorie quantique des champs. L'interaction forte, en revanche, se prêtait bien à une exploration expérimentale systématique[1]. La mise en fonctionnement de grands accélérateurs en Europe et aux États-Unis, l'utilisation intelligente de *chambres à bulles*, des détecteurs permettant de reconstituer toute la cinématique des événements de collisions particulaires et très bien adaptés à l'investigation de l'interaction forte, ont permis l'accumulation d'une masse considérable de données expérimentales. Le traitement de ces données relève de ce que les physiciens appellent la *phénoménologie*, et son outil essentiel est le *modèle phénoménologique*[2]. De quoi s'agit-il ? De manière universellement admise[3], on qualifie de *phénoménologique* une démarche cognitive qui s'efforce en permanence de garder le contact avec la réalité expérimentale, et l'on réserve le qualificatif de *théorique* aux démarches plus formelles voire plus spéculatives qui ne sont pas nécessairement sujettes à une confrontation immédiate avec l'expérience, la frontière entre les deux catégories de démarches restant assez floue. Les physiciens utilisent le terme de phénoménologie pour désigner toute une palette de quantités physiques, comme des *sections efficaces*, des *durées de vie*, des *taux de désintégration*, des *asymétries*, des *polarisations* (voir l'encadré *Observables en physique expérimentale des particules*, au chapitre 4), qui sont le résultat d'un traitement des données expérimentales brutes.

Les modèles phénoménologiques (modèle périphérique, modèle des pôles de Regge, modèle des corrections d'absorption, modèle des quarks, modèle dual de résonances, modèle des cordes hadroniques, etc.) qui ont foisonné dans les années soixante consistaient précisément à essayer de reproduire les données expérimentales concernant les diverses quantités physiques évoquées ci-dessus à partir de paramétrisations inspirées de diverses idées théoriques.

Le temps des modèles standards et le retour de la théorie quantique des champs

Cette phase de bouillonnement de modèles phénoménologiques a eu plusieurs conséquences :

- Elle a fourni à la théorie quantique des champs la base phénoménologique qui lui faisait encore défaut, puisque les seules applications de cette théorie en cours d'élaboration ne concernaient, au début des années soixante, qu'un tout petit nombre d'observables.
- Elle a permis l'émergence d'idées théoriques et de concepts radicalement nouveaux comme la « démocratie hadronique » et le « bootstrap », c'est-à-dire des idées selon lesquelles tous les hadrons doivent être traités au même niveau en ce qui concerne l'élémentarité — il n'y a pas de hadron plus élémentaire que les autres — et les propriétés les plus générales de l'interaction forte devraient pouvoir être déduites de contraintes d'autocohérence.

• Ces modèles jouent souvent le rôle de *catalyseurs heuristiques* : même s'ils sont dépassés par les développements ultérieurs, de tels modèles ne disparaissent pas totalement et il leur arrive de resurgir dans des formes plus élaborées, comme conséquences de théories nouvelles qu'ils ont servi à découvrir. Ce rôle « catalytique » est particulièrement évident pour le modèle des « cordes hadroniques » : ce modèle avait été développé pour permettre, d'une part, de classer les nombreux hadrons qui étaient découverts et, d'autre part, pour rendre compte de l'existence d'une structure subhadronique sous-jacente, celle des quarks ; les hadrons étaient donc modélisés par des cordes dont les quarks seraient les extrémités. Ce modèle a maintenant été délaissé au profit de la théorie, considérée comme plus fondamentale, de la chromodynamique quantique (QCD) qui décrit les interactions des quarks par échange de gluons et dont on espère bien qu'elle sera un jour à même de rendre compte du confinement des quarks comme des extrémités de corde. Par ailleurs, un véritable tournant a été opéré en 1976 par Sherck et Shwarz lorsqu'ils ont proposé d'utiliser le modèle des cordes pour explorer l'interaction gravitationnelle aux énergies extrêmes auxquelles les effets quantiques ne peuvent plus être négligés, ouvrant ainsi la voie aux théories dites de supercordes.

S'il est vrai que les modèles phénoménologiques des années soixante ont préparé le terrain à un retour de la théorie quantique des champs, d'autres événements ont contribué à le précipiter. D'une part, avec les faisceaux de neutrinos on a pu commencer à explorer expérimentalement l'interaction faible pour laquelle il ne faisait aucun doute que la théorie quantique des champs serait le cadre adéquat. D'autre part, à l'aide de faisceaux d'électrons (des particules qui ne participent pas à l'interaction forte) on a commencé à scruter la structure interne des hadrons avec des sondes « non destructives » capables de les pénétrer profondément sans interaction parasite. Le résultat de ces expériences est spectaculaire : le proton, comme tous les hadrons, n'est pas élémentaire ; c'est une structure de particules ponctuelles dont les interactions avec les électrons relèvent de l'électrodynamique quantique, et que l'on désigne sous le nom générique de *partons*. La phénoménologie des interactions électron/proton a permis alors de déterminer la charge électrique de ces partons, et on a trouvé des charges égales à des multiples entiers du tiers de celle de l'électron, précisément les charges que l'on attribuait aux quarks ! On a donc compris que les quarks sont des partons. Il devenait dès lors possible d'utiliser la théorie quantique des champs (qui ne fonctionne bien qu'avec des particules ponctuelles) pour traiter les interactions des quarks : QED pour l'interaction électromagnétique, et toute théorie des champs que l'on pourrait mettre au point pour l'interaction faible et pour l'interaction forte au niveau subhadronique.

UN NOUVEAU NIVEAU D'ÉLÉMENTARITÉ, LES QUARKS ET LES GLUONS

Indépendance de charge et symétrie d'isospin

La découverte du neutron, un constituant sans charge du noyau, d'une masse très proche de celle du proton, et les progrès accomplis en physique nucléaire au cours de la première moitié du XXᵉ siècle ont montré que la cohésion du noyau n'est possible que s'il existe une interaction, l'interaction forte, beaucoup plus forte que l'interaction électromagnétique qui est répulsive pour les protons et sans effet sur les neutrons. Cette nouvelle interaction semble avoir la même intensité pour le proton et pour le neutron. Elle a une portée de l'ordre de la taille des noyaux, soit 1 fermi = 10^{-13} cm.

L'indépendance de charge (égalité de l'interaction forte pour le proton et le neutron) est interprétée comme une *symétrie* : c'est-à-dire l'immunité de l'interaction forte face au changement d'un proton en un neutron, ou d'un neutron en un proton. La symétrie associée à cette indépendance de charge est construite par analogie avec l'invariance par rotation en mécanique quantique pour des particules de spin entier ou demi-entier, qui est décrite par le groupe SU(2), des matrices 2 × 2 unitaires et de déterminant égal à 1.

La symétrie SU(2) de l'interaction forte est appelée *symétrie d'isospin* : le proton et le neutron sont assimilés à un *doublet* de deux états d'une même particule appelée le *nucléon*, particule d'isospin ½, par analogie avec les états spin en haut et spin en bas d'une particule de spin ½. La symétrie de l'interaction forte est donc assimilée à une invariance par *rotation dans l'espace des charges*, un espace abstrait où le proton correspondrait à un état « isospin en haut » et le neutron à un état « isospin en bas ».

De même que le nucléon forme un doublet d'isospin, toutes les particules participant à l'interaction forte, les *hadrons*, forment des multiplets d'isospin, *représentations irréductibles* du groupe SU(2), caractérisés par un isospin total I, chaque membre du multiplet étant caractérisé par la troisième composante de l'isospin I_3 qui prend les 2I+1 valeurs : –I, –I+1, –I+2, …I–1, I. Ainsi, pour tenir compte de l'égalité des interactions sans et avec échange de charge, on suppose que le méson π (ou pion), introduit par Yukawa (voir la fin du chapitre 3), forme un triplet d'isospin, représentation adjointe du groupe SU(2): π^-, π^0, π^+. De manière générale, les *hadrons* se partagent en deux familles : les *baryons*, d'une part, qui, comme le proton et le neutron, sont des fermions (de spin demi-entier) et ont un nombre quantique conservé dans l'interaction forte, le *nombre baryonique* égal à +1 pour les particules et à –1 pour les antiparticules ; et, d'autre part, les *mésons* qui, comme le méson π, sont des bosons de spin entier, et de nombre baryonique égal à zéro.

Comme le proton et le neutron n'ont pas exactement la même masse, la symétrie d'isospin ne peut être qu'une symétrie approchée. L'interaction électromagnétique brisant la symétrie d'indépendance de charge, on peut supposer que c'est cette interaction qui est responsable de la brisure de la symétrie d'isospin et de la différence de masse du proton et du neutron. Comme, d'autre part, le proton et le neutron se comportent de façon différente dans l'interaction faible on peut supposer que cette interaction brise aussi la symétrie d'isospin.

La prolifération des hadrons

Les hadrons stables

Le nucléon et le pion sont les premiers hadrons découverts. On dit qu'ils sont stables parce que leur désintégration par interaction forte est cinématiquement interdite : leurs masses sont trop petites pour qu'ils puissent se désintégrer par interaction forte en hadrons plus légers. Ainsi, le proton est stable (sa durée de vie est supérieure à 10^{31} années). Le neutron se désintègre par interaction faible en un proton, un électron et un antineutrino électronique ; c'est la radioactivité β. Les mésons π chargés se désintègrent par interaction faible en un muon et un neutrino muonique. Le méson $π^0$ se désintègre par interaction électromagnétique en deux photons.

Les résonances hadroniques

Une étude systématique des réactions hadroniques a pu être menée à l'aide des rayons cosmiques avec des émulsions et auprès des accélérateurs de protons de haute énergie (une trentaine de GeV) installés aux États-Unis (à Brookhaven) et au CERN, à l'aide de *chambres à bulles*, qui sont des détecteurs particulièrement bien adaptés à l'interaction forte[4]. Ces expériences ont permis, d'une part de découvrir de nouveau hadrons stables comme le *kaon* (qui est un méson) ou les *hypérons* (qui sont des baryons) et d'autre part de découvrir ce que l'on a appelé les *résonances hadroniques*, que l'on peut considérer comme des particules métastables, c'est-à-dire pouvant se désintégrer par interaction forte. On peut attribuer à ces résonances les nombres quantiques (masse, durée de vie, spin, nombre baryonique, isospin) qui en font d'authentiques hadrons. Mais si toutes ces résonances hadroniques sont à considérer comme des hadrons, alors le nombre de hadrons découverts dans les années soixante atteint plusieurs centaines. On peut de ce fait s'interroger sur la pertinence de la théorie quantique des champs pour rendre compte des interactions fortes : faudrait-il considérer tous ces hadrons comme les quanta de champs couplés les uns aux autres ? Avec des paramètres de couplage élevés interdisant toute approche par la méthode des perturbations ?

Trois voies conduisant à la structure subhadronique

Par analogie avec des méthodes qui ont été utilisées en physique, dans des situations présentant des similitudes avec celle de la prolifération des hadrons, trois voies ont été empruntées pour essayer de mettre à découvert une éventuelle structure subhadronique :

1. La voie de la classification (analogue à la classification des éléments dans le tableau de Mendeleïev) : on classe les hadrons (stables et métastables) en espérant découvrir des régularités venant d'une structure subhadronique. C'est la voie qui va de l'isospin au modèle des quarks via la symétrie SU(3), que nous allons maintenant décrire.

2. La voie de la recherche directe de la structure subhadronique à l'aide de sondes non hadroniques (analogue à la microscopie électronique). C'est la voie qui conduit au *modèle des quarks-partons* et, en fin de compte, au modèle standard, et que nous décrirons ensuite.

3. La voie de la dynamique de hadrons étendus et composites (analogue à la chimie des « atomes crochus » et des électrons de valence). C'est la voie des diagrammes duaux de quarks et du modèle des cordes hadroniques, que nous ne décrirons pas dans le présent chapitre mais sur laquelle nous reviendrons à la fin de l'ouvrage.

De l'isospin à SU(3) et au modèle des quarks

Étrangeté et hypercharge

La symétrie d'isospin a été, comme nous l'avons signalé plus haut, la première symétrie dite interne aboutissant à une classification des hadrons : les hadrons se classent en familles, appelées multiplets d'isospin, caractérisées chacune par son isospin total noté I, et, au sein d'une famille, chaque membre est caractérisé par un nombre quantique égal à la valeur de la troisième composante de l'isospin, notée I_3. Ce nombre quantique I_3, la charge électrique Q et le nombre baryonique B sont des nombres quantiques conservés dans l'interaction forte, qui sont reliés par une relation très simple :

$$Q = I_3 + B/2 \qquad (1)$$

dont on vérifie très facilement qu'elle est satisfaite pour les hadrons connus : le proton pour lequel I_3 est égal à +1/2 et B est égal à +1 a bien une charge égale à +1 ; de même le méson π^+ pour lequel I_3 est égal à +1 et B à 0 a une charge égale à +1.

S'est alors produite une découverte qui a provoqué une certaine surprise, celle de ce que l'on a d'ailleurs appelé des particules *étranges* parce qu'il s'agissait de hadrons se désintégrant par interaction faible et dont les nombres quantiques conservés ne satisfont pas la relation (1) : par exemple les *mésons K* ou *kaons*, K^0, K^+, qui forment un doublet d'isospin (donc un isospin demi-entier) alors que ce sont des mésons (B = 0), ne pourraient pas avoir, d'après la relation (1), une charge entière. De même, l'*hypéron* Λ est un baryon (B = 1) qui est un singulet (I = 0) d'isospin, ce qui ne saurait exister si la relation (1) s'appliquait. On a donc introduit un nouveau nombre quantique conservé dans l'interaction forte : l'*étrangeté* S, égale à zéro pour les hadrons non étranges (comme le nucléon ou le pion) et différant de zéro pour les hadrons étranges (–1 pour le kaon, +1 pour l'antikaon, –1 pour l'hypéron, +1 pour l'antihypéron). À l'aide de l'*hypercharge* Y = B + S on généralise la relation (1) en une relation entre nombres quantiques conservés due à *Gell-Mann et Nishijima* qui s'applique à tous les hadrons, étranges ou non étranges, baryons ou mésons :

$$Q = I_3 + B/2 + S/2 = I_3 + Y/2 \qquad (2)$$

Ainsi, il apparaît que le groupe de symétrie interne de l'interaction forte contient le produit du groupe SU(2) pour l'isospin par U(1) pour l'hypercharge.

La symétrie SU(3)

Par tâtonnements, et en consultant la littérature mathématique, on découvre que les hadrons peuvent se classer en multiplets comportant des particules d'hypercharge et d'isospin différents. Ces multiplets sont les représentations *irréductibles du groupe SU(3)*, groupe des matrices 3×3 unitaires et de déterminant égal à 1. En tant que symétrie de l'interaction forte, SU(3) ne peut être qu'une symétrie approchée puisque les membres d'un même multiplet n'ont pas la même masse, avec des écarts relatifs de masse excédant les 10 %. Si une telle classification des hadrons s'avérait possible, il serait donc nécessaire d'introduire un mécanisme de brisure de la symétrie SU(3).

Tous les hadrons observés semblent bien pouvoir être classés en multiplets de SU(3), et il se trouve que seuls se rencontrent dans cette classification des *singulets* (le singulet est la représentation, dite triviale, à un seul membre), des *octets* (l'octet est la représentation, dite adjointe, à huit membres) et des *décuplets* (le décuplet est la représentation à dix membres, voir figure 1). On note par contre l'absence des représentations dites fondamentales, le *triplet* et sa conjuguée, l'*antitriplet*, des représentations à trois membres, qualifiées de fondamentales parce que, à partir de leurs produits, il est possible d'engendrer toutes les représentations possibles du groupe SU(3), qui peuvent se décomposer en sommes de représentations irréductibles.

On avait bien essayé de classer le proton, le neutron et l'hypéron Λ dans un triplet (et leurs antiparticules dans l'antitriplet), mais ce modèle, proposé par le physicien japonais Shoichi Sakata, qui tendait,

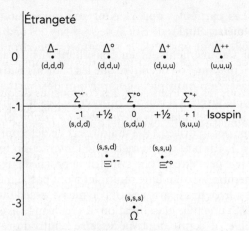

Figure 1 : Les particules du décuplet de SU(3)
avec leur contenu en quarks

en contradiction avec le principe de démocratie hadronique, à considérer trois hadrons comme plus fondamentaux que les autres, s'est révélé être un échec : isoler le proton, le neutron et l'hypéron Λ qui se classent bien dans un octet, pour en faire les membres d'un triplet, brouille complètement la classification par SU(3) (que faire en effet des cinq particules qui, avec eux, forment l'octet des baryons ?).

Le modèle des quarks

L'idée décisive, celle qui a ouvert la voie à la découverte du niveau subhadronique, est celle du *modèle des quarks*[5], qui permet de satisfaire le principe de démocratie hadronique :

- Les particules appartenant aux représentations fondamentales de SU(3) ne sont pas des hadrons ; elles font partie de la structure subhadronique, ce sont des constituants des hadrons, on les appelle des *quarks*[6] et des *antiquarks*.

- Tous les hadrons sont des composites de quarks et d'antiquarks : les mésons des états quark-anti-quark (ce qui explique que les mésons puissent être classés en singulets et en octets) et les baryons des états à trois quarks, les antibaryons des états à trois antiquarks (ce qui explique que les baryons et les antibaryons puissent être classés en singulets, octets et décuplets).

- Dans un premier temps, on a dénommé les quarks « petit proton », « petit neutron » et « petit λ » en souvenir du modèle défunt de Sakata. Aujourd'hui, on les désigne par les lettres u pour *up* (en haut en anglais), d pour *down* (en bas en anglais) et s pour *strange* (étrange en anglais). Les nombres quantiques conservés leur sont assignés, ainsi qu'à leurs antiparticules, en conformité avec la règle de Gell-Mann et Nishijima. C'est ainsi que le quark s porte bien de l'étrangeté (son étrangeté est égale à −1), et surtout que les quarks ont des charges électriques fractionnaires (−1/3 pour s et d, 2/3 pour u), ce qui les met en contradiction avec les conclusions de la célèbre expérience de Millikan qui affirme que les charges électriques ne peuvent être que des multiples entiers positifs ou négatifs de la charge de l'électron.

**Modèle des quarks, mécanisme de brisure
de la symétrie SU(3),
prédiction et découverte du Ω⁻**

Malgré tous les échecs des tentatives de mettre en évidence des particules de charge fractionnaire, on a continué à s'intéresser au modèle des quarks parce qu'il pouvait être à l'origine d'un mécanisme de brisure de la symétrie SU(3). L'idée en est simple : on suppose que la symétrie idéale SU(3) est satisfaite par la dynamique qui lie les quarks pour former les hadrons et que la seule brisure de cette symétrie provient de différences entre les masses des quarks : le quark s est supposé plus lourd que les quarks u et d approximativement de même masse. Les propriétés des baryons de spin 3/2 qui pouvaient former un décuplet de SU(3) ont permis de tester cette hypothèse, puis de faire la prédiction de l'existence d'une nouvelle particule, le Ω⁻, dont la découverte, en 1965, a définitivement emporté l'adhésion au modèle des quarks. Sur la figure 1 on a indiqué le contenu en quarks des membres du décuplet. Les premières particules candidates à faire partie de ce décuplet sont les quatre états de charge de la résonance Δ, quatre hadrons de spin 3/2 et de même masse produits dans la diffusion d'un méson π sur un nucléon, formant un quadruplet d'isospin, le Δ^- (ddd), le Δ^0 (udd), le Δ^+ (uud) et les Δ^{++} (uuu). On a ensuite découvert le triplet des trois résonances Σ^*, trois hadrons d'étrangeté égale à –1, produits dans la diffusion d'un méson K sur un nucléon, de spin 3/2 et de mêmes masses, le Σ^{*-} (dds), le Σ^{*0} (uds) et les Σ^{*+} (uus). On remarquera que l'on passe des Δ aux Σ^* en remplaçant un quark *d* par un *s*. Comme la masse des Σ^* est supérieure à celle des Δ, on peut supposer que cette différence de masse est due à la différence de masse entre le quark étrange et les deux autres quarks. Si tel est le cas, on peut prédire la masse d'un doublet de résonances de spin 3/2, d'étrangeté égale à –2, le Ξ^{*-} (dss) et le Ξ^{*0} (uss), que l'on a découvert à la masse prédite. Finalement, il devait être possible de compléter le décuplet avec une particule d'isospin 0 (un singulet d'isospin) de spin 3/2, d'étrangeté égale à –3, le Ω^- constitué de trois quarks *s*, et dont la masse était prédite avec une grande précision. Comme, de plus, la masse prédite pour cette particule lui interdisait de pouvoir se désintégrer par interaction forte (le seul mode de désintégration par interaction forte était en un hypéron Ξ, et un méson K était cinématiquement interdit car la masse prédite du Ω^- était inférieure à la somme des masses du Ξ et du K), on s'attendait à ce que l'hypothétique Ω^- fût stable, c'est-à-dire ne se désintégrant que par interaction faible, donc capable de laisser une trace macroscopique dans une chambre à bulles ! L'expérience de recherche du Ω^- a été la première expérience critique dans l'élaboration du modèle standard : si elle n'avait pas abouti, le modèle des quarks, et donc le modèle standard, aurait dû être abandonné. En 1965, le Ω^- était découvert auprès de l'accélérateur de Brookhaven avec la chambre à bulles de 80 pouces, précisément à la masse prédite. Cette découverte aurait pu se produire aussi bien au CERN qui disposait d'instruments équivalents, comme le PS, synchrotron à protons, machine de 630 mètres de circonférence qui a accéléré ses premiers protons à 26 GeV en novembre 1959. Cela confirme d'une part qu'on ne crée pas du jour

au lendemain une communauté scientifique qui puisse
rivaliser avec le États-Unis, après ce qui s'était passé
pendant la guerre, et, d'autre part, cela confirmerait
un pseudo-théorème qui n'a cessé de se confirmer
depuis : les fermions sont découverts aux États-Unis
et les bosons en Europe ! C'est en 1969 qu'à la suite
de cette découverte (et de la confirmation des propriétés attendues) le prix Nobel est décerné à Murray
Gell-Mann.

Les quarks partons

La nécessité d'un changement de stratégie

Malgré ce succès, il est apparu qu'un changement
de stratégie, voire un tournant méthodologique, deve-
naient nécessaires à cause du maigre bilan des tentatives de mettre directement en évidence les quarks
à l'aide de réactions purement hadroniques aux plus
hautes énergies disponibles. Comme on n'a jamais
pu mettre en évidence de particules de charges fractionnaires, il a fallu se résoudre à l'idée que si quarks
il y a, ils sont enfermés (on dit aussi *confinés*) au sein
des hadrons dont ils sont les constituants, l'explication de cette propriété devenant alors l'un des défis
théoriques à relever par l'éventuelle théorie quantique des champs de l'interaction forte.

D'autre part, alors que l'on pouvait espérer révéler
la structure en quarks à l'aide de *collisions dures*,
c'est-à-dire des chocs de haute énergie projetant des
quarks à grand angle par rapport à la direction du
faisceau incident, il a fallu se rendre à l'évidence que

la très grande majorité des interactions entre hadrons produites avec des accélérateurs d'une trentaine de GeV relèvent de ce que l'on appelle des *collisions douces*, c'est-à-dire ne produisant que des particules de faible impulsion transverse par rapport à cette direction. Pour pallier cette difficulté, le CERN a inauguré en 1971 la voie d'un nouveau type de machine : les anneaux de collision proton-proton dits ISR (Intersecting Storage Rings) qui préfiguraient ce que serait plus tard, à plus haute énergie, le LHC. Les anneaux de stockage, situés sur le territoire français, faisaient collisionner de plein fouet, à des endroits bien précis où ils fusionnaient, des protons de 28 GeV tournant en sens inverse et venant du synchrotron à protons, le PS.

C'était une première et d'un seul coup on avait des collisions qui, par le miracle de la théorie de la relativité, étaient d'une énergie dans le système du centre de masse équivalente à celle que l'on aurait obtenue si on avait accéléré des protons à une énergie de 1500 GeV et les avait fait percuter une cible fixe. Les ISR ont permis de révéler que les interactions proton-proton procédaient parfois à travers des collisions dures (très énergétiques) entre un quark d'un proton et un quark de l'autre proton qui pouvaient émerger au-dessus du bruit de fond des collisions douces. Les deux quarks étaient éjectés à grand angle par rapport à la ligne des faisceaux, donnant naissance à des « *jets* » contenant des particules de grande impulsion transverse par rapport aux faisceaux. L'existence de particules de grande impulsion transverse fut détectée aux ISR par des bras instrumentés, placés à 90 degrés par rapport à la ligne des faisceaux. Dans ce type d'expériences, les détecteurs ne pouvaient certes pas être des chambres à bulles, et il a fallu en mettre au point d'autres, très innovants (encore une avancée décisive à mettre à l'actif du CERN), comme les fameuses *chambres à fils* de Georges Charpak qui valurent à ce dernier le prix Nobel en 1992.

Avec les antiprotons, et dans la foulée de l'expérience acquise aux ISR, le SPS, synchrotron à protons de 450 GeV et de 7 km de circonférence (alimenté par le PS), a fonctionné en mode collisionneur de 1981 à 1986, les protons tournant dans un sens et les antiprotons dans l'autre sens, chaque faisceau ayant une énergie de 270 GeV par particule. En 1982, une découverte majeure était faite grâce à une des deux très grandes expériences placées auprès du collisionneur, l'expérience UA2, puis confirmée ensuite grâce à l'autre expérience, UA1. C'est l'observation cette fois-ci des jets complets de particules émis à grand angle avec une grande impulsion transverse au faisceau, et, après l'indication des ISR, la confirmation que des collisions dures ont lieu entre des sous-structures ponctuelles du proton et de l'antiproton (les quarks et les gluons), donnant naissance à des jets de particules issus des quarks ou gluons éjectés à grand angle. Nous reviendrons sur le collisionneur proton-antiproton du CERN à propos de la découverte des bosons intermédiaires de l'interaction faible.

Les ISR ont été démantelés en 1984. Le seul regret que l'on puisse avoir est la « petitesse » des détecteurs, qui était bien souvent due à la faiblesse de la taille des collaborations. Les ISR auraient pu faire plus de découvertes (notamment celle de ces jets de particules) si, à cette époque, s'était opérée la transition vers des détecteurs mis en œuvre par de très grandes collaborations, capables de détecter toutes les sortes de particules à toutes les énergies et angles possibles, ce qui allait devenir la règle pour les machines à venir. Cela montre bien que la « Big Science » est une nécessité et non une commodité.

Pendant ce temps, commençait à s'amorcer le tournant méthodologique évoqué ci-dessus : puisque l'interaction forte produit surtout des collisions douces qui tendent à masquer les collisions dures qui pourraient révéler une structure subhadronique, pourquoi ne pas essayer d'utiliser des faisceaux de particules ne participant pas à l'interaction forte, par exemple des électrons ou des neutrinos, comme des « sondes non destructives » susceptibles de révéler une telle éventuelle structure ?

Les progrès des techniques d'accélération ont permis, dès les années soixante, de réaliser des accélérateurs linéaires d'électrons et des collisionneurs électron-positon d'énergie comparable à celle disponible auprès des synchrotrons à protons, ouvrant ainsi la voie à l'utilisation de l'interaction électromagnétique pour sonder une éventuelle structure subhadronique. D'autre part, la possibilité de réaliser des faisceaux très intenses de neutrinos permettait d'envisager d'utiliser aussi l'interaction faible comme une nouvelle sonde non destructive.

Il faut également noter que les recherches théoriques qui continuaient à utiliser le cadre de la théorie quantique des champs, comme celles concernant l'algèbre des courants, suggéraient que les constituants de la structure subhadronique devaient être les porteurs des charges conservées par lesquelles les hadrons sont impliqués dans les interactions électromagnétiques et faibles. À partir de là, les collisions dures lepton-hadron sont devenues le moyen privilégié pour mettre directement en évidence la structure subhadronique recherchée.

Le modèle des partons

Le modèle des partons est adapté à la phénoménologie de ces collisions dures lepton-hadron et à la recherche d'une structure subhadronique qui soit régie par une théorie quantique de champs sous-jacente. Les éventuels constituants de cette structure seraient les quanta de champs en interaction locale que l'on appelle de manière générique des *partons*, et, bien évidemment, on tente de savoir si les quarks du modèle des quarks ne pourraient pas être identifiés aux partons.

Dans un repère de grande impulsion, on suppose qu'un hadron est constitué d'un paquet d'un petit nombre de partons, quasi libres, de petite masse, de petite impulsion transverse (perpendiculaire à celle du hadron) et dont l'impulsion longitudinale (parallèle à celle du hadron) en est une certaine fraction, comprise entre 0 et 1. Les partons dont cette fraction est petite sont appelés des partons *wee* (faibles en anglais). Comme l'a montré Feynman, ce modèle rend compte d'une manière satisfaisante des propriétés caractéristiques des collisions hadroniques à haute énergie : lors d'une telle collision, le système du centre de masse est un repère de grand moment pour les deux hadrons incidents. Des partons peuvent être wee pour ces deux hadrons incidents, ils peuvent donc être échangés, c'est-à-dire passer de l'un à l'autre lors de la collision qui devient alors une collision douce, pour laquelle les moments transverses sont limités.

Pour que ce modèle des partons soit bien adapté à la phénoménologie des collisions dures lepton-hadron il faut faire l'hypothèse de la *liberté asymptotique* : pour qu'un lepton ait une interaction dure (c'est-à-dire impliquant un grand transfert d'énergie-impulsion) avec un seul parton que l'on puisse considérer comme libre, il faut que le temps inversement proportionnel à l'énergie de liaison des partons dans le hadron soit grand durant le temps où se produit l'interaction dure. Il en est ainsi si le parton interagissant avec le lepton n'est pas wee et s'il n'a ni une grande masse ni une grande impulsion transverse.

Comment, à l'aide de ce modèle, peut-on décrire une collision dure lepton-hadron ? Une telle collision dure se produit, par exemple, dans ce que l'on appelle les expériences de *diffusion profondément inélastique électron-proton* qui ont été réalisées auprès de l'accélérateur linéaire d'électrons de Stanford aux États-Unis, et interprétées par James Bjorken. Ces expériences sont réalisées selon le mode dit *inclusif*, ce qui veut dire que dans l'état final produit par la collision d'un électron sur un proton, on n'observe que l'électron final. La section efficace de cette réaction ne dépend que de deux variables cinématiques, que l'on choisit être la valeur absolue, notée Q^2, du carré du quadrimoment transféré entre l'électron incident et l'électron final et une variable, appelée variable de Bjorken x, comprise entre 0 et 1, égale au quotient de Q^2 par $2mv$ où m est la masse du proton et v la différence des énergies de l'électron incident et de l'électron final. La collision est dite profondément inélastique si l'énergie incidente est élevée, si Q^2 est grand et si la variable de Bjorken est une fraction appréciable de l'unité. Une interprétation éclairante

de ce processus au moyen du modèle des partons
peut être obtenue si l'on se place dans un référentiel
dit repère de *Breit* ou *repère du mur de briques pour
l'électron*, dans lequel (voir la figure 2) l'électron initial et l'électron final ont des impulsions exactement
opposées. Pour le hadron, ce repère est un repère de
grand moment dans lequel le modèle des partons
peut s'appliquer. Si l'électron a interagi avec un seul
parton, que nous appellerons le parton actif a, sur
lequel il a, en quelque sorte, rebondi, ce parton a la
même impulsion que l'électron final dans le repère
de Breit, et lui aussi rebondit sur l'électron. On peut
alors calculer cette impulsion et on trouve que le
rapport de cette impulsion à celle du proton, x_a est
précisément égal à la variable de Bjorken x. Le modèle
des partons implique donc que la section efficace de
la réaction de diffusion profondément inélastique
(électron initial plus proton donnant électron final
plus X, où X désigne l'ensemble des hadrons produits
qui ne sont pas observés) devrait se factoriser sous
la forme du produit d'une fonction ne dépendant que
de x qui n'est autre que la probabilité que le parton
a ait une fraction d'impulsion égale à x et que l'on
appelle la *fonction de structure du parton a dans le
proton*, par la section efficace de la réaction de collision de l'électron sur le parton actif qui relève de
l'électrodynamique quantique. La prédiction essentielle du modèle des partons appliqué aux réactions
de diffusion profondément inélastiques électron-
hadron est l'*invariance d'échelle*, dite de Bjorken, de
la fonction de structure : en effet, cette distribution
de l'impulsion longitudinale relative du parton actif
au sein du proton ne dépend ni de E, l'énergie de l'électron incident, ni de Q, le moment transféré entre cet

électron incident et l'électron final, à condition, évidemment, que E et Q soient suffisamment grands pour que le modèle des partons puisse s'appliquer. Comme son nom l'indique, cette distribution ne dépend que de la *structure* subhadronique que l'on tente de mettre en évidence. À l'inverse, la section efficace de la réaction électron-hadron ne dépend pas de la dynamique de la structure subhadronique, elle est en principe calculable à partir du développement perturbatif de l'électrodynamique quantique introduit au chapitre 5, pour peu que soient connues les propriétés du parton actif (son spin et sa charge électrique). Ainsi voyons-nous que ces expériences sont susceptibles de nous fournir des informations cruciales pour l'élaboration de tout le modèle standard : preuve de l'existence d'une structure subhadronique, premières indications sur la dynamique sous-jacente à cette structure, comportement des hadrons dans les interactions électromagnétiques et faibles (si on utilise le neutrino comme lepton dans la collision lepton-hadron). Et de fait ces expériences, les premières au SLAC en 1969 et toutes les autres qui ont suivi, ont remarquablement réussi. En voici un rapide bilan :

- Dès une énergie du lepton incident de quelques GeV, et un carré de moment transféré de l'ordre de 1 GeV^2, on observe la factorisation de la section efficace de la diffusion profondément inélastique et l'invariance d'échelle de la fonction de structure, ce qui constitue une claire confirmation de la validité du modèle des partons.
- Les quarks du modèle des quarks sont des partons qui ont des charges fractionnaires et un spin ½.

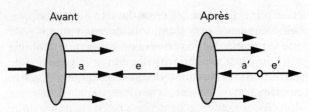

Figure 2 : Collision profondément inélastique
électron-proton dans le repère de Breit,
dit du « mur de briques »

Le repère de Breit est dit repère du mur de briques parce
que c'est le repère dans lequel l'électron « rebondit » avec une
impulsion opposée sur un parton (constituant du proton cible),
qui, lui aussi, rebondit.

- Il y a dans le proton, comme on pourrait s'y
  attendre dans le cadre d'une théorie quantique
  des champs sous-jacente, d'autres partons que
  les trois quarks du modèle des quarks (appelés
  les *quarks de valence*), à savoir :
  o une *mer de Fermi* constituée de paires quark-
  antiquark ;
  o d'autres partons que les quarks et les antiquarks, que l'on a appelés les *gluons*, pour suggérer que ce sont les quanta de champs qui
  « collent » les quarks.

Toutes les expériences lepton-hadron, avec des
faisceaux d'électrons, de positons, de muons, de
neutrinos et d'antineutrinos, confirment donc que
les quarks-partons sont des particules élémentaires
dans les interactions électromagnétique et faible et
qu'ils sont, vraisemblablement, avec les gluons, les
quanta de champs de la théorie sous-jacente à l'inter-

action forte. La porte est donc ouverte à des applications de la théorie quantique des champs à l'interaction forte au niveau subhadronique (qui sera l'objet de la fin du présent chapitre) et à la participation des hadrons aux interactions électromagnétique et faible (qui sera l'objet des deux chapitres qui suivent).

L'INTERACTION FORTE
AU NIVEAU SUBHADRONIQUE,
LA CHROMODYNAMIQUE QUANTIQUE

La couleur, symétrie subhadronique

Le problème de la statistique des quarks

Les quarks-partons sont des particules de spin ½. Sont-ils des fermions ? (La question peut être posée puisque les quarks, particules de charge fractionnaire, impossibles à observer à l'état libre, ont peut-être d'autres propriétés exotiques, par exemple ne pas être des fermions mais des « para-fermions ».) Les hadrons du décuplet ont un spin 3/2. Les trois particules aux extrémités du triangle, le Δ^-, le Δ^{++} et le Ω^-, sont constituées de trois quarks identiques : *ddd*, *uuu*, et *sss* respectivement. Les états d'hélicité maximale (+3/2 ou –3/2) sont composés de trois quarks, identiques et dans le même état d'hélicité. Cela est impossible si les quarks sont des fermions, *sauf si les quarks ont d'autres nombres quantiques permettant de distinguer leur état dans ces configurations particulières.*

Le schéma de la couleur

Pour que les quarks obéissent à la statistique de Fermi-Dirac (qu'ils soient des fermions), O.W. Greenberg propose d'attribuer aux quarks un nouveau nombre quantique qu'il appelle la *couleur*. La couleur serait une symétrie de la dynamique subhadronique. Il s'agirait d'un groupe SU(3) ; les quarks appartiendraient à la représentation fondamentale 3 de ce groupe (les antiquarks à la représentation fondamentale conjuguée). Les hadrons seraient des états singulets de couleur. Les mésons seraient des composites quark-antiquark et les fermions des composites de trois quarks de couleurs différentes dans une configuration antisymétrique sous l'échange de deux couleurs. Cette antisymétrie permet de satisfaire la statistique de Fermi-Dirac par les quarks. La terminologie de la couleur se justifie par l'analogie avec la synthèse additive des couleurs : les quarks ont les trois « couleurs » fondamentales, ou primaires, rouge, bleu, vert dont l'addition donne le « blanc » des hadrons. Ce schéma a été critiqué, car les degrés de liberté de couleurs semblent aussi difficilement observables que les quarks dans un monde hadronique sans couleurs.

Autres conséquences du schéma de la couleur

Le modèle des quarks-partons peut être appliqué aux réactions d'annihilation électron-positon. Selon ce modèle, à suffisamment haute énergie, la section efficace totale d'annihilation électron-positon en hadrons se réduit à la section efficace d'un processus qui procède, à l'ordre le plus bas du développement perturbatif de QED (voir le chapitre 5), par la formation d'un photon virtuel γ^* qui ensuite se matérialise en une paire quark-antiquark, lesquels se transforment avec une probabilité égale à 1 dans les hadrons non observés.

Si les quarks et antiquarks sont des partons de spin ½, la section efficace de l'annihilation électron-positon en une paire quark-antiquark est égale à celle de l'annihilation en une paire $\mu^+ - \mu^-$ à un facteur multiplicatif près égal au carré de la charge du quark (puisque le carré de la charge du μ est égal à 1). Le rapport R de la section efficace totale d'annihilation électron-positon en hadrons est donc égal à la somme sur tous les quarks du carré de leurs charges. Au moment où ce rapport R a été mesuré, on connaissait trois quarks, u, d, s, dont la somme des carrés des charges est égale à 4/9+1/9+1/9 = 2/3. Or la valeur expérimentale de ce rapport était plus proche de 2 que de 2/3. Mais si chaque quark existe en trois couleurs, il faut multiplier le rapport théorique par trois, ce qui donne un bon accord avec les données expérimentales. Un nouvel argument en faveur du schéma de la couleur !

*La couleur comme invariance
de jauge non abélienne*

Construction du lagrangien
de la chromodynamique quantique

L'idée de faire de la symétrie SU(3) de couleur, symétrie subhadronique, une invariance de jauge locale, non abélienne, flottait déjà dans l'air au moment du succès des expériences de collisions profondément inélastiques lepton-hadron : on savait déjà que, par analogie avec l'électrodynamique quantique et avec la théorie de la relativité générale, et depuis les travaux de Yang et Mills dans les années cinquante, le fait d'exiger une invariance locale, c'est-à-dire par des transformations dépendant du point d'espace-temps où elles sont appliquées, peut impliquer l'existence d'une dynamique portée par des champs de jauge. D'autre part, les quanta des champs de jauge associés à une telle invariance locale pouvaient très bien correspondre aux partons autres que les quarks révélés dans les expériences de collisions profondément inélastiques que l'on avait appelés les *gluons*. Et de fait, le lagrangien de la chromodynamique quantique, que l'on désigne maintenant sous l'acronyme QCD (*quantum chromodynamics*), est la généralisation la plus simple que l'on puisse imaginer du lagrangien de QED : le champ quantique de matière est le Quark[7], dont les quanta sont les neuf quarks, *u, d, s,* chacun en trois couleurs ; le champ quantique de jauge est le Gluon, dont les quanta sont les huit gluons formant la représentation irréductible dite adjointe du groupe SU(3) ; le lagrangien comporte, comme en QED, les termes de propagation du champ de matière (le Quark) et du champ de jauge (le Gluon) et les termes qui représentent leurs couplages. Mais, à la différence de QED où le champ de jauge, le Photon, est neutre, le Gluon est porteur d'une charge de couleur (en fait, comme champ quantique, le Gluon est un champ d'opérateurs qui changent la couleur des quarks), et donc le lagrangien comporte des termes d'auto-couplages du Gluon avec lui-même, des termes qui sont sans équivalents en QED. En termes de diagrammes de Feynman, ces différents termes dans le lagrangien de QCD correspondent aux éléments constitutifs (propagateurs et vertex) de tous les diagrammes possibles (ce que nous avons appelé, dans le chapitre 5, les notes de la partition à laquelle est assimilée la théorie en construction). En QCD, ces éléments constitutifs qui n'ont pas d'équivalents en QED sont les vertex à trois et quatre gluons.

Comme cela a été prouvé en 1971 par 't Hooft et Veltman (récompensés en 1999 par le prix Nobel), mais aussi et indépendamment par Zinn-Justin et Lee, pour toutes les théories de jauge, abéliennes ou non abéliennes, avec ou sans brisure spontanée de symétrie, QCD est renormalisable. Reste à savoir si cette théorie est capable de rendre compte des deux propriétés caractéristiques des quarks et des gluons, à savoir la *liberté asymptotique*, c'est-à-dire la faiblesse de leurs interactions à courte portée qui justifie de les traiter comme des partons dans le cadre de la phénoménologie des réactions de diffusion profondément inélastiques lepton-hadron, et le *confine-ment*, c'est-à-dire l'impossibilité de les séparer des hadrons dont ils seraient les constituants. Dans le cha-pitre 5 consacré à l'électrodynamique quantique, pre-mière théorie renormalisable du modèle standard, nous n'avons fait qu'évoquer la technique de la renor-malisation qui permet de contourner la difficulté des infinis apparaissant dans le développement perturba-tif. Dans le présent chapitre, il nous faut aller un peu plus loin dans les explications à propos de cette tech-nique et surtout de sa signification physique, car seules ces explications nous permettront de comprendre pourquoi QCD est bien la théorie qui répond aux espoirs que l'on a pu fonder sur elle.

QCD et la liberté asymptotique : le modèle fractal des partons

Dans le développement perturbatif d'une théorie quantique des champs, le problème des infinis surgit de la divergence des intégrales nécessaires au calcul des amplitudes de Feynman associées à des diagram-mes comportant des boucles. La technique de la renor-malisation qui permet de lever cette difficulté des divergences comporte trois étapes :

- Dans un premier temps on *régularise* les inté-grales qui interviennent dans les coefficients du développement perturbatif, par exemple, à l'aide d'un paramètre de coupure (« cut-off »), ce qui revient à supprimer purement et simple-ment les contributions responsables des diver-gences qui impliquent un transfert d'énergie supérieure au paramètre de coupure.
- Ensuite, on dédouble le paramètre de couplage

en une constante de couplage « nue », qui serait sa valeur s'il n'y avait pas d'interaction et une constante de couplage « renormalisée » par l'interaction à une certaine énergie, dite « énergie de renormalisation ». On développe en série de puissances de la constante nue la constante renormalisée ainsi que les amplitudes physiques à l'aide de développements perturbatifs régularisés, c'est-à-dire dont les coefficients sont rendus finis par l'intermédiaire du paramètre de coupure. Ce développement n'aurait évidemment aucun sens si le paramètre de coupure était envoyé à l'infini puisque les intégrales divergeraient.

• Enfin, on inverse le développement de la constante de couplage, c'est-à-dire que l'on développe la constante nue en série de puissances de la constante renormalisée, ce qui permet d'éliminer cette constante nue et de développer les amplitudes physiques en série de puissances de la constante renormalisée. *Le « miracle » de la renormalisation réside dans le fait que les coefficients de ce dernier développement perturbatif tendent vers des valeurs finies lorsque l'on fait tendre vers l'infini le paramètre de coupure.* Une théorie est dite renormalisable si ce miracle se produit à tous les ordres du développement perturbatif et pour toutes les amplitudes physiques.

À première vue, le résultat de la renormalisation peut en effet sembler miraculeux : les conséquences nuisibles des divergences sont effacées si on exprime les amplitudes physiques de transition au moyen de la constante renormalisée qui, en principe, peut être déterminée par comparaison avec l'expérience. Mais, à la réflexion, il apparaît que ce résultat ne tient pas vraiment du miracle : il n'est pas surprenant que des divergences apparaissent lorsque l'on s'escrime à exprimer la constante renormalisée (qui est physique) et les éléments de matrice de la matrice S (qui sont physiques) en fonction de la constante nue, qui n'est pas physique. Il est par contre raisonnable d'espérer que les relations entre quantités physiques seront exemptes de divergences. Mais le remplacement de la constante nue par la constante renormalisée a un prix : il n'a en effet de sens physique que si l'on connaît l'énergie à laquelle est évaluée la constante renormalisée, qui n'est donc pas une vraie constante mais une constante « effective », fonction de cette énergie de renormalisation. Le choix de cette énergie est *subjectif* : il est fait en fonction de l'énergie à laquelle est étudiée l'interaction dans des conditions expérimentales données. Mais si l'on considère que ce qui décrit de manière *objective* l'interaction, c'est la constante nue, celle qui apparaît dans le lagrangien de l'interaction, qui ne dépend pas de ce choix, même si elle n'est pas accessible expérimentalement, il est raisonnable d'imposer que la dépendance de la constante renormalisée dans l'énergie de renormalisation soit telle que les observables physiques n'en dépendent pas. Les *équations du groupe de renormalisation* sont les équations différentielles qui expriment cette contrainte. Tant et si bien qu'une théorie renormalisable peut être prédictive bien que le paramètre qui mesure l'interaction au niveau élémentaire dépende de l'énergie, car cette dépendance est prédictible grâce aux équations du groupe de renormalisation.

En l'absence de quarks massifs, QCD est *invariante d'échelle* : la constante de couplage est sans dimension (ce qui est une condition nécessaire, mais non suffisante, pour que la théorie soit renormalisable) et les gluons sont de masse nulle. Si les quarks sont massifs, la théorie est approximativement invariante d'échelle à haute énergie (c'est-à-dire à des énergies grandes devant la plus grande masse de quarks). La régularisation à l'aide d'un paramètre dimensionné de coupure induit une brisure de l'invariance d'échelle. La renormalisation consiste à redéfinir la constante de couplage à une certaine énergie, appelée énergie de renormalisation. Les équations du groupe de renormalisation qui traduisent l'invariance des observables physiques par changement de l'énergie de renormalisation rétablissent l'invariance d'échelle qui a été brisée par la régularisation.

Dans une théorie renormalisable, la « constante » de couplage *effective*, c'est-à-dire la solution, dépendant de l'énergie, des équations du groupe de renormalisation, peut être approchée à l'aide d'un développement perturbatif. Dans le cas de QED et de QCD, on trouve, à l'ordre le plus bas de ce développement perturbatif, que le carré de la constante courante se comporte comme l'inverse d'un logarithme :

$$\alpha(Q^2) \equiv g^2(Q^2) = \frac{g^2(\mu^2)}{1 + 2\kappa g^2(\mu^2)\mathrm{Ln}(Q^2/\mu^2)} \tag{3}$$

où (en unités où la vitesse de la lumière et la constante de Planck sont égales à 1) Q désigne l'énergie (inverse de la distance) à laquelle est sondée l'interaction, μ désigne l'énergie de renormalisation, g la constante supposée connue expérimentalement à l'énergie $Q = \mu$ et où κ est une constante numérique qui ne dépend que du lagrangien de l'interaction. Le

signe et la valeur absolue de la constante κ changent
quand on passe de QED à QCD :

- En QED κ est négative, ce qui signifie que $\alpha(Q^2)$
  (ce qu'en QED on appelle la constante de structure fine) est une fonction croissante de l'énergie : elle croît de 1/137 à une énergie égale à la
  masse de l'électron à 1/128 à une énergie égale
  à la masse du boson intermédiaire Z^0, et même
  devient infinie à une très haute énergie.

- En QCD, κ est positive, ce qui signifie que la
  constante de couplage effective de QCD *décroît
  avec l'énergie et s'annule asymptotiquement, ce qui
  n'est rien d'autre que la propriété de liberté asymptotique* ! En revanche, comme le dénominateur
  de l'expression (7) semble pouvoir s'annuler pour
  une énergie Q comprise entre 100 et 200 MeV
  environ, à laquelle la constante effective de QCD
  deviendrait infinie, il apparaît clairement que le
  développement perturbatif de QCD ne peut pas
  être utilisé à trop basse énergie.

Lorsque nous avons dit que les équations du groupe
de renormalisation rétablissent l'invariance d'échelle
qui a été brisée par la régularisation, il nous faut préciser que l'invariance sous ces équations est une forme
affaiblie de l'invariance d'échelle, que l'on devrait plutôt appeler une propriété d'*autosimilarité* : ainsi, par
exemple, le paramètre de couplage n'est plus une
constante, sans dimension, indépendante de l'énergie, comme l'imposerait la stricte invariance d'échelle,
mais une fonction de l'énergie contrainte par l'invariance sous le groupe de renormalisation. De même,
les fonctions de structures donnant la distribution
en impulsion des partons au sein des hadrons, dont
l'invariance d'échelle est la propriété caractéristique

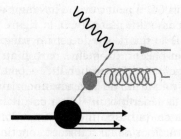

Figure 3 : QCD et le modèle fractal des partons

En chromodynamique quantique, les fonctions de structure ne sont pas strictement invariantes d'échelle, elles ne sont qu'autosimilaires (fractales) : dans la figure, le parton issu du proton est le *parent* de celui qui interagit avec le photon virtuel (ligne ondulée) et du gluon (ligne en forme de ressort). Les équations du groupe de renormalisation de QCD (établies par Dokshitzer, Gribov, Lipatov, Altarelli et Parisi) permettent de prédire la façon dont les fonctions de structure dépendent de la résolution.

du modèle des partons, n'est plus strictement invariante d'échelle, mais cette brisure qui a été expérimentalement observée est prédictible grâce aux équations du groupe de renormalisation, qui, dans ce cas, prennent la forme des équations dites *DGLAP* (pour Dokshitzer, Gribov, Lipatov, Altarelli, Parisi). Ces équations consistent essentiellement à remplacer le modèle des partons par un « modèle fractal des partons » selon lequel les partons d'une génération n sont des structures de partons de la génération $n+1$, eux-mêmes structures de partons de la génération $n+2$, etc. Lorsque, par exemple, un quark est sondé dans une collision profondément inélastique à un certain Q^2, il peut avant d'interagir avec l'électron avoir émis un gluon (voir la figure 3), ce qui signifie que le quark sondé est un parton au sein d'un parton parent, lui-même parton au sein d'un parton parent, etc. La probabilité, dépendant de Q, de trouver un parton de la génération n au sein d'un parton de la génération $n - 1$ est calculable dans le développement perturbatif de QCD, et donc, l'évolution des fonctions de structure en fonction du pouvoir de résolution défini par Q est *prédictible* en QCD. Les expériences menées auprès du collisionneur électron-proton HERA de Hambourg, destiné à l'exploration de la structure des hadrons aux plus hautes énergies possibles (30 GeV d'électron, contre 800 GeV de proton), ont parfaitement bien confirmé ces prédictions (voir la figure 4).

QCD et le confinement des quarks et des gluons

Si donc le développement perturbatif de QCD permet de rendre compte de manière satisfaisante de la structure à haute résolution des hadrons, reste ouvert le problème du comportement de QCD à grande distance (pour lequel le développement perturbatif n'est pas possible), dont on espère qu'il pourra rendre compte du confinement des quarks et des gluons. Pour conclure le présent chapitre, nous voudrions présenter un argument heuristique faisant appel aux propriétés de ce que l'on appelle le vide en théorie quantique des champs qui montre que ce pourrait bien être ce qui se produit.

Lorsqu'en physique quantique on s'intéresse à l'état quantique d'un certain système on a pris l'habitude d'appeler « vide » l'état fondamental d'énergie mini-

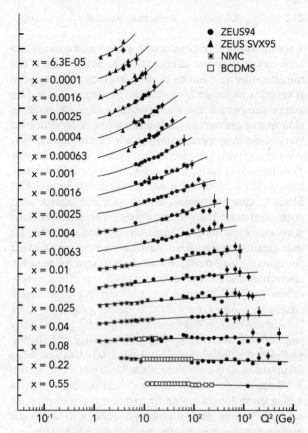

Figure 4 : Accord des prédictions de QCD
avec les données expérimentales

Les prédictions de QCD (lignes) sont en remarquable accord avec les données expérimentales (points avec barres d'erreurs) sur la fonction de structure du proton mesurée avec le détecteur ZEUS auprès du collisionneur HERA à Hambourg. Trois de nos collègues, Alain Milsztajn, Marc Virchaux (trop tôt disparus) et Joël Feltesse ont contribué de manière décisive à ces expériences.

male du système en question, et comme l'énergie est toujours définie à une constante additive près, il est raisonnable, et c'est en accord avec ce que suggère la terminologie, de poser à zéro l'énergie de cet état fondamental. En théorie quantique des champs, le vide quantique est l'état fondamental de l'espace de Fock décrivant l'état quantique des champs impliqués dans l'interaction : c'est l'état à zéro quantum d'énergie. Mais d'après les inégalités de Heisenberg, lorsque le nombre de quanta d'énergie est bien défini (dans le vide ce nombre est strictement égal à zéro pour tous les champs impliqués), l'état spatio-temporel des champs est complètement indéterminé. Le vide quantique peut être considéré comme un milieu complexe, siège de fluctuations des champs dont les moyennes statistiques peuvent avoir des effets observables qu'il est légitime de qualifier de phénomènes émergents. Ainsi, en QED, la valeur moyenne dans le vide du champ électromagnétique est nulle, mais pas celle de son carré, une circonstance à l'origine de l'effet Casimir[8] qui a pu être observé expérimentalement.

L'image heuristique du vide quantique comme milieu complexe siège de fluctuations permet de donner une interprétation physique éclairante du comportement des constantes de couplage effectives en QED et en QCD. Dans ces deux théories, une fluctuation typique pouvant affecter le vide quantique consiste en l'apparition suivie de la disparition d'une paire particule-antiparticule.

1. En QED, comme la constante de couplage n'est autre que la charge électrique, on peut dire que l'équation du groupe de renormalisation exprime la façon dont la constante $g(\mu)$, égale à la charge

électrique de l'électron, est transformée en charge effective par le milieu auquel est assimilé le vide quantique. Comme les fluctuations de ce milieu (des paires transitoires lepton-antilepton et quark-antiquark) sont électriquement neutres, elles ont tendance à atténuer (on dit « écranter ») la charge électrique. Le vide quantique de QED se comporte donc comme un diélectrique de constante diélectrique ou de permittivité électrique supérieure à 1.

2. En QCD, la situation s'inverse : le changement de signe de la constante κ montre que les fluctuations ont tendance à accroître la charge « chromo-électrique ». Cela est dû au fait que dans une théorie de jauge non abélienne, comme l'est QCD, les bosons de jauge (en l'occurrence, les gluons) ne sont pas neutres (alors que le photon l'est) et donc que les paires particule-antiparticule transitoirement produites lors des fluctuations du vide quantique ne sont pas toutes « chromo-électriquement » neutres : les paires quark-antiquark le sont, mais pas les paires gluon-antigluon. L'effet d'anti-écrantage des paires gluon-antigluon surpasse l'effet d'écrantage des paires quark-antiquark. À grande distance (c'est-à-dire à basse énergie), la charge croît, la constante de permittivité « chromo-électrique » est inférieure à 1, voire s'annule à partir d'une distance égale à $1/\Lambda$.

Cette propriété émergente du vide quantique en QCD est à l'origine du modèle phénoménologique des *cordes hadroniques* qui rend compte de manière heuristique du confinement des quarks et des gluons[9]. En électromagnétisme classique, si, dans un milieu

de permittivité électrique η supérieure à 1, on forme
une cavité de vide (au sens ordinaire !) dans laquelle
on place une charge électrique ε d'un certain signe,
l'effet d'écrantage exercé par le milieu induira sur la
surface interne de la cavité une distribution de charge
de signe opposé à celui de ε qui, par l'attraction entre
charges de signes opposés, tendra à faire disparaître
la cavité. Si, dans un milieu (fictif) de permittivité
égale à 0 (ce que l'on appellerait un diélectrique parfait), on essaie d'introduire une charge ε, il s'y for-
mera une cavité dans la surface interne de laquelle
la distribution de charge induite sera de même signe
que ε, et à cause de la répulsion entre charges de
même signe, la cavité ne pourra pas disparaître ; pour
la faire disparaître totalement on aurait à dépenser une
énergie infinie ! Mutatis mutandis, le vide quantique
de QCD est analogue à ce milieu fictif, c'est un
« chromo-diélectrique » parfait, dans lequel il en coû-
terait une énergie infinie de placer un quark ou un
gluon isolé. Si, par contre, on y introduit un hadron
neutre de couleur, tel un méson état lié quark-antiquark, on peut concevoir que s'établira un équilibre
stable entre la masse du hadron et l'énergie de la
cavité subissant la pression du milieu extérieur. Supposons maintenant que nous essayions de séparer
le quark et l'antiquark du méson d'une distance r.
Comme tout le champ chromo-électrique émis par
le quark et absorbé par l'antiquark est confiné par
le milieu extérieur, le champ chromo-électrique pren-
dra alors, à grand r, la forme d'une corde dont les
extrémités sont le quark et l'antiquark, et l'énergie
nécessaire à cette séparation sera proportionnelle au
volume de la cavité, un volume qui sera alors proportionnel à la longueur de la corde. La tension de

cette corde (gradient du potentiel proportionnel à la longueur) sera une constante universelle du monde hadronique, ne dépendant que du lagrangien de QCD. Ce hadron excité en forme de corde sera instable : sa désintégration se fera par des fragmentations de la corde dues à l'apparition de nouvelles paires quark-antiquark.

La mise au jour de la structure subhadronique de quarks et de gluons, la découverte, expérimentalement confirmée, de la chromodynamique quantique, théorie renormalisable de jauge non abélienne, sous jacente à l'interaction forte, ont permis d'accomplir un pas de géant dans l'élaboration du modèle standard : la complexité liée à la prolifération des hadrons est mise entre parenthèses et en passe d'être maîtrisée, et la voie est ouverte pour explorer le comportement des hadrons dans l'interaction faible, au niveau des quarks, c'est-à-dire au niveau fondamental.

Chapitre 7

LE MODÈLE STANDARD
ÉLECTROFAIBLE

Une fois identifiées, au début des années soixante-dix, la structure subhadronique de quarks-partons et la théorie de jauge susceptible d'en décrire la dynamique, il devenait possible de s'attaquer de manière efficace à la recherche d'une théorie susceptible de rendre compte de la dernière interaction fondamentale non gravitationnelle, qui n'était pas encore comprise, l'interaction faible. Dans la première section du présent chapitre, nous ferons le point de nos connaissances théoriques d'alors en matière d'interaction faible, des connaissances qui étaient déjà bien avancées, au point qu'on avait pu lancer un programme de recherches pour aboutir à une théorie renormalisable capable d'unifier les interactions électromagnétiques et faibles. Mais, pour aboutir, ce programme doit être capable de relever un redoutable défi : une théorie de jauge unifiée des interactions électromagnétiques et faibles ne peut, en principe, se concevoir que si les quanta des champs médiateurs de l'interaction faible, ainsi que les constituants élémentaires de la matière (les fermions) impliqués dans ces interactions sont tous de masse nulle, alors que, dans la réalité, ils ne le sont manifestement pas. Dans la seconde section, nous montrerons, en nous appuyant sur les propriétés du vide en théorie quantique des champs que nous avons évoquées à la fin du chapitre précédent, comment le mécanisme dit « mécanisme BEH » de brisure spontanée d'une symétrie de jauge, imaginé dès 1964 par Robert Brout (1928-2011), François Englert et Peter Higgs, permet de relever ce défi. Les autres sections du présent chapitre seront surtout consacrées à la nouvelle génération d'expériences décisives qui ont jalonné la mise en œuvre de ce programme de recherche. Dans les années soixante-dix et quatre-vingt, le CERN, qui jusque-là était toujours devancé (certes souvent de justesse) par la concurrence d'outre-Atlantique, a commencé à marquer des points et finalement a pris la première place et a pu, par la suite, s'installer dans le rôle de leader mondial de la discipline. Dans la troisième section, nous décrirons deux expériences sur les interactions faibles des quarks, d'abord celle qui, au CERN, a apporté la preuve de l'existence de courants hadroniques neutres, une expérience critique dont l'échec aurait signifié l'échec de tout le programme de l'unification électrofaible, et ensuite l'expérience qui, aux États-Unis, a permis de découvrir un quatrième type (on dit *saveur*) de quark, le *charme*, de même qu'un troisième lepton, le *tauon*, et de prédire l'existence de deux nouvelles saveurs de quark, le *b* (pour *bottom* ou *beauty*) et le *t* (pour *top* ou *truth*). Nous conclurons ce chapitre en récapitulant les ingrédients du modèle standard des interactions fondamentales non gravitationnelles (QCD et théorie électrofaible). La recherche, fructueuse, des particules qui, à la fin des années soixante-dix, n'étaient pas encore découvertes, les bosons intermédiaires, le quark top et, bien sûr, le boson BEH fera l'objet du prochain chapitre.

LE PROGRAMME
DE L'UNIFICATION ÉLECTROFAIBLE

La théorie de Fermi

La découverte de l'interaction faible remonte à celle de la radioactivité β dans laquelle un noyau de numéro atomique A, de charge électrique Z (égale au nombre de protons) et comportant N = A – Z neutrons, se transmute en un noyau de même numéro atomique et comportant Z + 1 protons et N – 1 neutrons avec émission d'un électron. À la fin du chapitre 3, nous avons expliqué comment l'étude expérimentale, menée par Chadwick en 1914, avait conduit Pauli à émettre l'hypothèse (révolutionnaire à l'époque) de l'existence du neutrino, une particule neutre, de petite masse, qui serait émise conjointement à l'électron et qui emporterait l'énergie qui lui manque d'après la loi de conservation de l'énergie. Dans ce même chapitre, nous avons aussi évoqué la nouveauté conceptuelle majeure qu'implique la découverte de cette radioactivité : *l'électron, pas plus d'ailleurs que le neutrino, ne préexistent dans le noyau qui subit cette transmutation* ; pour en rendre compte, il est nécessaire de faire appel à la théorie quantique des champs qui autorise des particules ou antiparticules, des quanta de champs, à apparaître ou disparaître lors d'une interaction sans avoir à préexister. C'est ce que parvient à faire, pour l'interaction faible, la théorie de Fermi[1] de contact à quatre fermions, une authentique théorie quantique de champs en interaction qui est le premier stade de la théorie unifiée électrofaible du modèle standard (elle en est l'approximation de basse énergie).

Dans cette théorie, le lagrangien d'interaction est le produit de quatre champs de fermions. En réalité, ce produit se factorise en un produit de deux couples fermion-antifermion. Ces couples sont ce que l'on appelle des *courants spinoriels faibles*. Le terme « spinoriel » renvoie au fait que les constituants élémentaires participant aux interactions faibles, les leptons et les quarks, sont des particules de spin ½, que l'on dénomme aussi des spineurs. On constate que les spineurs entrant dans la constitution des courants faibles sont toujours des couples de particules comme l'électron et l'antiparticule de son neutrino, le muon et l'antiparticule de son neutrino, le quark d et l'antiparticule du quark u, et que les courants faibles portent une charge électrique égale à + ou – 1. Cette observation suggère, dans la perspective d'une éventuelle théorie de jauge pour l'interaction faible, de classer les fermions en doublets d'un *isospin faible*, un groupe SU(2) analogue à celui de l'isospin fort que nous avons discuté dans le chapitre précédent, et de considérer que les courants faibles pourraient former un triplet (la représentation adjointe du groupe SU(2), de charges électriques +1, –1 et 0).

LE MODÈLE DES BOSONS
INTERMÉDIAIRES

Au départ, dans la théorie de Fermi, l'interaction faible est une interaction de contact (c'est-à-dire de portée nulle) courant-courant. La constante de couplage, G_F, appelée constante de Fermi, qui mesure l'intensité de l'interaction faible au niveau élémentaire n'est pas un nombre sans dimension, son contenu dimensionnel est celui de l'inverse du carré d'une énergie, elle vaut environ 10^{-5} GeV^{-2}. Dans un système d'unités, naturelles en physique des particules, où le GeV (à peu près la masse du proton) est posé à 1, cette constante est petite, ce qui rendrait bien compte de la faiblesse de l'interaction. Mais, dans un autre système d'unités, il pourrait en être tout autrement, ce qui traduit le fait que *la théorie de Fermi n'est pas renormalisable*, qu'elle ne peut être considérée comme la théorie quantique de champs décrivant l'interaction faible au niveau fondamental. Pour pouvoir la considérer comme une *théorie effective*, approximation de basse énergie d'une théorie plus fondamentale, éventuellement renormalisable, on peut remplacer, en s'inspirant du modèle de Yukawa, les interactions de contact de la théorie de Fermi par des interactions transmises par l'échange d'un triplet de *bosons intermédiaires W* (voir la figure 1). Dans ce modèle, la constante de couplage g est maintenant sans dimension (ce qui peut laisser espérer une théorie renormalisable), et elle peut, dans des processus n'impliquant que des particules légères (comme la désintégration du lepton μ en un électron et deux neutrinos), être reliée approximativement à la constante G_F et à la masse du boson intermédiaire m_W : son carré peut être approché par le produit de G_F par le carré de m_w. Il apparaît alors qu'à condition que la masse des bosons intermédiaires soit de l'ordre de 80 GeV/c^2, la constante g pourrait être de l'ordre de grandeur de la charge électrique de l'électron, ce qui laisse espérer une unification électrofaible.

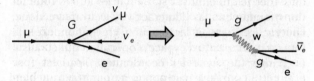

Figure 1 : Du modèle de Fermi au modèle des bosons intermédiaires

Malheureusement, il a été possible de montrer que, bien que sa constante de couplage soit sans dimension, ce modèle des bosons intermédiaires n'est pas renormalisable. Pour qu'il le soit, il faudrait que les bosons soient les quanta de champs de jauge, et pour qu'ils soient massifs il faut que l'invariance de jauge soit brisée. Depuis 1964 et les articles de Brout, Englert et Higgs, on sait que le mécanisme de brisure spontanée d'une symétrie de jauge, qu'ils ont imaginé, pourrait permettre de rendre massifs les bosons de jauge, tout en préservant, comme cela a été montré en 1971, la renormalisabilité de la théorie. Cependant, une nouvelle difficulté surgit sur la voie de cette unification, en liaison avec les masses des fermions.

MASSES DES FERMIONS, PARITÉ, HÉLICITÉ, CHIRALITÉ

Dans les années cinquante, à la suite des travaux de deux grands physiciens chinois, T.D. Lee et C.N. Yang, qui leur ont valu le prix Nobel en 1957, l'étude expérimentale des interactions faibles a provoqué une énorme surprise : cette interaction viole une propriété de symétrie qui était satisfaite par les autres interactions fondamentales (l'interaction électromagnétique, l'interaction forte et l'interaction gravitationnelle), la symétrie par parité d'espace, l'opération qui consiste à changer de signe les coordonnées spatiales (par exemple, la symétrie par rapport à un miroir fait changer de signe la projection d'un vecteur sur un axe perpendiculaire au miroir). Lee et Yang avaient remarqué qu'il n'existait aucun principe fondamental exigeant que cette symétrie fût satisfaite. Constatant qu'on la supposait satisfaite sans se préoccuper d'en apporter la preuve expérimentale, ils proposèrent des méthodes pour la tester expérimentalement. Suivant leur suggestion, Mme Chien-Shiung Wu et ses collaborateurs découvrirent en 1957 que l'interaction faible viole l'invariance par parité, une découverte confirmée depuis par toutes les données expérimentales concernant l'interaction faible.

Comment dès lors continuer à espérer unifier deux interactions qui ont des comportements si différents vis-à-vis d'une si fondamentale propriété de symétrie ? Pourtant il existe une issue à cette contradiction qui tient au fait que ces comportements pourraient ne pas être des propriétés des interactions elles-mêmes

mais plutôt des conséquences de propriétés cinématiques des fermions qui y sont impliqués. En effet,
il se trouve qu'en physique quantique et relativiste,
des particules de spin ½, comme le sont les fermions
du modèle standard, ont, lorsque leur masse est nulle,
une *chiralité* bien définie. La chiralité est le signe de
la projection du spin sur la ligne de vol de la particule, ce que l'on appelle son *hélicité* : lorsque ce signe
est positif, la particule est dite *droite* et lorsque ce signe
est négatif, elle est dite *gauche*. On peut comprendre
aisément que la chiralité ne soit pas bien définie pour
des particules massives, alors qu'elle est bien définie
pour des particules de masse nulle. En effet, pour
des particules massives, on peut choisir un référentiel
se déplaçant dans la même direction que la particule, mais allant plus vite qu'elle : en passant à un
tel référentiel, alors que le signe du spin ne change pas,
le sens de propagation de la particule s'inverse, et
donc la chiralité change. Comme on ne peut pas aller
plus vite qu'une particule de masse nulle, elle a une
chiralité invariante par changement de référentiel. Il
est donc naturel d'attribuer à des fermions de masse
nulle, mais de chiralité différente, des propriétés
différentes. Ce faisant, il est possible de surmonter
l'obstacle que représente la différence de comportements des interactions électromagnétiques et faibles
par rapport à l'invariance par parité d'espace : alors
que l'interaction électromagnétique est invariante
par parité d'espace (des particules droites et gauches
s'y comportent de la même façon), l'interaction faible
n'est pas invariante par parité d'espace puisque semblent n'y participer que des fermions gauches. Il a été
possible, et cela a été déterminant dans l'élaboration
du modèle standard, d'attribuer aux fermions droits et

gauches des nombres quantiques compatibles avec la brisure de l'invariance par parité de l'interaction faible et l'invariance par parité de l'interaction électromagnétique et avec toutes les propriétés attendues de l'unification électrofaible, *mais à la condition que les masses des fermions soient nulles.* Pour obtenir cette attribution des nombres quantiques aux fermions gauches et droits, il a fallu encore répondre à une question importante : s'il est bien clair que les fermions gauches participent à l'interaction faible, quel est le comportement des fermions droits dans cette interaction, alors qu'ils participent avec la même intensité que leurs partenaires gauches à l'interaction électromagnétique, censée être unifiée avec l'interaction faible ?! Pour répondre à cette question, on a recours à l'analogie avec le schéma de *l'isospin et de l'hypercharge* utilisé dans les années soixante dans la phénoménologie de l'interaction forte (voir le chapitre 6). On suppose qu'avant activation du mécanisme BEH responsable de la brisure de la symétrie de jauge recherchée, le groupe de jauge de l'interaction unifiée électrofaible soit le produit d'un groupe SU(2), celui, comme nous l'avons dit plus haut, de *l'isospin faible* par un groupe U(1) de *l'hypercharge faible,* par analogie avec celui de l'hypercharge forte, et on attribue aux fermions des isospins faibles et des hypercharges faibles, reliés par la formule de Gell-Mann-Nishijima, la relation arithmétique qui relie la charge, l'isospin faible et l'hypercharge faible, de façon que seuls les fermions gauches aient un isospin faible non nul, et que les charges électriques des fermions droits et gauches soient égales pour assurer l'invariance par parité de l'interaction électromagnétique.

Nous nous acheminons donc vers le schéma suivant d'unification électrofaible :

- Hors brisure, la symétrie de jauge de la théorie unifiée électrofaible est la symétrie sous les transformations d'un groupe obtenu par le produit du groupe $SU_L(2)$ de l'isospin faible où l'indice L (pour l'anglais *left*) signifie que seuls les fermions gauches ont un isospin faible non nul, par un groupe $U_Y(1)$ de l'hypercharge charge faible, ce qui permet aux fermions droits, qui n'ont pas d'isospin faible, de participer aussi à l'interaction faible, tout en ayant la même charge électrique que leurs partenaires gauches.
- La brisure spontanée de la symétrie électrofaible rend massifs les quatre bosons de jauge. Les masses de ces bosons sont ajustées de façon à ce que la masse du photon reste nulle, c'est-à-dire que la symétrie de jauge de l'interaction électromagnétique ne soit pas brisée.

Comme nous allons le montrer dans la section suivante, le mécanisme BEH, non content de rendre compte de la brisure de la symétrie électrofaible et de rendre massifs les bosons intermédiaires, est aussi capable, grâce au couplage du champ BEH aux fermions des deux chiralités, de rendre massifs les fermions que nous avons dû supposer sans masse. Cependant, un éventuel neutrino droit n'aurait ni charge électrique, ni isospin faible, ni hypercharge faible, il apparaît donc que le modèle standard s'accommoderait bien de l'absence de neutrino droit. Mais comme, pour générer les masses des fermions, le mécanisme BEH a besoin de fermions gauches et de fermions droits qui se couplent au champ BEH, le modèle que nous sommes en train de construire s'accommoderait bien de neutrinos purement gauches, donc de masse nulle. On peut alors dire que toute découverte d'une masse non nulle des neutrinos pourrait bien signifier la découverte d'une physique au-delà du modèle standard. Nous reviendrons à cette question dans le chapitre consacré aux recherches de physique au-delà du modèle standard.

LE MÉCANISME BEH
ET L'ÉMERGENCE DES MASSES

Phénomènes de brisure spontanée de symétrie

De manière générale, on dit que l'on a une situation de *brisure spontanée de sy*métrie dans un système physique si la dynamique du système a une certaine symétrie et que les états n'ont pas cette symétrie. Cette situation physique est analogue à la circonstance mathématique où l'ensemble des solutions d'une équation a une certaine symétrie alors que chaque solution particulière n'a pas la symétrie en question. Les situations de brisure spontanée de symétrie sont fréquentes en physique statistique : elles résultent d'un conflit entre la symétrie de la dynamique et la stabilité de l'état fondamental du système, aussi appelé, en physique quantique, le vide, sous l'effet de fluctuations incontrôlables (thermiques ou quantiques) qui n'ont pas la symétrie en question. On a une brisure spontanée de symétrie si l'état d'énergie extrémale symétrique est instable alors que les seuls états d'énergie extrémale stables sont non symétriques.

Le paradigme du potentiel en forme de chapeau mexicain

Brisure spontanée d'une symétrie globale et théorème de Nambu-Goldstone

Le mécanisme BEH susceptible d'induire une brisure spontanée de la symétrie de jauge électrofaible consiste à ajouter un nouveau champ de matière (en plus de ceux des quarks et des leptons), un champ *scalaire* (c'est-à-dire un champ dont les quanta sont des particules de spin zéro), appelé *champ BEH*, et interagissant avec lui-même par un potentiel adéquat, dit en forme de *chapeau mexicain* (voir la figure 2).

Pour expliquer comment fonctionne ce mécanisme, nous allons d'abord considérer le cas, simplifié à l'extrême, d'une symétrie abélienne globale, c'est-à-dire que

- le seul champ de matière est un champ scalaire chargé (à deux degrés de liberté, sa partie réelle et sa partie imaginaire, ou alors sa phase et son module) ;
- que la symétrie du problème est la symétrie par le changement de la phase du champ de matière,
- et que cette symétrie est globale, ce qui signifie qu'elle traduit l'invariance par un changement de la phase ne dépendant pas du point d'espace-temps où on l'applique.

Le potentiel en forme de chapeau mexicain induit

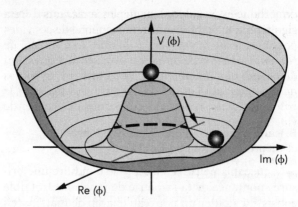

Figure 2 : Potentiel d'auto-interaction
du champ BEH en forme de chapeau mexicain

une brisure spontanée de cette symétrie globale (qui n'est autre que la symétrie de révolution de la figure), parce que l'état d'énergie extrémale symétrique (celui pour lequel le champ de matière s'annule) est instable (une bille que l'on essaierait de faire tenir en équilibre au sommet du chapeau tomberait dans sa rigole), alors qu'il existe un continuum d'états d'énergie extrémale (minimum) stables, dans lesquels le champ de matière ne s'annule pas, et dont chacun peut être choisi comme *vide* (la bille peut rouler dans la rigole sans dépense d'énergie). Cette situation est très générale en physique de la matière condensée qui relève de la physique statistique : le vide possible symétrique est instable et il y a plusieurs vides stables non symétriques, de même énergie (on dit aussi dégénérés). Dans ce cas, il est possible de choisir l'un quelconque de ces vides et de se réserver la possibilité de « changer de vide » sans dépense d'énergie. Cela signifie que si on choisit l'un quelconque de ces vides possibles pour quantifier la théorie, le *théorème de Nambu-Goldstone*[2] stipule qu'il existe un quantum du champ de matière qui est une particule, ayant les nombres quantiques du vide, neutre, de spin zéro, le *boson de Nambu-Goldstone*, qui permet de changer de vide sans dépense d'énergie.

Brisure spontanée d'une symétrie locale et mécanisme BEH

Lorsque la symétrie spontanément brisée est une symétrie abélienne de jauge locale (c'est-à-dire l'invariance sous un changement de la phase du champ de matière dépendant du point d'espace-temps où on l'applique), la situation change : en effet, le changement d'un vide possible à un autre correspond à un changement de la phase du champ de matière, c'est-à-dire à un changement de jauge, qui est opéré par le champ de jauge, le médiateur de l'interaction. Cela signifie que le boson de Nambu-Goldstone devient partie intégrante du champ de jauge : il apporte (puisqu'il est de spin zéro) à ce champ de jauge le quantum d'hélicité zéro qui lui faisait défaut pour que son quantum soit massif. Ainsi, la « brisure spontanée » d'une symétrie locale n'est ni spontanée ni même une « brisure » de symétrie : la symétrie de jauge n'est pas brisée, seulement le boson de jauge est devenu massif ! Mais si un des deux degrés de liberté du champ de matière, le boson de Nambu-Goldstone (correspondant au mouvement dans le fond de la rigole), est absorbé par le champ de jauge qui devient massif, que devient son second degré de liberté (celui correspondant au mouvement au-dessus de la rigole) ? Eh bien, il devient un boson BEH massif !

Dans l'élaboration du modèle standard électrofaible, le mécanisme a été adapté à la brisure de la symétrie de jauge, non abélienne, de la théorie unifiée électrofaible de telle sorte que la symétrie de jauge de l'interaction électromagnétique ne soit pas brisée :

- le champ de matière rajouté aux champs de quarks et de leptons, le champ BEH, noté Φ, dont les quanta sont au nombre de quatre, un doublet de bosons scalaires et son conjugué ;
- le potentiel d'auto-interaction du champ BEH est en forme de chapeau mexicain ;
- les trois bosons de Nambu-Goldstone fusionnent avec les trois bosons de jauge de l'isospin faible, W^+, W^-, W^0, qui deviennent massifs ;
- le quatrième degré de liberté du champs BEH devient un boson scalaire massif neutre, *le boson BEH* ;
- le boson de jauge W^0 (couplé aux courants faibles neutres) et le boson de jauge de l'hypercharge B se mélangent, avec un paramètre de mélange appelé *angle de Weinberg* θ_W, pour donner un boson intermédiaire neutre massif, le Z^0 et le photon γ, de masse nulle, boson de jauge de la symétrie de jauge non brisée de l'interaction électromagnétique, correspondant à la conservation de la charge électrique.

Mécanisme BEH et masses des fermions

Le champ BEH, doublet d'isospin, peut être couplé aux fermions gauches qui sont aussi des doublets d'isospin et aux fermions droits qui sont des singulets d'isospin, et ces couplages que l'on appelle, en souvenir du modèle de Yukawa, des *couplages de Yukawa* du champ BEH aux fermions, permettent de rendre massifs les fermions. Quand on choisit un vide, les trois modes de Nambu-Goldstone ayant été absorbés par les bosons de jauge qui sont devenus massifs, le reste du champ BEH (correspondant au mouvement au-dessus de la rigole) se réduit à la somme $\eta + \Phi$, où η est le nombre (ayant la dimension d'une masse ou d'une énergie) égal à la valeur moyenne dans le vide du champ BEH, le paramètre fondamental de la brisure spontanée de la symétrie électrofaible, et Φ le champ BEH résiduel, dont le boson BEH, noté ϕ, est le quantum. Pour le $i^{ème}$ fermion (quark ou lepton), la constante de couplage de Yukawa au boson BEH est égalée au rapport de la masse du fermion à la valeur moyenne dans le vide du champ BEH, $g_i = m_i/\eta$, si bien que le terme en η donne le terme de masse du fermion, et que le terme en Φ donne le couplage du boson BEH au fermion, un couplage proportionnel à la masse du fermion.

Sur la figure 3 nous avons schématisé le bilan du mécanisme BEH.

Causalité et principe de symétrie de Pierre Curie

Toute la discussion que nous venons de développer à propos des brisures spontanées de symétrie semble être en contradiction avec le principe de symétrie qu'avait énoncé Pierre Curie[3] en 1894, un principe qui stipule que :

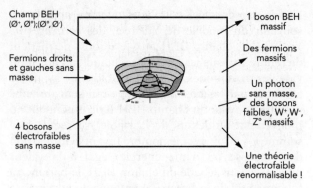

Champ BEH
$(\emptyset^+, \emptyset^\circ);(\emptyset^\circ, \emptyset^-)$

Fermions droits
et gauches sans
masse

4 bosons
électrofaibles
sans masse

1 boson BEH
massif

Des fermions
massifs

Un photon
sans masse,
des bosons
faibles, W^+, W^-,
Z° massifs

Une théorie
électrofaible
renormalisable !

Figure 3 : Bilan schématisé du mécanisme BEH

- « Lorsque certaines causes produisent certains effets, les éléments de symétrie des causes doivent se retrouver dans les effets produits.
- Lorsque certains effets révèlent une certaine dissymétrie, cette dissymétrie doit se retrouver dans les causes qui lui ont donné naissance. »

Ce que Pierre Curie complète de la façon suivante :

En résumé, les symétries caractéristiques des phénomènes ont un intérêt général incontestable. Au point de vue des applications, nous voyons que les conclusions que nous pouvons tirer des considérations relatives à la symétrie sont de deux ordres :

Les premières sont des conclusions fermes mais négatives, elles répondent à la proposition incontestablement vraie : *il n'est pas d'effet sans cause. Les effets, ce sont les phénomènes qui nécessitent toujours, pour se produire, une certaine dissymétrie. Si cette dissymétrie n'existe pas, le phénomène est impossible* [souligné par nous]. Cela nous empêche souvent de nous égarer à la recherche de phénomènes irréalisables.

Les considérations sur la symétrie nous permettent encore d'énoncer une deuxième sorte de conclusions, celles-ci de nature positive, mais qui n'offrent pas la même certitude que celles de nature négative. Elles répondent à la proposition : il n'est pas de cause sans effet. *Les effets, ce sont les phénomènes qui peuvent naître dans un milieu possédant une certaine dissymétrie* [souligné par nous] ; on a là des indications précieuses pour la découverte de nouveaux phénomènes ; mais les prévisions ne sont pas des prévisions précises comme celles de la thermodynamique.

La première phrase que nous avons soulignée dans cette citation montre en quoi la terminologie de la brisure « spontanée » de symétrie peut être source de confusions : si, selon Pierre Curie, il n'y a pas d'effet sans cause et si la dissymétrie (c'est-à-dire la brisure de symétrie) est la cause du phénomène, la qualifier de « spontanée » n'est pas particulièrement heureux, à moins, comme le pensent certains (mais pas nous), que Pierre Curie ne se soit trompé ! Ce qui, à notre avis, permet de réconcilier la brisure spontanée de symétrie et le principe de symétrie de Pierre Curie est la seconde phrase que nous avons soulignée, car nous allons montrer que, dans une perspective cosmogonique, *la brisure de symétrie est un processus temporel*, comportant des relations de causalité, dans lequel le vide quantique de la théorie électrofaible est un milieu pouvant être le siège d'une transition, et donc être précisément ce *milieu possédant une certaine dissymétrie dans lequel peut naître le phénomène* de l'émergence des masses.

Émergence des masses
et viscosité du vide quantique

Les explications que nous venons de présenter montrent que le vide d'une théorie quantique des champs peut vraiment être assimilé à un milieu complexe dans lequel les champs quantiques sont le siège de fluctuations dont les effets physiques peuvent être observables. Avec une très surprenante clairvoyance, Blaise Pascal avait en son temps entrevu que l'espace vide n'est pas le néant, lorsqu'il écrivait :

> D'où l'on peut voir qu'il y a autant de différence entre le néant et l'espace vide, que de l'espace vide au corps matériel ; et qu'ainsi l'espace vide tient le milieu entre la matière et le néant. C'est pourquoi la maxime d'Aristote dont vous parlez, « que les non-êtres ne sont point différents », s'entend du véritable néant, et non pas de l'espace vide[4].

Selon le mécanisme BEH, ce sont les fluctuations du champ BEH, qui ne s'annulent pas en moyenne dans le vide, qui font de ce vide un milieu possédant la dissymétrie permettant au phénomène de l'émergence des masses de se produire. Une particule, initialement de masse nulle, quantum d'un champ couplé au champ BEH, donc pouvant interagir avec lui, ne se propagerait pas dans ce milieu à la vitesse de la lumière, mais y serait ralentie par les interactions avec le champ BEH, comme dans une sorte de « mélasse quantique visqueuse » : elle acquerrait de la masse. Et ceci concerne toutes les particules couplées au champ BEH, les bosons de jauge de l'interaction faible, les quarks, les leptons chargés, mais non le photon, ni les gluons, ni les neutrinos, qui resteraient de masse nulle. De plus l'auto-interaction du champ BEH implique que le boson BEH acquiert lui aussi de la masse.

Finalement, si, comme nous l'avons souligné, la symétrie locale de jauge électrofaible n'est pas brisée, quelle est la symétrie qui est brisée par le mécanisme BEH ? Revenons à la situation hors mécanisme BEH. Toutes les masses sont nulles (celles des bosons de jauge et celles des fermions). Les paramètres de couplages sont sans dimension. La théorie est *invariante d'échelle*. C'est cette invariance qui est brisée dans le mécanisme BEH : les deux paramètres du potentiel en forme de chapeau mexicain ont des dimensions de puissances d'une masse ou d'une énergie ; ils induisent donc une brisure (qui n'a rien de spontané) de l'invariance d'échelle du vide quantique.

LES COURANTS FAIBLES HADRONIQUES

L'existence des courants neutres

Toute la construction théorique que nous avons décrite dans les précédentes sections repose sur l'hypothèse de l'existence de courants faibles hadroniques formant des triplets du groupe $SU_L(2)$, et portant des charges électriques +1, –1 et 0. Si l'existence des courants faibles hadroniques chargés a été facile à mettre en évidence expérimentalement dans des expériences mixtes (c'est-à-dire impliquant des leptons en même temps que des hadrons), il n'en était pas de même pour les courants hadroniques faibles neutres, car dans toute expérience mettant en action des leptons chargés, comme l'électron ou le muon, la contribution des courants électromagnétiques (qui sont neutres) domine très largement celle des courants neutres faibles et les masque totalement. Or l'existence des courants hadroniques faibles neutres est une condition sine qua non de la viabilité de la théorie électrofaible en construction. Une expérience critique de recherche de ces courants hadroniques faibles neutres, c'est-à-dire une expérience dont l'échec forcerait à abandonner le programme de l'unification électrofaible, s'avérait donc nécessaire. Pour mener à bien une telle expérience, l'idée était d'utiliser un faisceau de neutrinos aussi intense que possible sur une cible aussi lourde que possible (pour maximiser la probabilité de produire des événements interprétables en termes de courants neutres, sans contamination par des effets induits par les courants électromagnétiques). Le faisceau de neutrinos était celui qui avait été mis au point auprès du synchrotron à protons PS du CERN : en projetant la totalité du faisceau primaire de protons sur une cible dense, on produisait une foule de particules secondaires que l'on focalisait à l'aide de ce que l'on a appelé une corne (*horn* en anglais) magnétique et qui finissaient par se désintégrer en donnant les neutrinos du faisceau (toutes les autres particules ayant été arrêtées par des épaisseurs de plusieurs mètres de terre et de métaux disposés avant la cible). Pour l'expérience de recherche des courants neutres, la cible utilisée était la chambre à bulles *Gargamelle*, construite en France, à Saclay, sous l'impulsion du professeur André Lagarrigue d'Orsay. Ce nom, celui de la mère du héros rabelaisien Gargantua, avait été choisi pour souligner le gigantisme de l'appareil. Les neutrinos du faisceau interagissaient dans le liquide lourd remplissant la chambre à bulles. Le principe de l'expérience est relativement simple[5] : un faisceau de neutrinos de haute énergie projeté sur une cible hadronique (ou nucléaire) ne peut provoquer que des réactions relevant de l'interaction faible. Dans une interaction à courant chargé, le neutrino incident produit le lepton chargé avec lequel il forme un doublet d'isospin faible (un électron ou un muon selon le type du neutrino incident). Ces particules laissent une trace, en général bien identifiable, dans la chambre à bulles. À l'inverse, dans une interaction à courant neutre, le neutrino incident produit un neutrino final qui ne laisse aucune trace dans la chambre à bulles. En 1973, une collaboration d'une trentaine de personnes dirigée par André Lagarrigue annonce avoir observé plusieurs événements compatibles avec l'existence des courants neutres, et présente ses résultats aux conférences de Bonn et d'Aix-en-Provence. Mais, fin 1973, une expérience américaine conteste ce résultat et publie de nouveaux résultats qui excluent l'existence de courants neutres. L'expérience du CERN persiste et signe, voire enregistre de nouveaux événements qui confortent ses premières conclusions. Finalement, au bout de quelques mois, les auteurs de l'expérience américaine reconnaissent leur erreur et confirment avoir, eux aussi, observé des événements prouvant l'existence des courants neutres. Ce succès (on pense généralement qu'il aurait valu le prix Nobel au professeur André Lagarrigue, s'il n'était décédé prématurément), à propos d'une expérience critique aussi importante, est le premier que le CERN ait remporté face à la concurrence américaine. Il marque l'entrée, en 1973, de la physique des particules dans une nouvelle ère, celle du modèle standard.

LA NÉCESSITÉ
D'UNE QUATRIÈME SAVEUR DE QUARK

L'absence de courants neutres avec changement de saveur

Maintenant que nous savons que le courant hadronique neutre existe, encore faut-il savoir comment on peut le construire à partir des quarks. Alors que la situation est tout à fait claire pour les leptons qui se classent bien en doublets d'isospin faible, elle semble plus complexe pour les quarks : à cause de l'existence de deux quarks de charge –1/3, le d et le s, on ne sait pas trop comment former, avec le quark u de charge 2/3, un doublet d'isospin faible : a-t-on un doublet $u\,d$ ou un doublet $u\,s$? Ou bien, comme la possibilité de superposer des champs quantiques nous y autorise, un doublet formé du quark u et d'un mélange du d et du s ? En fait, l'analyse des données expérimentales concernant les désintégrations des hadrons par interaction faible a conduit à adopter cette troisième solution. On constate en effet que ces désintégrations ne peuvent pas être décrites avec seulement la constante de couplage de Fermi[6] G_F, qui est suffisante pour la description des processus purement leptoniques ; deux autres constantes de couplage semblent nécessaires, l'une pour les désintégrations sans changement d'étrangeté (G_{ud}), et l'autre pour celles avec changement d'étrangeté (G_{us}). Les données expérimentales montrent que G_{ud} est légèrement inférieure à G_F et que G_{us} lui est nettement inférieure. On constate empiriquement que ces trois constantes sont approximativement dans le même rapport que l'hypoténuse et les deux côtés d'un triangle rectangle.

$$G_F^2 \approx G_{ud}^2 + G_{us}^2 \qquad (1)$$

N. Cabibbo a proposé une élégante interprétation de cette relation qui permet d'unifier l'ensemble des processus de désintégration des hadrons par interaction faible : pour lui, l'interaction faible ne dépend que d'une seule constante de couplage, les différences de valeurs entre les constantes de couplage ne sont dues qu'au fait que le quark formant un doublet d'isospin faible avec le quark u est un mélange, autorisé en théorie quantique des champs, des quarks d et s, que nous appellerons d_θ, obtenu, à partir du quark d, en opérant en quelque sorte une « rotation d'un petit angle θ dans l'espace des saveurs », ce qu'en termes savants on écrit :

$$|d_\theta\rangle = \cos\theta_c |d\rangle + \sin\theta_c |s\rangle \qquad (2)$$

où θ_c est appelé *angle de mélange de Cabibbo*. L'identité trigonométrique $\cos\theta_c^2 + \sin\theta_c^2 = 1$ assure que la norme de l'état quantique du quark d_θ est égale à l'unité, et fournit une explication à la relation approximative (1). L'angle de *Cabibbo* est un paramètre à déterminer par comparaison avec l'expérience. On trouve que cet angle est petit, ce qui explique que G_{ud} soit légèrement inférieure à G_F et G_{us} nettement inférieure.

Restent cependant deux problèmes à résoudre :

1. Avec le mécanisme de mélange de *Cabibbo*, on trouve que la transition à courant neutre $d_\theta \to d_\theta$ fait intervenir la transition $s \to d$ (qui serait une transition à courant neutre avec changement de saveur) avec la constante de couplage, égale à $G_F \sin\theta_c \cos\theta_c$ qui est certes petite puisque l'angle θ_c est petit, mais suffisamment grande pour contredire les données expérimentales qui suggèrent l'absence totale ou quasi totale de transitions à courants neutres avec changement de saveurs.

2. L'autre problème est la dissymétrie entre leptons et quarks que comporte le schéma que nous venons d'exposer : alors que nous avons deux doublets de leptons (celui de l'électron et son neutrino et celui du muon et son neutrino), nous n'en aurions qu'un seul de quarks (celui formé par le d_θ et le u). Or une telle dissymétrie pose un problème qui pourrait menacer la viabilité de tout le programme de l'unification électrofaible : le problème des *anomalies de jauge* qui surgit dans la quantification des théories de jauge non abéliennes. De quoi s'agit-il ? Dans la quantification d'une théorie de jauge non abélienne, il arrive que certains diagrammes de Feynman, comportant une boucle de fermions, impliquent dans l'amplitude de Feynman qui leur est associée une violation de l'invariance de jauge, c'est ce que l'on appelle une anomalie. L'existence d'une telle anomalie peut compromettre la renormalisabilité de la théorie. Ce

serait le cas pour la théorie unifiée électrofaible en construction *sauf si les contributions des leptons et celles des quarks aux diagrammes dangereux voulaient bien donner des contributions se compensant pour annuler l'anomalie potentielle.* Un tel mécanisme de compensation des anomalies suppose qu'à chaque doublet de leptons corresponde un doublet de quarks répliqué en trois exemplaires pour la couleur. Le fait que ce mécanisme de compensation fonctionne bien était d'ailleurs apparu comme un argument en faveur du schéma de la couleur lors de l'élaboration de la chromodynamique quantique. Mais alors, si l'on a deux doublets de leptons et un seul doublet de quarks, la compensation ne se produit plus !

Le mécanisme de Glashow, Iliopoulos, Maiani (GIM)

Au moins aussi élégante que l'idée de Cabibbo, celle conçue par Glashow, Iliopoulos et Maiani (GIM), apporte une solution aux deux problèmes que nous venons de soulever. Cette idée consiste à prolonger celle de Cabibbo en considérant la combinaison orthogonale à d_θ que l'on va appeler s_θ (parce qu'elle correspond au s « tourné de l'angle θ_c ») :

$$|s_\theta\rangle = -\sin\theta_c|d\rangle + \cos\theta_c|s\rangle,$$

une combinaison pouvant former un second doublet d'isospin faible à condition qu'il y ait un quatrième quark, de charge +2/3, que les auteurs de cette trouvaille, enthousiasmés par l'élégance de leur idée, ont appelé le *quark de charme* (*c* pour *charm* en anglais). Cette idée permet de faire d'une pierre deux coups :

- Un second doublet de quarks rétablit l'équilibre entre leptons et quarks et lève l'obstacle des anomalies.
- La contribution au courant neutre total du second doublet de quarks fait intervenir, comme celle du premier doublet, une transition $s \rightarrow d$, mais *avec le signe opposé*, si bien qu'il n'y a plus de transition à courant neutre avec changement de saveur !

Encore fallait-il proposer des indices permettant de tester cette idée, par exemple la masse du quark de charme. La théorie électrofaible, alors en construction, permettait de prédire que si les transitions à courant neutre avec changement de saveur sont supprimées à l'ordre le plus bas du développement perturbatif, elles peuvent néanmoins se produire (avec une probabilité très petite mais mesurable) au travers de corrections d'ordre plus élevé, faisant intervenir des diagrammes de Feynman comportant une boucle. Dans de tels diagrammes, le quark de charme peut être échangé comme particule virtuelle, et l'amplitude de Feynman associée dépend de sa masse. Pour être en accord avec les données expérimentales concernant la désintégration rare du kaon en une paire μ^+ μ^-, on a pu évaluer que la masse du quark de charme devrait se situer dans une fourchette comprise entre 1,5 GeV et 2 GeV. Une masse aussi élevée pouvait expliquer que ni ce quark ni les nombreux hadrons dans la composition desquels il pouvait entrer n'aient pas encore été découverts. Mais les collisionneurs électron-positon, comme celui de Stanford qui, en

1974, venait de passer à une énergie de 9 GeV (4,5 GeV par faisceau), étaient bien placés pour mettre en évidence ce nouveau quark, par exemple en produisant une paire de mésons *D* porteurs de charme et d'anti-charme et d'une masse comparable à celle attendue pour le quark de charme.

LA DÉCOUVERTE DU « CHARMONIUM »

En novembre 1974, deux expériences, l'une à Stanford auprès de ce collisionneur électron-positon que nous venons de mentionner, l'autre à Brookhaven, auprès du synchrotron à protons de 30 GeV, annoncent simultanément la découverte d'une particule inconnue jusque-là, d'une masse de 3,1 GeV qui semble être une résonance hadronique anormalement étroite[7], que l'équipe de Stanford dénomme le Ψ et celle de Brookhaven le J. Depuis on la dénomme le J/Ψ. Très rapidement, de nombreux théoriciens émettent l'hypothèse que cette particule n'est autre qu'un « charmonium », un hadron constitué d'un quark de charme et de son antiparticule, noté ($c\bar{c}$). L'argument en faveur de cette hypothèse relève de la chromodynamique quantique. Supposons en effet que le J/Ψ soit bien un charmonium et que sa masse soit inférieure à deux fois la masse du méson *D*, supposé être le méson le plus léger comportant un quark de charme, de telle sorte que sa désintégration en une paire *D* anti-*D* soit cinématiquement interdite. Dans ce cas, la désintégration du J/Ψ en hadrons ne peut se produire que par un processus en deux temps, le premier consistant en l'annihilation de la paire charme-anticharme en quanta de QCD, l'autre en la transformation de ces quanta en hadrons (ce que l'on appelle leur *hadronisation*). Comme le quark de charme est lourd, le processus d'annihilation de la paire charme-anticharme relève du développement perturbatif de QCD, et, compte tenu des nombres quantiques supposés du charmonium, cette annihilation se ramène, à l'ordre le plus bas du développement perturbatif, à une annihilation en trois gluons. À cause du confinement des quarks et des gluons, l'hadronisation de ces gluons a une probabilité égale à 1 si aucun des hadrons de l'état final n'est observé, si bien que le taux de désintégration du J/Ψ en hadrons peut être estimé, dans l'hypothèse où il s'agit bien d'un charmonium, proportionnel, au cube du carré de la constante de couplage effective de QCD évaluée à la masse du quark de charme. Bien qu'en accord avec les données expérimentales, cette estimation n'aurait pas suffi à confirmer de manière ferme l'interprétation du J/Ψ en charmonium, si d'autres arguments n'étaient venus la conforter. Il s'agit tout d'abord de la découverte — par notre collègue, hélas disparu, François Pierre — du méson *D* à une masse de 1864 MeV, nettement supérieure à la moitié de celle du charmonium. D'autre part, en approfondissant l'analyse chromodynamique quantique des propriétés du supposé charmonium, on a ouvert une voie de recherche tout à fait inattendue : comme le quark de charme est lourd, son mouvement à l'intérieur du charmonium peut être considéré comme non relativiste, et il a été possible de développer un modèle des états du charmonium à l'aide de l'équation de Schrödinger comportant un potentiel inspiré de la chromodynamique quantique. Or tous les états ainsi prédits ont été observés.

Ainsi voyons-nous que ce n'est pas seulement l'élaboration de la théorie unifiée électrofaible, mais aussi celle de l'ensemble du modèle standard, qui ont bénéficié de la découverte du charmonium : non seulement a-t-il été possible de compléter la structure en quarks des courants hadroniques faibles, mais encore a-t-on découvert un nouveau champ d'application de la chromodynamique quantique.

Quarks et leptons :
la course à la compensation des anomalies

Un autre exemple de la complémentarité des recherches dans les domaines des interactions faibles et fortes est la conspiration des quarks et des leptons pour compenser les anomalies risquant de compromettre la renormalisabilité de la théorie électrofaible. Ayant découvert un second doublet de quarks, on pouvait s'estimer satisfait, mais voici qu'intervint une découverte complètement inattendue, celle d'un troisième lepton chargé, que l'on a appelé le *tauon*. Cette découverte a d'abord créé une certaine confusion, car sa masse de 1784 MeV correspondait à peu près à celle attendue pour le méson *D* que l'on recherchait alors très activement. Toutefois, il est rapidement apparu que le tauon n'était pas un hadron, mais bel et bien un lepton se désintégrant, par interaction faible, soit en un électron, soit en un muon. Bien que cela n'eût été confirmé que plus tard[8], on était à peu près certain que le tauon avait un compagnon neutrino avec lequel il pourrait former un troisième doublet de leptons. Dans la course à la compensation des anomalies, voilà que les leptons reprenaient le dessus sur les quarks ! Il fallait donc repartir à la recherche d'un troisième doublet de quarks, ce qui, selon notre analogie musicale, nous a fait penser à l'art de la fugue. On a dénommé *b* (pour *bottom* ou *beauty*) le membre de charge –1/3 et *t* (pour *top* ou *truth*) le membre de charge 2/3 de ce troisième doublet de quarks. En 1977 sont découverts, au Fermilab, à une masse de 9,5 GeV, le méson Y (prononcer *Upsilon*, la lettre grecque qui suit le Ψ dans l'alphabet grec), le « quarkonium », qui est au quark *b* ce que le J/Ψ, le charmonium, est au quark *c*, et quelque temps après des mésons « beaux », qui, composés d'un quark *b* et d'un quark plus léger, portent la saveur de beauté. Quant au quark *t*, il a fallu attendre les années quatre-vingt-dix pour que sa recherche aboutisse à une découverte. Nous y reviendrons dans le prochain chapitre.

Les schémas de Cabibbo et de Glashow, Iliopoulos et Maiani, permettant de définir des doublets de quarks et d'interdire les transitions à courants neutres avec changement de saveurs, ont été généralisés, au moyen d'une *matrice de mélange*, à la situation dans laquelle nous avons maintenant trois couples de doublets de quarks et de leptons (on dit aussi trois *générations* de fermions). Cette généralisation a été opérée par Makoto Kobayashi et Toshihide Maskawa qui ont partagé avec Yoichiro Nambu le prix Nobel de physique en 2008[9]. Cette généralisation accroît le nombre de paramètres, à déterminer expérimentalement, dont dépend le modèle standard, c'est certes une circonstance qui montre que le modèle standard n'est pas le mot de fin des recherches sur la structure de la matière, et qu'il sera nécessaire de découvrir un jour une théorie plus fondamentale, à l'aide de laquelle on pourra déterminer ces paramètres ou au moins en restreindre le nombre. Néanmoins, il apparaît que ces paramètres confèrent au modèle standard sa capacité à rendre compte de la brisure par l'interaction faible, de la symétrie *CP*, produit de la conjugaison de charge *C* par la parité d'espace *P*, découverte, en 1964, par James Cronin, Val Fitch (lauréats du prix Nobel de physique en 1980) et René Turlay (1932-2002). Comme nous le montrerons dans le chapitre consacré aux recherches de physique au-delà du modèle standard, cette brisure de symétrie est peut-être reliée à la solution de l'énigme de l'absence d'anti-matière dans l'univers.

Le modèle standard
à la fin des années soixante-dix

Ainsi voyons-nous que, l'un après l'autre, tous les obstacles à l'élaboration du modèle standard ont été levés. À la fin des années soixante-dix, on avait identifié tous les constituants élémentaires (leptons et quarks, à l'exception du quark top) de la matière impliqués dans les interactions du modèle standard (le gluon, le boson de jauge de l'interaction forte, a été découvert en 1979 à Hambourg) ; les paramètres essentiels du modèle standard étaient à peu près bien déterminés, au point que l'on avait une idée assez précise de la masse des bosons intermédiaires, W^+, W^- et Z^0 encore à découvrir expérimentalement : la masse attendue des W était d'environ 80 GeV et celle du Z, de 90 GeV.

Dans les figures 4 et 5 nous avons résumé les

ingrédients du modèle standard de la physique des particules et des interactions fondamentales. La figure 4 montre comment les fermions, constituants élémentaires de la matière, participent aux interactions fondamentales. La figure 5 illustre le rôle central joué par le boson BEH et ses interactions avec les fermions et les autres bosons du modèle standard.

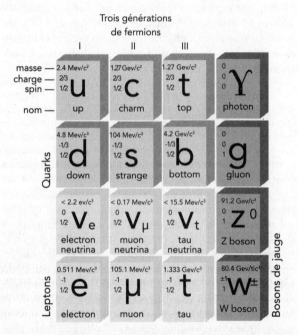

Figure 4 : Les quarks, les leptons
et les bosons de jauge du modèle standard

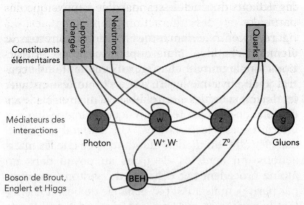

Figure 5

Dans cette figure, les interactions et auto-interactions des particules du modèle standard sont indiquées par les lignes courbes. Cette figure met en évidence le rôle central joué par le boson BEH et ses interactions avec lui-même, avec les fermions et avec les autres bosons du modèle standard : les particules avec lesquelles il interagit (y compris lui-même) acquièrent de la masse ; les autres (les neutrinos, le photon, les gluons) restent sans masse.

Pour confronter à l'expérience ce modèle standard, et en particulier pour pouvoir étudier l'interaction faible aux énergies typiques du modèle standard (soit au moins une centaine de GeV dans le système du centre masse pour des interactions entre constituants élémentaires, quarks ou leptons), il était nécessaire d'entrer dans une nouvelle ère de la physique expérimentale de haute énergie, celle des expériences menées par de grandes collaborations avec des détecteurs généralistes installés auprès de collisionneurs.

C'est à ces expériences que nous consacrerons le prochain chapitre. Mais auparavant nous souhaitons clore le présent chapitre en évoquant une expérience de physique légère qui a été un test critique du modèle standard électrofaible : la mise en évidence de violation de la parité en physique atomique due aux interférences électrofaibles. On s'attend en effet, dans le cadre du modèle standard, à ce que les interactions qui lient les électrons au noyau dans un atome procèdent par échange de photon (invariant par parité), mais aussi par échange de boson Z° (violant la parité), et, avec des expériences de très haute précision, on peut espérer mettre en évidence (par l'intermédiaire d'une interférence entre les amplitudes d'échange d'un photon et d'échange d'un boson Z°) une violation de la parité en physique atomique. Il s'agit, ici aussi, d'expériences critiques : leur éventuel échec pourrait invalider le modèle standard. De telles expériences ont été proposées en 1974 par Claude et Marie-Anne Bouchiat[10], et plusieurs ont ensuite été réalisées[11] avec succès au laboratoire Kastler Brossel[12] de l'École normale supérieure.

Chapitre 8

DES BOSONS INTERMÉDIAIRES
AU BOSON DE BROUT,
ENGLERT ET HIGGS

LA STRATÉGIE GAGNANTE DU CERN

Avec le modèle standard, dont les ingrédients ont été résumés à la fin du précédent chapitre, on disposait, à la fin des années soixante-dix, d'une théorie renormalisable, c'est-à-dire satisfaisant sans incohérence les contraintes de la relativité et de la physique quantique, pouvant être comparée à l'expérience en physique des particules à haute énergie. Au tournant des années quatre-vingt, restaient à découvrir les bosons intermédiaires W et Z, le quark top et, bien sûr, le boson de Brout, Englert et Higgs (BEH). Il était par ailleurs nécessaire, dans le domaine de l'interaction électrofaible, d'aller au-delà de l'approximation quasi classique de la théorie et de comparer à l'expérience le résultat des calculs des corrections quantiques à cette approximation. Parmi les particules qui étaient encore à découvrir, seuls les bosons intermédiaires W et Z avaient des masses supposées relativement bien déterminées. Comme on disposait de très peu d'indications à propos des masses du quark top et du boson BEH, on comptait sur les tests des corrections quantiques pour contraindre, de manière indirecte, ces masses inconnues au travers de l'effet que pouvait y induire l'échange virtuel de ces particules.

Dans le monde entier, la communauté scientifique était convaincue que seules des expériences avec des collisionneurs pouvaient permettre d'atteindre ces objectifs. Le CERN, qui, avec les anneaux de stockage (ISR, pour Intersecting Storage Rings), avait une certaine expérience de ce genre d'instruments, a alors mis au point une stratégie en trois étapes qui s'est révélée gagnante parce qu'elle s'appuie sur un véritable principe de développement durable des installations (voir la figure 1) :

1. la première étape, très innovante, a consisté en la transformation du supersynchrotron à proton (SPS) en un collisionneur proton-antiproton, qui a permis la découverte en 1983 des bosons intermédiaires W et Z, et qui a placé le CERN au premier rang mondial en physique des particules ;

2. la seconde étape est celle de la réalisation et de l'exploitation du Grand Collisionneur électron-positon LEP (Large Electron Positron collider), qui a permis de tester expérimentalement avec succès les prédictions de la théorie quantique des champs, de fournir aux collègues du Tevatron une plage suffisamment restreinte de masse dans laquelle chercher et découvrir le quark top, et d'exclure l'existence d'un boson BEH de masse inférieure à 114 GeV.

3. la troisième étape a consisté à utiliser le tunnel du LEP pour y installer et exploiter le LHC

avec comme objectif prioritaire la recherche du boson BEH.

C'est à décrire en détails ces trois étapes qu'est consacré le présent chapitre.

LA DÉCOUVERTE DES BOSONS INTERMÉDIAIRES DE L'INTERACTION FAIBLE

Ainsi que nous l'avons signalé, à la fin du chapitre précédent, on avait, à la fin des années soixante-dix, une idée assez précise de la masse des bosons intermédiaires W^+, W^- et Z^0 encore à découvrir expérimentalement : la masse attendue des W était d'environ 80 GeV et celle du Z, de 90 GeV. Aucune des installations existantes n'était en mesure d'atteindre les énergies suffisantes pour pouvoir produire et observer des particules aussi lourdes. Il était donc nécessaire, pour mener à bien l'expérience critique permettant de découvrir ces particules ou, en cas d'échec, de forcer à abandonner le modèle standard, soit de lancer la construction d'une nouvelle installation, soit de découvrir un moyen permettant d'accroître l'énergie disponible dans une installation existante.

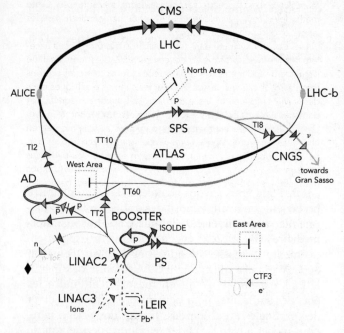

▸ protons   ▸ antiprotons   AD Antiproton Decelerator   LHC Large Hadron Collider
▸ ions   ▸ electrons   PS Proton Synchrotron   n-ToF Neutron Time of Flight
▸ neutrons   ▸ neutrinos   SPS Super Proton Synchrotron CNGS CERN Neutrinos Gran Sasso
                                                          CTF3 CLIC Test Facility 3

Figure 1 : Le complexe d'accélérateurs du CERN.

Au départ une bouteille d'hydrogène. On dissocie l'hydrogène par un champ électrique et on capture les protons pour les accélérer à 50 MeV dans l'accélérateur linéaire qui sert d'injecteur au « booster » qui, lui, les accélère à 1,4 GeV et alimente des expériences de physique nucléaire ; des noyaux radioactifs sont produits par spallation, fission ou réaction de fragmentation d'un projectile avec une cible épaisse. Les produits de ces réactions se diffusent hors de la cible, sont ionisés, séparés en ligne, et réaccélérés. Les faisceaux secondaires sont très intenses. Cette méthode est toujours utilisée au CERN et de par le monde dans les laboratoires de physique nucléaire.

Le « booster » injecte dans le synchrotron à protons qui a accéléré ses premiers protons en novembre 1959. C'est une machine circulaire de 630 mètres de circonférence, qui accélère les protons jusqu'à 26 GeV. Dans un accélérateur les champs électriques dans des cavités accélèrent les particules, les champs magnétiques dans des aimants courbent leurs trajectoires. Un synchrotron synchronise la montée en énergie des particules avec la montée en champ magnétique dans les aimants de manière à ce que les particules restent dans l'anneau. La limite en énergie des particules est donnée par la taille de l'anneau et le maximum des champs magnétiques que l'on peut atteindre. Au-delà, les particules, n'étant pas suffisamment maintenues sur leur trajectoire, quitteraient l'anneau vers l'extérieur. Les expériences auprès du PS ont contribué à la physique des années soixante dont nous avons parlé dans le chapitre 6.

Le synchrotron à proton (PS) de 26 GeV, entré en activité en 1959, alimente aujourd'hui le supersynchrotron à protons (SPS) pour les expériences de neutrinos et le LHC. Il continue à fabriquer des antiprotons pour l'étude de l'antimatière, contribue à l'étude des états exotiques comme des « atomes pioniques » ou des noyaux exotiques, et apporte même sa contribution à l'étude de l'évolution du climat en étudiant l'effet des rayons cosmiques sur la formation des gouttelettes et donc des nuages dans l'atmosphère grâce à une chambre à brouillard recevant des particules du PS.

En 1976, entrait en service le supersynchrotron à protons (SPS), machine de 7 km de circonférence. Alimenté par le PS, il accélère les protons jusqu'à une énergie de 450 GeV. Le PS et le SPS fonctionnent toujours. Ils ont au cours de leur histoire accéléré non seulement des protons mais aussi des électrons, des particules alpha, des ions lourds et même des antiprotons. Avec le SPS on fabrique encore aujourd'hui des faisceaux de neutrinos en extrayant les protons de la machine et en les envoyant sur une cible dans un tunnel adapté pointé vers l'Italie. La suite, les ISR, le SPS transformé en collisionneur de protons et d'antiprotons, le LEP et le LHC sont décrits dans les chapitres 6, 7 et celui-ci.

Le supersynchrotron à protons (SPS)
du CERN et sa transformation
en collisionneur protons-antiprotons

C'est dans cette voie que s'est engagé avec succès le CERN, ce qui l'a placé au premier rang mondial. En 1976, entrait en service le SPS, supersynchrotron à protons, machine de 7 km de circonférence. Alimenté par le PS, il accélère les protons jusqu'à une énergie de 450 GeV. Dans une expérience sur cible fixe, cette énergie est insuffisante pour produire les bosons intermédiaires, c'est pourquoi il a fallu transformer l'accélérateur en un collisionneur à protons et anti-protons.

La découverte emblématique des bosons intermédiaires W et Z en 1983, à des masses proches de celles attendues dans le cadre du modèle standard et des mesures réalisées précédemment, qui valut, dès 1984, le prix Nobel à Carlo Rubbia (initiateur du projet et porte-parole de l'expérience UA1) et Simon Van der Meer (grâce à qui les antiprotons ont pu être accélérés en grand nombre), a été le couronnement des développements sur le SPS. Cette découverte a été faite par les expériences UA1 (à laquelle a participé l'un des auteurs M.S.) et UA2. Ces expériences, surtout UA1, ont marqué un saut dans la taille et la complexité des détecteurs (détectant presque toutes les particules émises dans les collisions) et dans la taille des collaborations (150 personnes pour UA1). Avant d'opérer en mode collisionneur, le SPS avait déjà permis des avancées majeures grâce à des faisceaux secondaires de neutrinos et de muons produits par les protons de

450 GeV frappant une cible fixe. Les mesures avaient permis de conforter la chromodynamique quantique en mettant en évidence ses implications (voir le chapitre 6) sur les distributions de partons (quarks et gluons) au sein des hadrons. La compréhension du proton en termes de quarks et de gluons entrait dans un nouvel âge, celui des tests et des mesures de précision de la chromodynamique quantique. Les mesures avaient permis aussi de préciser la masse des bosons intermédiaires W et Z médiateurs des interactions électrofaibles des neutrinos et des leptons, même si ces W et Z étaient virtuels et donc non directement détectables. Leur masse était estimée à une centaine de GeV, ce qui avait été la motivation principale de la transformation du SPS d'un accélérateur à protons en un collisionneur proton-antiproton ayant suffisamment d'énergie dans le système du centre de masse pour pouvoir produire les W et Z à l'état réel.

Pour fabriquer suffisamment d'antiprotons et en faire un faisceau de 10^{10} particules que l'on puisse accélérer dans le PS puis dans le SPS, encore fallait-il les produire et les mettre en ordre de marche pour constituer un faisceau, c'est-à-dire un ensemble de particules allant toutes dans la même direction et avec la même énergie. Cette prouesse fut réalisée grâce au PS dont les protons en frappant sur une cible produisent les antiprotons. Une partie d'entre eux sont ensuite captés à une énergie de 3 GeV dans un anneau dédié de grande capacité de capture des antiprotons. Ils sont ensuite uniformisés en direction et en énergie par des techniques, dites de *refroidissement stochastique*, inventées par S. Van der Meer (dans le système du centre de masse du faisceau, la température est abaissée). Le faisceau refroidi est ensuite injecté dans le PS puis le SPS. Les expériences qui ont abouti à la découverte des bosons intermédiaires sont des archétypes de la nouvelle génération d'expériences de physique de très haute énergie, telles qu'elles se déroulent depuis, au Tevatron du Fermilab, au LEP, puis au LHC au CERN[1]. La découverte des bosons intermédiaires par le CERN, véritable tournant pour la physique des particules (le modèle standard ainsi qu'un nouveau type d'expériences commencent à s'imposer), allait être un choc aux États-Unis qui allaient dorénavant se demander comment faire pour retrouver leur suprématie.

Le Grand Anneau de collisions électron-positon (LEP) et la consolidation du modèle standard

Dès la découverte des bosons intermédiaires W et Z au CERN en 1983 avec le collisionneur proton-antiproton avec lequel une collision seulement sur un milliard manifestait la présence d'un boson intermédiaire (car les collisions élémentaires quarks-antiquarks emportent une fraction variable de l'énergie de la collision proton-antiproton et il faut que l'énergie de la collision quark-antiquark soit égale à la masse du boson W ou du boson Z à sa largeur de résonance près, pour que le boson soit produit), il fut clair que la machine idéale à produire des boson Z^0 puis des bosons W était un collisionneur à électrons et positons. Les électrons et positons sont aussi élémentaires que les quarks et ils sont accélérés directement à une énergie bien définie. En accélérant dans le même anneau des électrons et positons circulant en sens inverse, et en les portant chacun à l'énergie équivalente à la moitié de la masse du Z^0, on pouvait réaliser des collisions qui à chaque coup produiraient un boson Z^0, de manière résonante, c'est à dire avec une grande section efficace (c'est-à-dire une grande probabilité) :

$$e^+ + e^- \rightarrow Z^0 \rightarrow X$$

où X représente tout ce en quoi le boson Z^0 peut se désintégrer. En quelque sorte une « usine à bosons Z^0 » !

Toutefois, le problème est que les électrons rayonnent, lorsqu'ils circulent dans un anneau (beaucoup plus que les protons, car ces derniers sont beaucoup plus massifs). Il fallait donc un anneau bien plus grand que le supersynchrotron SPS (7 km de circonférence) pour pouvoir accélérer des électrons et des positrons à la moitié de la masse du Z^0, les stocker et les faire collisionner pendant des heures sans avoir besoin de les réaccélérer sans cesse, et de consommer, à cause de leur rayonnement dans l'anneau, beaucoup d'énergie. On visa tout de suite un anneau de 27 km de circonférence avec l'idée que la machine connaîtrait deux phases : la première où elle fonctionnerait à une énergie totale de 90 GeV, la masse du Z^0, de manière à être cette usine à Z^0 produisant jusqu'à 10 millions de Z^0 (là où le collisionneur du CERN proton-antiproton ne pouvait en produire qu'une centaine), la seconde où le LEP (Large Electron Positron « collider », nom donné à cette machine) serait porté à une énergie maximale de 200 GeV au-delà de laquelle le rayonnement devenait trop important, mais qui était suffisante, d'une part, pour étudier la production des bosons intermédiaires W à travers la réaction d'annihilation électron-positon en une paire de bosons W et, d'autre part, la production éventuelle du boson BEH. De plus, était envisagée, dès le lancement du projet, une troisième phase, celle de sa transformation en un collisionneur à protons, le futur LHC, qui pourrait permettre d'explorer un domaine de beaucoup plus haute énergie.

La décision de construire le LEP fut prise au CERN, en 1981, en fait deux ans avant même la découverte des bosons intermédiaires, qui conditionnait la réalisation de la machine.

Le premier coup de pioche, marquant le début des travaux de génie civil, fut donné fin 1983, après la découverte des bosons, en présence des deux présidents des deux États hôtes (la France et la Suisse). Le creusement du tunnel de 27 km, passant sous l'aéroport de Genève, sous le Jura, commençait. Les péripéties furent nombreuses, parfois inattendues et souvent coûteuses (infiltrations d'eau, état du terrain). Néanmoins, à la fin de 1987, les aimants du LEP étaient prêts à être installés. Le 8 février 1988, les deux extrémités du tunnel de 27 km, encore en cours de construction, se rejoignirent avec une erreur d'un centimètre seulement. Le 14 juillet 1989 le premier faisceau circula dans l'anneau et les premières collisions furent réalisées un mois après.

Quatre très grands détecteurs (ALEPH, DELPHI, L3 et OPAL), les plus grands à l'époque, autour desquels étaient regroupées quatre collaborations, chacune de plusieurs centaines de chercheurs, étaient en place pour détecter les premières collisions. Le principe de ces détecteurs était le même, le paradigme des grandes expériences auprès des collisionneurs : un *détecteur à pixels* très précis près du point d'interaction afin de bien localiser le point de collision et détecter la trace de particules à durée de vie suffisamment longue pour laisser une trace mesurable (charme, beauté, lepton tau), un *détecteur central* pour mesurer le parcours et la courbure des traces chargées électriquement avec aujourd'hui des millions de pixels, placé dans un champ magnétique parallèle au faisceau (pour ne pas le perturber) produit par un solénoïde intense, et entouré d'un *calorimètre électromagnétique* (en général constitué de plomb et de détecteurs sensibles), absorbant les photons et les électrons et mesurant leur énergie. Tout cela est entouré d'un *calorimètre hadronique* finissant d'absorber les hadrons (protons, pions, kaons) chargés (dont l'énergie est déjà mesurée par la courbure) et neutres (dont l'énergie est mesurée par les calorimètres électromagnétique et hadronique où ils déposent toute leur énergie). Autour de tout cela, sont placés des détecteurs de particules chargées : les seules particules chargées sortant sont les muons qui sont donc identifiés par ces détecteurs, leur impulsion/énergie étant mesurée par leur courbure dans le détecteur central placé à l'intérieur du solénoïde et/ou par un champ magnétique dans lequel sont placés les détecteurs de muons à la sortie des calorimètres. À condition qu'il soit *hermétique*[2], c'est-à-dire qu'il ne comporte pas de fuites, le détecteur devrait pouvoir détecter une *énergie transverse manquante*, c'est-à-dire une énergie emportée dans la direction transverse (perpendiculaire au faisceau) par une particule neutre pratiquement sans interaction (par exemple un neutrino).

Le principe de ces détecteurs avait été inventé avec l'expérience UA1 emmenée par Carlo Rubbia (inspiré lui-même, il faut le reconnaître, par une expérience à Stanford où fut découvert le J/Psi — la différence principale était que l'aimant était un dipôle et non un solénoïde, ce qui compliquait un peu la vie !). Les différences entre les quatre détecteurs auprès du LEP ne portaient donc pas sur le principe, mais sur sa mise en œuvre concrète (type de détecteur central, paramètres de l'aimant, nature des calorimètres, types de détecteurs de muons).

La première phase du LEP (LEP100)

Dans la phase I du LEP (LEP 100), de 1989 à 1996, dix millions de collisions produisant des Z^0 furent détectées par les quatre expériences ALEPH, DELPHI, L3 et OPAL. L'énergie de la machine fut d'abord modulée de 70 à 100 GeV pour bien analyser la courbe d'excitation de la production du boson Z^0, de façon à déterminer les paramètres de cette excitation résonante : la masse (valeur centrale) et la largeur (liée à la durée de vie du Z^0). La mesure de la largeur permit notamment de déterminer pour la première fois de manière non ambiguë le nombre d'espèces de neutrinos : toute nouvelle espèce de neutrinos introduisait la possibilité d'une désintégration du Z^0 en neutrino-antineutrino de cette nouvelle espèce, diminuant le temps de vie du Z^0 et augmentant ainsi la largeur de la résonance Z^0. C'est ainsi qu'on put affirmer, quelques mois à peine après le démarrage du LEP, que le nombre d'espèce de neutrinos s'élevait exactement à trois. Par la suite, l'étude des millions de désintégrations des Z^0 produits permit de vérifier les prédictions du modèle standard avec une précision parfois du millième et de mesurer les paramètres du modèle standard avec une très grande précision. C'est ainsi que la masse du quark top avant qu'il ne fût découvert avait pu être déterminée au LEP. Le modèle standard passa ainsi d'une hypothèse vérifiée à 10 % près à une théorie de précision vérifiée au millième. Outre la détermination du nombre d'espèces de neutrinos, le LEP put, entre autres, démontrer la liberté asymptotique de la chromodynamique quantique en prouvant que le paramètre de couplage des interactions fortes, leur intensité, diminuait avec l'énergie, laissant entrevoir une possible convergence des paramètres de couplage des trois interactions, forte, électromagnétique et faible vers 10^{15} GeV, et donc la possibilité de leur « grande unification ». En fait, il apparut que la convergence n'était pas exacte mais qu'elle pourrait être améliorée grâce à la supersymétrie. Nous reviendrons sur cette question dans le chapitre 10 qui sera consacré aux recherches de physique au-delà du modèle standard. Le LEP montra aussi que même la masse des particules évoluait en fonction de l'énergie, conformément à la théorie de la renormalisation, suggérant, là encore, la possibilité d'unification des masses à l'échelle de grande unification.

La première phase du LEP a été le théâtre d'un remarquable succès de la coopération mondiale en physique des particules, la découverte, grâce à une collaboration entre deux installations distantes, le LEP en Europe et le Tevatron aux États-Unis, du quark top. Les mesures de précision réalisées au LEP dans l'intention de mettre à l'épreuve les prédictions de la théorie électrofaible, au-delà de l'approximation quasi classique, ont permis de restreindre la marge d'incertitude sur la masse du quark top : en effet, la masse de ce quark est un paramètre qui intervient de manière importante dans le calcul des corrections quantiques (associées à des diagrammes de Feynman comportant des boucles dans lesquelles il se propage comme particule virtuelle), et pour que les prédictions fondées sur ce calcul soient en accord avec les données expérimentales, cette masse est contrainte à varier dans des limites assez précises excluant toute découverte directe au LEP, y compris dans sa deuxième phase. Mais ces limites étaient suffisamment précises pour guider de manière très efficace la recherche directe de ce quark auprès du Tevatron qui, lui, disposait de l'énergie nécessaire à une découverte. Celle du quark top au Tevatron, à une masse en plein dans la fourchette fournie par le LEP, est un triomphe à la fois de la théorie quantique des champs au fondement du modèle standard, des équipes capables d'effectuer auprès du LEP les mesures de précision nécessaires, de celles du Tevatron au Fermilab, et de la coopération scientifique internationale.

La seconde phase du LEP (LEP 200)

Avec la montée en énergie du LEP, à partir de 1996 jusqu'en 2000, de 90 GeV à 209 GeV, le LEP permit de mettre en évidence des processus de création de paires de W, prédits par le modèle standard mais qui n'avaient pas encore été observés. Les données furent auscultées avec soin pour découvrir des phénomènes témoignant d'une physique allant au-delà du modèle standard. Rien ne fut découvert, ni particules supersymétriques, ni dimensions cachées, ni... micro-trous noirs.

Mais, au total, la moisson de mesures qu'on pouvait confronter au modèle standard fut impressionnante. La contribution de cette machine, grâce aux quatre détecteurs conduits par des collaborations de cinq cents personnes, prototypes du fonctionnement des grandes collaborations au LHC, est tout à fait déterminante dans les tests du modèle standard à cette époque. On peut dire que c'est le LEP qui a élevé les théories de Glashow, Weinberg et Salam, au rang de théorie de référence, un modèle standard. Restait toutefois à découvrir le boson BEH, signature du mécanisme de brisure de symétrie inventé par Brout, Englert et Higgs.

LA LONGUE TRAQUE DU BOSON BEH, ACTE I : LE LEP

Au LEP la production éventuelle du boson BEH était attendue à travers la réaction

$$e^+ + e^- \rightarrow Z^0 + h$$

représentée par le diagramme de Feynman suivant (voir la figure 2), où le boson BEH est couplé au Z^0 virtuel émanant de la fusion électron-positron et au Z^0 réel produit dans la réaction. La constante de couplage est élevée car elle est proportionnelle à la masse de la particule à laquelle le boson BEH est couplé. C'est une propriété fondamentale du boson BEH, qui nous guidera pour sa production et aussi pour connaître ses modes de désintégration les plus probables. Avec les intensités et le nombre de colli-

sions attendues, on pouvait espérer détecter le boson
BEH jusqu'à l'énergie totale de la machine moins la
masse du Z^0 moins quatre GeV environ, et donc
découvrir le boson s'il avait une masse inférieure à
ou égale à environ 106 GeV.

La recherche du boson BEH :
LEP 100 (1989-1996)

Dans la phase I du LEP, appelée LEP 100, on
pourrait se demander comment le LEP pourrait
produire des bosons BEH avec la réaction indiquée
plus haut. La masse du boson Z^0 étant de 90 GeV et
l'énergie maximale de LEP 100 étant de 100 GeV,
LEP 100 ne pouvait produire des bosons BEH que
s'ils avaient entre 0 et 10 GeV, ce qui est peu, compte
tenu de la gamme possible pour le boson BEH (de
0 à 1000 GeV).

Les recherches directes du boson BEH par cette
réaction ne pouvaient se faire qu'en étudiant les collisions où le Z^0 avait été produit avec une masse très
inférieure à sa masse centrale, laissant la place cinématique (énergétique) pour la production d'un boson
BEH jusqu'à une masse égale à l'énergie de la collision moins la masse de ce Z^0, moins 4 GeV environ.
On compensait le manque d'énergie par une grande
statistique de collisions, certaines ayant produit des
Z^0 de « très faible » masse (dénoté Z^*). L'absence
d'observation de tels événements manifestant l'existence du boson BEH permettait d'affirmer que le
boson BEH du modèle standard devait avoir une
masse supérieure à 40 Gev/c^2, ce qui laissait la

fenêtre en masse pour le boson BEH toujours grande ouverte, de 40 GeV/c² à 1000 GeV/c².

Mais une autre méthode, indirecte celle-là, permettait aussi de commencer à cerner la masse du boson BEH. À la fin de LEP 100 en 1996, comme nous l'avons dit un peu plus haut, le quark top, dont les propriétés avaient largement été établies au LEP indirectement, fut découvert à Chicago au laboratoire Fermilab, par les deux détecteurs CDF et D0 opérant auprès du collisionneur proton-antiproton, dit Tevatron, faisant collisionner des faisceaux de protons et d'antiprotons d'un TeV chacun (deux TeV dans le système du centre de masse) et réalisant de manière ultime cent fois plus de collisions par seconde que son prédécesseur au CERN, qui par ailleurs n'atteignait que 600 GeV dans le système du centre de masse. La masse du quark top avait pu être mesurée à 174 ± 15 GeV/c². C'est la particule la plus lourde de toutes les particules élémentaires connues aujourd'hui (plus lourde que les bosons intermédiaires, et, comme on le sait maintenant depuis le 4 juillet 2012, plus lourde que le boson BEH !). Le couplage du boson BEH au quark top est donc le plus important de tous et la masse du quark top devient particulièrement sensible à la masse du boson BEH dans le modèle standard. Avec tous les paramètres mesurés du modèle standard et en particulier la masse du quark top, bien qu'entachée d'une incertitude importante, on pouvait en 1996 tenter de voir quelle était la valeur la plus probable de la masse du boson BEH. À 95 % de niveau de confiance, on ne pouvait encore dire grand-chose, si ce n'est que les très petites valeurs de la masse du boson BEH (inférieures à 40 GeV/c²) et les très grandes (supérieures à 800 Gev/c²) étaient les moins probables.

La recherche du boson BEH :
LEP 200 (1996-2000)

Pendant que LEP 100 fonctionnait, de 1989 à 1996, un programme de recherche et développement (R&D, c'est ainsi qu'en général on désigne les recherches de développement technologique sur les accélérateurs et détecteurs) avait permis de mettre au point des cavités accélératrices d'un type nouveau, des cavités supraconductrices, permettant d'accélérer plus vite les particules en consommant moins d'énergie. Ces cavités commencèrent à être mises en place dès 1996 et, en 1998, un total de deux cent soixante-douze cavités supraconductrices apportait une puissance suffisante pour que le LEP atteigne une énergie de collision totale de 189 GeV. Les seize dernières cavités supraconductrices du LEP furent installées l'année suivante, et l'énergie de la machine atteignit 192 GeV. Ces années furent surtout consacrées à l'étude de l'annihilation électron-positon en une paire de W. L'étude de la section efficace de cette réaction d'annihilation en fonction de l'énergie des faisceaux était un test fondamental du modèle standard. Cette production procède par trois voies représentées chacune par un diagramme de Feynman (voir les figures 3a et 3b). Les amplitudes de Feynman correspondant à ces trois diagrammes interfèrent pour donner un comportement asymptotique « raisonnable » en fonction de l'énergie : en l'absence d'une de ces amplitudes, la section efficace divergerait rapidement en fonction de l'énergie, conduisant à des probabilités plus grandes que l'unité, ce qui serait absurde. Le succès de ce test permettait d'asseoir encore mieux le modèle standard et d'affiner la connaissance de ses paramètres. En particulier, l'étude du comportement de la section efficace de production des paires de W (énergie des collisions plus grande que deux fois la masse du W) permettait de mesurer avec précision la masse du boson W. Celle du boson Z^0 était connue avec une précision incroyable (valeur centrale de la résonance). La masse du quark top était de mieux en mieux connue à Fermilab et, en 1999, la situation du niveau de confiance pour le test global du modèle standard en fonction de la masse du boson BEH était alors celle qui est montrée sur la figure 4 : on pouvait affirmer que la masse du boson BEH était supérieure à 100 GeV et que c'était autour de 100 GeV que cette masse était le plus probable.

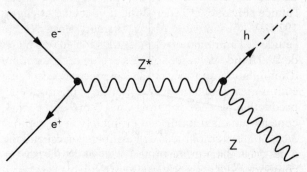

Figure 2

Diagramme de Feynman associé au mécanisme de production d'un boson BEH (ici noté *h*), dans lequel un boson Z* virtuel émet un boson BEH et un boson Z réel.

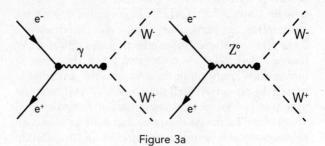

Figure 3a

Diagrammes de Feynman associés à la production d'une paire de bosons W à partir d'un photon (noté γ) et d'un boson Z^0.

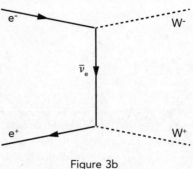

Figure 3b

Diagramme de Feynman associé à la production d'une paire de bosons W par échange d'un neutrino.

Les ingénieurs du LEP décidèrent alors de dépasser le point de fonctionnement nominal. L'énergie de

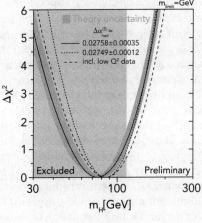

Figure 4

Situation du niveau de confiance à propos de la masse du boson BEH (notée ici m_H) à partir des résultats du LEP en 1999.

collision fut portée à 202 GeV dès le mois de septembre 1999, et c'est à cette énergie que se déroula une grande partie du dernier mois d'exploitation en 1999. Les physiciens des accélérateurs du CERN retirèrent tous les obstacles afin d'ajouter des cavités, d'augmenter autant que possible l'énergie de l'accélérateur et de maximiser les chances d'une nouvelle découverte. Huit anciennes cavités en cuivre furent remises en service et les cavités supraconductrices furent sollicitées encore davantage. Alors qu'il était à l'origine prévu pour des collisions électron-positron à des énergies maximales de 200 GeV, le LEP parvint à une énergie de collision supérieure à 209 GeV et permit d'explorer des domaines inconnus.

Le LEP était supposé s'arrêter fin 2000 après avoir poussé l'énergie de la machine à ses extrêmes, soit 209 GeV grâce à l'ingéniosité de son personnel, dans le domaine d'énergie permettant de découvrir le boson BEH, s'il avait une masse inférieure à 115 GeV environ. Le LHC avait déjà été approuvé (1994) pour succéder au LEP et donc accélérer et faire collisionner des protons dans le tunnel du LEP. Les engins qui en parallèle avec le fonctionnement du LEP creusaient les immenses trous devant permettre d'insérer les expériences du LHC étaient en fonctionnement, les trous atteignaient maintenant le tunnel du LEP qu'il allait falloir percer. Le LEP devait être arrêté et démantelé fin 2000, à moins de retarder le LHC et d'avoir à payer de lourdes indemnités aux entreprises de génie civil en action. C'est à ce moment-là qu'à l'extrémité du spectre, en bout de possibilités de la machine LEP, apparaissait un excès d'événements par rapport à ce qui était attendu, qui pouvait être interprété comme un début d'émergence d'un signal de boson BEH à 115 GeV, la limite de sensibilité présente de la machine LEP.

Cet excès se présentait de la manière suivante ; l'expérience ALEPH avait trois événements spectaculaires à quatre jets où le Z^0 et le boson BEH se seraient désintégrés en deux jets (quarks et antiquarks) chacun, avec un boson BEH de 114 GeV environ. OPAL avait un léger excès d'événements à haute masse, toutefois moins significatif que celui d'ALEPH. L3 avait un événement où le boson BEH (environ 114 GeV) se serait désintégré en deux jets et le Z^0 en deux neutrinos (neutrino et antineutrino). DELPHI avait plutôt un déficit d'événement. En combinant les quatre expériences, on pouvait exclure la présence du boson BEH jusqu'à 114 GeV et attribuer globalement l'excès à haute masse à un possible boson BEH de 115 GeV, collé à l'extrême limite possible du spectre, compte tenu de l'énergie des faisceaux.

Aussitôt, la communauté des physiciens travaillant autour du LEP, autour des quatre grandes collaborations de près de 500 personnes chacune, travaillant chacune sur une expérience, allait demander au directorat du CERN, particulièrement une des quatre collaborations, de prolonger le fonctionnement du LEP pendant deux ans en essayant de pousser encore un peu son énergie. Le directorat du CERN a demandé au Conseil scientifique du LEP, que présidait l'un des deux auteurs de ce livre (M.S. qui, ici, prend la plume), de lui donner un avis.

« J'ai fait part au directorat du sentiment partagé des membres du Conseil, et j'ai fait part de mon avis personnel au vu de ce qui avait été présenté par les quatre collaborations travaillant auprès du LEP. Mon avis était qu'il était trop risqué de prolonger le LEP, les résultats présentés n'étant pas convaincants, le risque étant grand que, deux ans après une prolongation du LEP, la question d'un BEH à 115 GeV ne soit pas résolue. Le LHC devait être construit le plus rapidement possible pour régler définitivement la question de l'existence ou non du boson BEH du modèle standard (quelle que soit sa masse, sachant qu'il doit avoir une masse inférieure à 1 TeV), pour ne pas faire exploser les coûts avec des pénalités pour arrêt du génie civil et pour gagner la compétition avec les Américains qui prenaient des données avec une machine à protons (et antiprotons), quelque peu similaire au LHC mais d'énergie sept fois inférieure. La direction du CERN, avisée par ses conseils scientifiques, prenait la décision d'arrêter le LEP en novembre 2000. Le Conseil du CERN, l'assemblée des États membres du CERN, a approuvé cette décision. Il est clair que les résultats récents du LHC ont, pour moi, été un soulagement. Que n'aurait-on dit si le boson BEH avait été découvert avec une masse de 115 GeV ! Cela dit, avec le recul, certains s'interrogent : il était en effet possible, si la décision en avait été prise en 1996 environ, en mettant un maximum de cavités accélératrices et au prix d'une dépense d'électricité importante (200 MW), d'atteindre avec le LEP une énergie de 230 GeV. Le boson BEH de 125 GeV aurait été découvert plus tôt. Mais il a semblé aux décideurs de l'époque que le jeu n'en valait pas la chandelle. Le LHC aurait une puissance d'exploration beaucoup plus grande en masse, pourrait répondre à d'autres questions (y a-t-il plusieurs bosons BEH, y a-t-il des particules supersymétriques, y a-t-il de nouvelles dimensions… ?) et on décida, au nom du LHC, qui n'allait démarrer que dix ans après la fin du LEP, de n'aller avec le LEP que jusqu'à 200 GeV même si, grâce aux ingénieurs de la machine, on put atteindre 209 GeV ! »

LA LONGUE TRAQUE DU BOSON BEH, ACTE II : LE TEVATRON À CHICAGO (FERMILAB)

En l'an 2000, le Tevatron, collisionneur de protons et d'antiprotons, un peu sur le modèle de ce qui avait été fait au CERN, mais avec une énergie trois fois plus grande et une *luminosité* (nombre de collisions par seconde) qui allait devenir cent fois plus grande, fonctionnait de mieux en mieux avec une intensité et donc une quantité de collisions par seconde toujours plus grande. Suite à l'arrêt du LEP, la direction de Fermilab décidait de poursuivre le fonctionnement du Tevatron en améliorant sans cesse sa fiabilité, son nombre de collisions par seconde, tant que le LHC ne serait pas à son tour entré en activité, surpassant le Tevatron par son énergie et une luminosité encore cent fois plus grande. Le Tevatron a arrêté de prendre des données en septembre 2011.

Comment pouvait-il produire le boson BEH et le détecter ?

C'est par la fusion d'un quark du proton et d'un antiquark de l'antiproton en un boson intermédiaire virtuel[3] que le boson BEH a le plus de chances d'être produit :

$$q + \bar{q} \rightarrow W^*(Z^*) \rightarrow W(Z) + \phi$$

processus suivi des désintégrations leptoniques du W ou Z, les plus faciles à signer, et des désintégrations du boson BEH en ZZ, s'il est lourd (plus de 180 GeV), en Z Z* s'il a une masse supérieure à 120 GeV, en WW ou WW* s'il a une masse supérieure à 120 GeV en quark b^- antiquark b, si la masse est entre 115 GeV, la limite du LEP, et 130 GeV.

Le résultat en avril 2012 est présenté à la conférence de Moriond, après douze ans de prises de données et d'analyses acharnées. Un excès d'événements pouvant être interprété comme la production associée d'un boson BEH et d'un boson intermédiaire suivi de la désintégration du boson BEH, principalement en $b\bar{b}$, est observé entre 115 et 150 GeV, toutefois encore peu significatif et sans détermination précise de la masse du boson BEH dans cette région et donc sans savoir si l'excès lui était dû. Le boson BEH est exclu dans la région 155-170 GeV. Au-delà on ne peut rien dire.

LA LONGUE TRAQUE DU BOSON BEH, ACTE III : LE LHC

Les prouesses techniques du LHC

Le LHC est une aventure technique, scientifique et collaborative sans précédent. Il est conçu par des chercheurs dès 1984, mais sa construction est décidée en 1994 par le Conseil du CERN présidé alors par Hubert Curien, après donc dix années de conception et de R & D.

Que se passait-il alors aux États-Unis ? Les Américains, pour recouvrer leur suprématie, avaient décidé depuis quelques années déjà de construire un collisionneur à protons, le SSC, plus ambitieux que le LHC. Cette machine devait être réalisée au Texas, dans un terrain vierge, donc ne bénéficiant pas d'un complexe d'accélérateurs existant, avec une énergie de 40 TeV dans le système du centre de masse. Les Européens, pour compenser le handicap d'une énergie plus faible, jouaient sur une intensité plus grande, sur un coût moindre en bénéficiant des installations existantes et sur un délai de réalisation plus rapide. Les États-Unis commençaient à creuser le tunnel, à nouer des partenariats internationaux lorsque, sur une décision unilatérale du Congrès américain, à cause du coût de la machine qui augmentait constamment et à cause des contraintes budgétaires imposées par le programme de la station spatiale, ils décidaient brutalement en 1993 d'arrêter la construction et de se joindre à l'effort européen sur le LHC, moins coûteux et plus rapide. Cela facilita la décision prise par le Conseil du CERN en 1994 de lancer le programme LHC. C'était un tournant pour la physique des particules américaine, et c'est pour cela que tant d'utilisateurs du CERN sont américains aujourd'hui, et contribuent à faire du CERN, à Genève, la capitale mondiale de la physique des particules.

Les motivations du programme scientifique du LHC étaient nombreuses. Énoncées dans les années quatre-vingt, elles restent toujours valides. Bien sûr, il s'agit de la recherche du boson BEH et plus généralement de l'étude de la brisure de la symétrie électrofaible et de l'origine des masses des particules élémentaires (le mécanisme Brout, Englert et Higgs), de tester le modèle standard dans ses derniers retranchements, de découvrir et d'étudier de nouveaux états de la matière à travers des collisions plomb-plomb et plus généralement de rechercher toute nouvelle physique qui serait au-delà du modèle standard (super-

symétrie, nouvelles dimensions, micro-trous noirs…).
Le LHC semblait pour tous la bonne machine au bon
moment pour faire progresser nos connaissances.
Le LHC s'insérait parfaitement dans le complexe de
machines existant au CERN, faisant de la stratégie
du CERN une stratégie gagnante.

L'aventure du LHC

L'aventure du LHC a donc commencé il y a plus
de trente ans ! Conçu au début des années quatre-vingt,
il faudra attendre l'année 2008 pour voir les premiers
faisceaux circuler dans le LHC (Il dut toutefois être
arrêté par un incident électrique important sur une
jonction supraconductrice) et 2010 pour avoir les
premières collisions proton-proton à une énergie
moitié de l'énergie nominale (7 TeV au lieu de 14
TeV). En 2011, il avait atteint pratiquement l'intensité nominale. Il est prévu qu'en 2015 il atteigne
l'énergie nominale et qu'en 2020 il dépasse d'un facteur 10 l'intensité nominale pour fonctionner
jusqu'en 2030 environ. Le faisceau de protons a une
intensité si grande qu'il contient au total une énergie
de 1 gigajoule, capable de faire fondre 700 kg de cuivre,
énergie qu'il faut évacuer en quelques secondes en
cas de problème. L'énergie contenue dans les aimants
supraconducteurs qui entourent la machine est même
six fois supérieure à celle du faisceau. Là encore, il
faut pouvoir l'évacuer, mais en quelques minutes. Les
aimants qui contiennent cette énergie électrique sont
refroidis à la température incroyablement basse de
1,9 K (proche du zéro absolu) par de l'hélium

superfluide, état quantique cohérent tout au long de l'anneau avec une viscosité nulle. On est dans le monde des records de froid, où ont lieu des collisions de particules (protons ou noyaux de plomb) à des énergies qui en font les points les plus chauds de l'univers, tout cela dans un anneau où règne un vide plus vide que le vide interplanétaire ! Les défis (aimants, refroidissement, isolation, tenue à l'irradiation, contrôle de l'ensemble, informatisation, conduite de projet) ont été surmontés les uns après les autres et ont de nombreuses retombées. Construire cette machine n'a pas été un long fleuve tranquille : difficultés techniques (les aimants dipolaires de courbure ont un champ de 8,4 teslas, soit deux fois plus qu'au Tevatron), défaillances industrielles dans la production des éléments (sur la durée du projet nombre d'entreprises ont fait défaut), dépassements de budgets et de délais, pannes... Il faut bien voir que tout était innovation et prototype pour les principaux défis de cette machine. On y est maintenant, 1 milliard de collisions proton-proton par seconde à un peu plus de la moitié de l'énergie nominale. Atteindre les 14 TeV d'énergie nominale demandera une importante réparation (les dix mille soudures sont à revoir et à améliorer !) en 2013 et 2014. Cela laissera le temps à nos lecteurs de bien lire notre livre.

Les quatre détecteurs auprès du LHC ont eux aussi dû faire face à des défis majeurs : faire collaborer 3 000 physiciens venant d'une centaine de laboratoires d'une soixantaine de pays, faire face aux radiations intenses aux points de collision. Les protons du LHC sont distribués en 2 800 paquets de 7 cm de long et quelque microns de diamètre au point de collision contenant quelque 10^{11} protons par paquet. La fréquence de collisions de ces paquets est de 40 MHz (quarante millions par seconde) et, lorsque les paquets se rencontrent, il y a en moyenne plus d'une vingtaine de collisions. Gérer et digérer un tel taux de collisions (un milliard par seconde) n'a pas été une mince affaire.

Ces expériences, qui sont de véritables « cathédrales de la physique » où se regroupent dix mille chercheurs de plus de soixante pays dans quatre grandes collaborations, constituent la plus importante aventure scientifique mondialisée et représentent un pas dans l'avancement de ce que l'on a coutume d'appeler la « Big Science ».

Elles ont été conçues par des pionniers au début des années quatre-vingt, rejoints par bien d'autres, puis approuvées par la direction du CERN et par le Conseil du CERN en même temps que la machine. Véritables « Babel » scientifiques, elles correspondent à une nécessité (mise en commun des moyens et des forces du monde entier en vue d'un but partagé, conception d'un idéal commun entre les chercheurs de nombreux pays), construisent une intelligence collective (personne dans une collaboration, pas même le porte-parole, ne domine tous les aspects de l'expérience), forgent des outils collaboratifs nouveaux (le WEB en a été l'emblème pour les collaborations auprès du LEP), développent de nouvelles méthodes de gestion et d'organisation (basées sur la créativité, des logiciels d'archivage et de conduite de projet sophistiqués, des revues de projets systématiques et finalement la prise de décision « démocratique »). Un parlement, le « *collaboration board* », élit le porte-parole de la collaboration qui s'entoure d'un groupe exécutif. Lorsque plusieurs équipes indépendantes travaillent sur le même sujet, par exemple la R & D dans la première phase des expériences, un comité indépendant de ceux qui travaillent sur ce sujet de R & D est constitué à partir d'experts de l'expérience, sans conflit d'intérêt avec la décision à prendre. Ce comité, après une revue détaillée de l'avancement des travaux de R & D et lorsque la décision de choix doit être prise entre les équipes en compétition, fait une recommandation au porte-parole. Ce dernier porte cette recommandation devant le « *collaboration board* », qui prend la décision, éventuellement à travers un vote, à charge ensuite au porte-parole de remotiver les équipes dont la R & D n'a pas été retenue pour donner lieu à une construction d'une partie de l'expérience, en invitant cette ou ces équipes à publier ses ou leurs travaux et à se redéployer. Et tout cela fonctionne, tant le but commun de participer à l'expérience est partagé par tous. C'est ce modèle que nous dénommons le modèle « coopétitif » du CERN.

La simulation a été un outil de base pour échafauder ces grands détecteurs, comprendre leurs performances, et pour analyser et évaluer les résultats des expériences, les comparer aux prédictions théoriques. Les simulations ont demandé une puissance de traitement supérieure même à celle demandée par l'acquisition en ligne des données, pourtant considérable. Cela n'a été possible que par la mise en réseau de tous les calculateurs de tous les utilisateurs en une sorte de supercalculateur, toile d'araignée constituée par niveau : le centre au CERN, un premier cercle géographiquement réparti, un deuxième dans les universités, un troisième sur les bureaux des utilisateurs. C'est ce qu'on appelle la grille de calcul du LHC, dont une des retombées est aujourd'hui le « *Cloud Computing* ».

Un premier résultat spectaculaire

Le premier résultat spectaculaire du LHC fut obtenu fin 2010, après la première année de fonctionnement : la découverte d'un nouvel état de la matière dans les collisions plomb-plomb. Dans les collisions proton-proton, en effet, deux quarks diffusent, dans une collision dure, l'un sur l'autre, donnant naissance à deux jets de particules d'impulsion de directions opposées lorsqu'elles sont projetées sur le plan transverse au faisceau. Les autres quarks, dits spectateurs, donnent des jets dans la direction des faisceaux. Cela se voit en direct sur les écrans de visualisation des collisions les plus dures. Quelle ne fut pas la surprise, lorsque le LHC accéléra des noyaux de plomb à une énergie de 1,38 TeV par nucléon et par faisceau, de voir et cela très souvent, des collisions avec un seul jet visible dans le plan transverse et pas de jet opposé. L'expérience ATLAS fut la première où ce phénomène fut observé et interprété comme dû à la présence d'un conglomérat très dense de la matière produite lors de la collision plomb-plomb. Lorsque la collision dure quark-quark se produit à la périphérie de ce conglomérat, en laissant échapper un quark qui donne naissance à un jet de particules, l'autre quark, absorbé par le conglomérat qu'il doit traverser, ne peut s'en échapper. L'expérience CMS montra que cet état résultait d'une sorte de fusion et l'expérience ALICE, que ce conglomérat était un fluide parfait sans viscosité. Tout récemment, l'expérience ALICE a pu détecter le flash de lumière, flash gamma, produit par ce plasma à très haute température. Ce flash est le plus bref jamais détecté car sa durée est de l'ordre de la yoctoseconde (10^{-24} seconde !).

La recherche du boson BEH au LHC

Au LHC, collisionneur proton-proton de très haute énergie, les processus de production du boson BEH sont nombreux (voir la figure 5). L'énergie étant tellement grande, les gluons, plus nombreux que les quarks mais emportant une énergie plus faible que ceux-ci, dominent dans la production du boson BEH, surtout si celui-ci a une masse qui n'est pas trop grande : c'est ce qu'on appelle la fusion de gluons. Le diagramme de Feynman représentant ce processus comporte une boucle de quark top à laquelle se raccroche le boson BEH avec un fort couplage, car le quark top est très lourd. On retrouve ensuite, comme possibilité de produire le boson BEH, les collisions quark-quark à travers la fusion de bosons intermédiaires en un boson BEH. Puis le diagramme quark-antiquark donnant un boson intermédiaire qui radie un boson BEH. Enfin, la fusion d'un quark top et d'un antiquark top en un boson BEH.

Le boson BEH se désintègre à son tour dans les particules les plus lourdes permises cinématiquement : ZZ ou ZZ* (donnant notamment quatre leptons chargés dont la masse peut être reconstruite) où un des Z est à une masse plus petite que la valeur la plus probable de sa masse (courbe de résonance), WW ou WW* (donnant aussi 4 leptons dont toute-

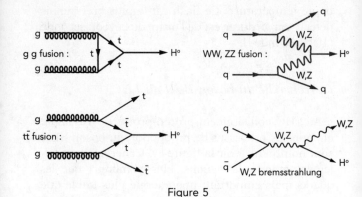

Figure 5

Diagrammes de Feynman associés aux principaux modes de production du boson BEH (ici noté H⁰).

fois deux neutrinos, si bien que la masse totale ne peut être reconstruite). Pour des masses inférieures à 120 GeV, il faut le rechercher dans des canaux plus rares et plus difficiles, quark b-antiquark b, et même photon-photon, ce dernier étant très rare et passant par une boucle de quark top (boucle inverse de celle de la production du boson BEH dans la fusion de gluons) ou une boucle de boson W (voir la figure 6), mais ayant l'avantage d'une belle signature par un pic étroit dans le spectre de masse photon-photon, sur un fond toutefois important (d'autres processus que la désintégration du boson BEH pouvant conduire à deux photons dans l'état final).

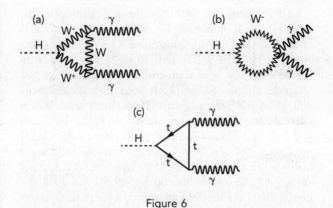

Figure 6

Diagrammes de Feynman associés au mode de désintégration du boson BEH (ici noté H) par l'intermédiare d'une
boucle de W ou de quark top.

Les résultats

Fin 2011

Fin 2011, un séminaire exceptionnel était organisé
au CERN, devant une salle comble de chercheurs et
en présence des membres du Conseil du CERN et
de son Conseil de stratégie scientifique. Cela montre
bien la solidarité qui existe entre les grandes collaborations internationales travaillant au CERN, le
personnel du CERN, et les représentants des États
membres au Conseil du CERN, régi par un traité qui
assure une certaine stabilité. C'est le manque d'une
telle stabilité budgétaire qui avait conduit à l'abandon
du projet de super-collisionneur SSC aux États-Unis.

La situation fin 2011, suite au séminaire du CERN, était la suivante. La machine avait tourné à la moitié de l'énergie nominale (3,5 TeV par faisceau) et produit $3\ 10^{14}$ collisions (au rythme, à la fin de 2011, de près d'un milliard de collisions par seconde au pic de l'exploitation). Les expériences ATLAS et CMS auprès du LHC excluaient un boson BEH du modèle standard de masse comprise entre 130 GeV et 600 GeV. Le LEP excluait un boson BEH plus léger que 114 GeV. Le LEP avait une indication faible à 115 GeV au moment de sa fermeture. L'expérience ATLAS excluait cette hypothèse fin 2011. Le boson BEH du modèle standard, s'il existait, devait avoir une masse entre 117 GeV et 130 GeV. Toute autre masse dans le cadre du modèle standard était exclue. Le Tevatron, qui excluait entre 155 GeV et 170 GeV, était clairement dépassé. Les expériences de précision, mesures indirectes, basées principalement sur les mesures précises de la masse des bosons intermédiaires et de celle du quark top favorisaient un boson BEH léger, en tout cas de masse inférieure à 150 GeV, encore une fois, dans le cadre du modèle standard. Et, cerise sur le gâteau, les expériences ATLAS et CMS, surtout grâce aux modes en deux photons et ZZ*, avaient un excès intrigant d'événements autour de 125 à 127 GeV compatibles avec ce qu'on attendrait du modèle standard, si le Boson BEH avait cette masse, et compte tenu de la statistique due au nombre de collisions accumulées jusque-là. Le Tevatron était arrêté et semblait indiquer un excès d'événements dans une zone entre 115 GeV et 150 GeV sans pouvoir cerner l'endroit exact où pourrait se situer le boson BEH ni si cet excès lui était dû. La direction du CERN, avec l'aval du Conseil, décidait alors de faire tourner la machine encore un an avant la réparation permettant d'atteindre l'énergie nominale. L'espoir était de la faire fonctionner en 2012 avec une énergie légèrement plus grande (4 TeV par faisceau au lieu de 3,5 TeV) et une luminosité plus grande permettant à la fin de 2012 d'établir si le boson BEH n'existait pas ou, s'il existait, de le découvrir.

Le 4 juillet 2012

Le 4 juillet 2012, avec une statistique double de celle de fin 2011, lors d'un séminaire historique au CERN, retransmis dans le monde entier et en particulier à Melbourne en lever de rideau de la conférence mondiale de physique des particules, les deux expériences ATLAS et CMS annonçaient la découverte d'une nouvelle particule de masse comprise entre 125 et 127 GeV. Cette particule était observée principalement dans les modes en deux photons et Z Z^*. Des indications étaient aussi fournies pour les modes WW^*, $\tau^+\tau^-$, quark b antiquark b. La signification statistique était de l'ordre de 5 déviations standards pour chacune des expériences, soit une probabilité de 1 sur 1 million que le bruit de fond puisse fluctuer statistiquement en faisant apparaître un faux signal de cette intensité. Le signal, avec ses différents modes qui le constituaient, était par contre à la hauteur de ce qu'on attendrait s'il provenait d'un boson BEH du modèle standard de 126 GeV, toutefois légèrement plus fort et particulièrement plus fort dans le mode $\gamma\gamma$. La conclusion était donc que cette particule était bien un boson BEH. Avant de pouvoir affirmer qu'il s'agissait effectivement du boson BEH du modèle standard et non, par exemple, celui d'un modèle supersymétrique dépassant le cadre du modèle standard, plus de données étaient nécessaires.

Deux grandes questions restent posées :

1. Cette particule a-t-elle bien un spin 0 comme attendu pour un boson BEH ? On sait déjà que ce n'est ni un fermion, ni un boson de spin 1 par le fait qu'il se désintègre en deux photons. En étudiant les distributions angulaires des leptons dans le mode Z Z*, on pourra tester les hypothèses spin 0 ou spin 2, ce qui devrait apporter la réponse à cette question. Aux dernières nouvelles (novembre 2012), à plus de 95 % de probabilité, le boson BEH a bien un spin nul.

2. Ce boson BEH est-il celui du modèle standard ou voit-on déjà à travers lui des signes d'une physique qui en est au-delà, en sachant que pour l'instant aucune particule non prédite par ce modèle standard (comme des particules prédites par la supersymétrie) n'a été découverte au LHC et qu'aucune mesure de précision n'est aujourd'hui en contradiction définitive avec lui ? Rien ne vient aujourd'hui réfuter le modèle standard. Il faut donc voir s'il n'existe pas plusieurs bosons BEH (comme le prédisent les théories supersymétriques). Il faut aussi surveiller ce mode γγ de désintégration du boson BEH, car dans les boucles qui le permettent on peut imaginer que contribuent des particules nouvelles (comme le stop, le partenaire supersymétrique du top), pourvu que ces particules ne soient pas trop lourdes.

Mais restons-en là pour l'instant, en attendant, comme nous le ferons au chapitre 10, de faire le point sur les recherches de nouvelle physique pouvant se situer au-delà du modèle standard.

Chapitre 9

LE MODÈLE STANDARD
DE LA COSMOLOGIE

À la fin du chapitre 2, consacré à la théorie de la relativité, nous avions montré qu'un champ privilégié d'application de la théorie de la relativité générale est la cosmologie, la discipline scientifique dont l'objet d'étude est l'univers dans son entier. Mais nous avions souligné qu'au début de l'ouvrage, alors que nous n'avions même pas encore abordé la physique quantique, qui est nécessaire à la compréhension des propriétés de la matière, il était préférable de remettre à plus tard une discussion approfondie de la cosmologie et de ses implications. Maintenant, après avoir raconté l'histoire du modèle standard de la physique des particules, il est temps de revenir à la cosmologie qui, grâce aux nouveaux moyens observationnels dont elle dispose, est en train de progresser à pas de géant. Dans la première section du présent chapitre, nous reviendrons sur les débuts de la cosmologie moderne, sur le fondement théorique que lui assure la théorie de la relativité générale, sur les vifs débats suscités par la naissance de cette discipline, sur l'épisode de la constante cosmologique introduite puis abandonnée par Einstein et enfin sur les conséquences décisives de la découverte de l'expansion de l'univers. La deuxième section sera consacrée à l'exposé du premier modèle cosmologique, aussi appelé modèle simple du big bang, qui s'est imposé comme un modèle standard de la cosmologie et qui a permis de repousser toutes les tentatives visant à nier la réalité de l'expansion de l'univers. La troisième section sera consacrée au nouveau modèle standard de la cosmologie qu'il est convenu d'appeler la *cosmologie de la concordance*, qui est le résultat des progrès dans la mesure des distances des galaxies lointaines et dans l'analyse du rayonnement diffus de fond cosmologique et qui conserve les acquis du modèle du big bang mais en lève les difficultés.

LES DÉBUTS
DE LA COSMOLOGIE MODERNE

Relativité générale et gravitation universelle

La relativité générale consiste en une théorie géométrique de la gravitation dont l'équation fondamentale relie le *tenseur de Ricci-Einstein* lié à la géométrie non euclidienne de l'espace-temps au *tenseur énergie-impulsion* décrivant de manière phénoménologique les propriétés de la matière. La constante de proportionnalité entre ces deux tenseurs est ajustée de façon à redonner la gravitation newtonienne à la limite non relativiste.

L'inconnue de l'équation, entrant dans l'expression du tenseur de Ricci-Einstein, est le *tenseur métrique de l'espace-temps* qui, en chaque point de l'espace-temps, permet de définir les étalons de mesure du temps et de la longueur. La géométrie est non euclidienne en ce sens que le tenseur de métrique n'est pas constant mais dépend des coordonnées d'espace-temps.

La relativité générale ne prévoit des écarts à la théorie de Newton que lorsque les champs gravitationnels sont forts. L'importance de ces effets peut être évaluée simplement en déterminant la vitesse newtonienne de libération d'un objet quelconque du champ de gravitation qui règne dans la partie de l'espace qu'il occupe. Si cette vitesse n'est plus trop négligeable devant la vitesse de la lumière, alors la géométrie euclidienne, ou plus exactement la géométrie minkowskienne de l'espace-temps de la relativité restreinte, n'est plus pertinente dans la description des lois de la gravitation. La courbure de l'espace-temps doit être prise en compte. Il reste à apprécier l'importance de la gravité. Dans le cas d'un objet sphérique de masse M et de rayon R, on peut le faire à l'aide de la vitesse de libération, donnée par $2GM/R$. Cette vitesse vaut 11 km/s pour la Terre. Les effets relativistes sont donc peu visibles à son échelle (bien qu'il soit déjà nécessaire d'introduire des corrections de relativité générale dans la synchronisation très précise des GPS). Les effets relativistes ne deviennent importants qu'à des échelles stellaires.

Relativité générale et cosmologie

S'il apparaît, à la vue de ce qui vient d'être dit, qu'il est nécessaire que les masses soient importantes pour observer des écarts par rapport à la théorie de Newton, un argument supplémentaire permet de saisir en quoi leurs effets peuvent remonter jusqu'aux échelles cosmologiques. Tout comme en gravitation classique, la relativité générale ne traite que des masses positives (ou de manière équivalente des énergies positives, puisque $E = mc^2$). Cela a pour conséquence que les effets de courbure ne peuvent se compenser. Ainsi, à une densité moyenne de matière dans l'univers, la théorie peut-elle associer une courbure moyenne de l'espace-temps. La relativité générale se présente donc comme étant naturellement reliée à la cosmologie, la science qui a pour objet la description globale de l'univers. Une telle description universelle est alors possible car l'univers apparaît homogène et isotrope à grande échelle. Cette formalisation repose aussi sur le *principe cosmologique* qui stipule qu'il existe un temps universel, mais qu'il n'y a ni position géométrique ni direction privilégiées dans l'espace.

L'univers statique d'Einstein

Inaugurant cette voie, Einstein se rend compte dès 1917 que l'univers de la relativité générale est instable. Le caractère additif de l'attraction gravitationnelle – dont il vient d'être fait mention – fait que tout équilibre dans une matière au repos et répartie uniformément est instable. L'univers tendrait spontanément à se réduire à un point. Pour pallier cela, Einstein ajoute à l'équation de la relativité générale un terme supplémentaire qu'il désigne par Λ, et que l'on appellera par la suite *constante cosmologique*. Cet ajout ne remet pas en cause la covariance générale de l'équation puisque Λ ne dépend pas des coordonnées. La valeur positive de cette constante traduit physiquement l'effet d'une sorte de force répulsive, une *pression négative* capable de contrebalancer l'action attractive de la gravitation. Dans le cadre du principe cosmologique, la solution ainsi obtenue[1] à l'équation d'Einstein correspond à un univers *statique* et *elliptique* (fini, mais sans bord comme l'est la surface à deux dimensions d'une sphère) dans lequel un rayon lumineux reviendrait à son point de départ. L'équation d'Einstein permet alors de relier le rayon de l'univers R, la constante cosmologique Λ et la densité de matière ρ_0.

Einstein est d'autant plus satisfait de l'ajout de cette constante qu'elle conduit à un modèle cosmologique satisfaisant à ce qu'il appelle le *principe de Mach* qui exige que le champ gravitationnel ainsi que l'inertie soient complètement déterminés par le contenu énergétique de l'univers. Dans ce modèle, le principe de Mach est en effet satisfait, car la constante cosmologique, purement géométrique (son contenu dimensionnel est celui de l'inverse du carré d'une longueur), figure dans le premier membre de l'équation d'Einstein[2] alors que le contenu énergétique de l'univers, décrit par la densité ρ_0, suffit, puisque l'univers est fini, à déterminer complètement la géométrie de l'espace-temps.

L'épisode einsteinien de la constante cosmologique

Il reste que cette constante cosmologique fait apparaître, comme l'indiquera de Sitter quelques mois plus tard[3], une solution formelle aux équations de la relativité sans second membre, tout à fait inacceptable au regard du principe de Mach : un univers de géométrie elliptique, sans matière, mais non dépourvu de courbure ! En fait un tel univers serait stable puisque ne contenant pas de matière. Si des particules, de masse suffisamment faible pour ne pas affecter la géométrie globale, sont déposées dans une région limitée de l'espace, l'effet de la constante cosmologique sera de les éloigner alors les unes des autres vers un *horizon des événements* (situé à une distance finie). La présence de cet horizon sera analysée par Einstein comme une singularité sans contrepartie physique. L'univers (ou plutôt l'espace-temps) de De Sitter a joué un rôle croissant dans le développement de la cosmologie contemporaine, en particulier en liaison avec les concepts d'horizon des événements et d'inflation. Nous y reviendrons plus loin.

L'interprétation du rôle du terme cosmologique peut en fait se déduire de sa position dans l'équation d'Einstein. S'il est dans le premier membre de l'équation, l'analyse de De Sitter signale que le principe de Mach n'est pas respecté, si le terme est dans le second membre, celui du tenseur d'énergie-impulsion, son origine est à ramener aux interactions microscopiques, mais alors l'effet de la répulsion resterait à expliquer !

Durant les années vingt, le problème de la constante cosmologique n'a fait qu'apparaître de plus en plus sévère. Il fut ainsi démontré, d'une part, que même la solution proposée par Einstein dans le cadre d'un univers décrit par une constante cosmologique était instable, et, d'autre part, que, dans l'espace-temps de De Sitter, ce qu'Einstein dénonçait comme une singularité n'en était pas une, mais seulement un horizon. C'est avec Friedmann en 1922 et Lemaître en 1927 que les événements prirent une autre tournure[4]. Chacun montra, indépendamment de l'autre, qu'il existait aussi des *solutions dynamiques* à l'équation d'Einstein, avec ou sans constante cosmologique. L'espace-temps posséderait donc la propriété de pouvoir se dilater, se contracter ou se stabiliser. Mathématiquement, ces solutions relient alors la densité moyenne de matière au rayon de l'univers que l'on interprète maintenant comme un *facteur d'échelle a(t)* gouvernant la distance, dépendant du temps, entre deux points de l'espace, et à son taux d'expansion, c'est-à-dire sa dérivée logarithmique par rapport au temps. Cette nouveauté rend inutile l'ajout de la constante cosmologique.

Dans un premier temps, Einstein s'intéressa assez peu à ces solutions dynamiques, car elles correspondaient à des univers ouverts, pour lesquels l'interprétation inertielle du principe de Mach à l'infini devenait problématique. Il commença à changer d'avis à la fin de la décennie lorsque des preuves observationnelles d'une évolution temporelle de la géométrie commençaient à poindre à l'horizon, et finalement, abandonna la constante cosmologique qu'il qualifia de plus grosse « bourde » de sa vie[5].

LE PREMIER MODÈLE STANDARD
DE LA COSMOLOGIE :
LE MODÈLE SIMPLE DU BIG BANG

La découverte de l'expansion de l'univers

La découverte de l'expansion de l'univers est peut-être l'une des plus importantes du XXᵉ siècle, c'est celle qui a donné naissance à toute la cosmologie moderne. Admettre en effet que l'univers est en expansion, revient, en remontant le temps par la pensée (en réalité à l'aide de la théorie de la relativité générale), à admettre que dans le passé l'univers était plus dense et donc plus chaud que maintenant et que, à un temps passé fini, la densité et la température ont été infinies. Le *big bang* (le « gros boum ») est le nom donné (par dérision, par les adversaires de cette cosmologie) à cette *singularité*. Mais, au fur et à mesure que s'accumulaient les preuves incontestables de l'expansion de l'univers, de simple hypothèse, le big bang a acquis le statut d'une véritable cosmologie standard qui s'est imposée face à diverses alternatives, par exemple la théorie de la *fatigue de la lumière* proposée en 1929 par Fritz Zwicky ou celle de l'*état stationnaire*, proposée en 1948 par Fred Hoyle, Thomas Gold et Hermann Bondi.

La récession des galaxies lointaines à des vitesses proportionnelles à leur éloignement

C'est à Edwin Hubble que l'on doit les premiers indices observationnels d'une expansion de l'univers[6]. Cet astronome utilisa pour cela la mesure de vitesses d'éloignement de galaxies dont la position était également connue (la vitesse était en fait donnée par le décalage Doppler sur les raies spectrales alors que l'éloignement l'était grâce à des étoiles dites *céphéides* présentes dans ces galaxies et dont les caractéristiques de luminosité absolue étaient connues). Le résultat qu'il annonça en 1929 était que la vitesse d'éloignement était proportionnelle à la distance, soit $v = H_0 d$ où H_0 est la constante qui porte maintenant son nom et qui permet de déterminer le taux d'expansion de l'espace $\dot{a}(t)$ dans les modèles de Friedmann et Lemaître (la détermination numérique de cette constante est redoutable de difficulté ; aujourd'hui, elle semble valoir[7] $70,5 \pm 1,3$ km/s/Mpc).

L'existence même d'une relation linéaire vitesse/éloignement est une preuve de l'expansion – et d'une expansion uniforme – de l'univers. Son origine se comprend aisément au moyen de l'analogie suivante faite à une dimension : si l'on tire à l'extrémité d'un élastique, l'autre extrémité étant maintenue fixe, alors le déplacement d'un point particulier du caoutchouc sera d'autant plus grand par rapport à l'origine fixe qu'il en était initialement éloigné. Le fait que la constante soit un scalaire ajoute à la propriété d'homogénéité de l'espace celle d'isotropie. À cette première preuve de l'expansion de l'univers s'en ajoutent deux autres que nous décrirons après avoir expliqué en quoi consiste le modèle du big bang.

Le cadre théorique du modèle du big bang

La cosmologie, l'histoire et la compréhension de l'univers et de ses objets, essaie d'expliquer les observations sur l'univers lointain, à partir des seules lois connues de la physique.

L'espace est homogène et isotrope : il n'y a pas de position singulière dans l'univers, il apparaît semblable à grande échelle, quel que soit le lieu d'où on l'observe. Cette homogénéité et cette isotropie nous permettent, à très grande échelle (aujourd'hui des milliards d'années-lumière), de considérer l'univers comme une sorte de gaz parfait, c'est-à-dire dont toutes les propriétés se résument aux températures T, aux densités de matière-énergie ρ et aux pressions P des différentes composantes qui constituent l'univers.

La distance entre deux points de l'espace est gouvernée par un facteur d'échelle qui dépend du temps, $a(t)$, qu'on peut imager, à deux dimensions sur la surface d'une sphère, comme le rayon de la sphère. Sur une sphère qui se dilate, la distance entre deux points dessinés sur la sphère est proportionnelle au facteur d'échelle $a(t)$ que l'on peut identifier au rayon de la sphère à l'instant t. La vitesse d'éloignement de deux points sur la sphère en expansion est proportionnelle à la distance calculée sur la sphère en suivant une géodésique (plus courte distance entre deux points : il s'agit pour la sphère de l'arc du grand cercle passant par les deux points). Cette vitesse est l'équivalent du paramètre de Hubble dont nous avons parlé précédemment. Mais nous avons un espace réel à trois dimensions et le facteur d'échelle est plus abstrait, mais parfaitement défini en mathématiques. D'ailleurs à trois dimensions d'espace, les seuls espaces que nous puissions considérer comme homogènes et isotropes pour représenter l'univers sont le plan, d'extension infinie et de courbure nulle (où la courbure est définie comme l'inverse du carré de $a(t)$), et la sphère d'extension finie. À trois dimensions d'espace, il existe, en plus du plan (courbure nulle) et de la sphère (courbure positive ($+1/a^2$), la possibilité d'un hyperboloïde de courbure négative ($-1/a^2$) et d'extension infinie. On peut se représenter un des effets de la courbure de la manière suivante : si on trace un cercle à partir de son centre à l'aide d'une corde de longueur l (suivant la géodésique), la circonférence mesure $2\pi l$ dans le cas d'une courbure nulle, elle est inférieure à $2\pi l$ dans le cas d'une courbure positive, et supérieure à $2\pi l$ dans le cas d'une courbure négative.

Comme sur un ballon sphérique (voir la figure 1) qui enfle, la vitesse d'éloignement de deux points est proportionnelle à la distance qui les sépare : le paramètre de proportionnalité est la dérivée logarithmique du facteur d'échelle par rapport au temps qu'on appelle aussi le *paramètre de Hubble H*. Il vaut aujourd'hui environ 70 km par seconde et par mégaparsec où un parsec = 3,262 années-lumière.

Mathématiquement, le modèle simple du big bang consiste en trois équations ou systèmes d'équations :
1. Les équations relativistes de la gravitation.
2. Les équations qui, pour chaque composante de

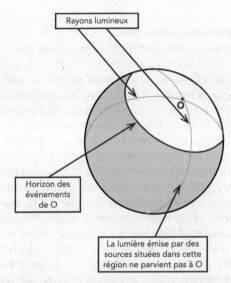

Rayons lumineux

Horizon des
événements
de O

La lumière émise par des
sources situées dans cette
région ne parvient pas à O

Figure 1 : Analogie du ballon gonflable

La lumière émise par des sources situées au-delà de l'horizon des événements de O (région grisée) ne parvient pas à O : à cause de l'expansion, l'horizon s'éloigne de l'observateur à la vitesse de la lumière. Le rayon de l'horizon des événements en O (longueur de l'arc de grand cercle reliant O à un point de l'horizon) est égal à la distance des points du cercle qui s'éloignent de 0 à la vitesse de la lumière. Dans le cas d'un espace-temps de De Sitter, pour lequel le facteur d'échelle croît exponentiellement avec le temps, le rayon de l'horizon est constant.

la matière, expriment la loi de conservation de l'énergie mécanique.
3. Les équations d'état des composantes de la matière.

Les équations relativistes
de la gravitation de Friedmann-Lemaître

Ces équations ne sont autres que les solutions de l'équation d'Einstein, dans l'hypothèse d'un univers obéissant au principe cosmologique (homogénéité et isotropie de la distribution de matière-énergie). Elles relient le facteur d'échelle de l'univers $a(t)$ à la densité totale de matière-énergie $\rho_m(t)$, la pression du fluide $p(t)$ qui est reliée à la densité totale de matière-énergie $\rho_m(t)$ par une équation d'état, la fameuse constante cosmologique Λ et un indice de courbure spatiale k, indépendant du temps, valant 0 dans le cas d'une courbure spatiale nulle (espace plat), –1 dans le cas d'une courbure négative (espace ouvert) et +1 dans le cas d'une courbure positive (espace fermé).

La première, qui implique la dérivée seconde du facteur d'échelle (son accélération) :

$$d^2 a / adt^2 = -4\pi G / 3(\rho_m + 3p / c^2) + \Lambda / 3 \qquad (1)$$

redonne, dans le cas de la physique classique non relativiste à constante cosmologique nulle, la loi newtonienne de la gravitation qui relie, dans le cas de la gravitation, force et accélération.

La deuxième équation, obtenue par intégration, fait intervenir la constante cosmologique Λ et un indice de courbure spatiale, k, indépendant du temps, qui vaut –1 dans le cas d'un espace de courbure négative, 0 dans le cas d'un espace plat, sans courbure, et +1 dans le cas d'un espace de courbure positive :

$$\left(\frac{da}{adt}\right)^2 = 8\pi G\rho_m / 3 + \Lambda / 3 - k / a^2 \qquad (2)$$

Cette équation définit ce que l'on appelle la *densité critique* $\rho_c = 3H^2/8\pi G$, qui vaut aujourd'hui l'équivalent de cinq atomes d'hydrogène par mètre cube : l'univers, qui a une densité totale de matière-énergie proche de la densité critique, est ainsi presque vide en moyenne, même si cela se traduit par une galaxie dans un cube de 1 mégaparsec de côté en moyenne !

Rappelons que Λ est la constante cosmologique. Dans le modèle simple du big bang, cette constante est purement et simplement égalée à zéro. Dans ce cas, l'équation (2) montre que la densité totale de matière est égale à la densité critique si $k = 0$. Elle indique aussi dans ce cas que la somme des énergies cinétiques et gravitationnelles est nulle !

L'équation de conservation de l'énergie mécanique

La loi de conservation de l'énergie mécanique relie, pour chaque composante du contenu énergétique de l'univers représentée par l'indice i, la densité ρ_i à la pression P_i.

$$d(\rho_i c^2 a^3) / dt = -p_i da^3 / dt \qquad (3)$$

Si la constante cosmologique n'est pas nulle, on peut lui associer une densité d'*énergie du vide*, $\rho_v = \Lambda / 8\pi G$, une densité d'énergie qui est constante au cours de l'expansion et uniformément répartie dans l'espace. L'équation (2) nous montre un comportement surprenant de cette mystérieuse « substance » associée à l'énergie du vide : la pression, liée à la constante cosmologique, est l'opposée de cette densité d'énergie, elle est négative, agissant comme une force répulsive, provoquant une expansion exponentielle de l'univers. Dans le cas d'une courbure spatiale nulle ($k = 0$), ce qui semble une très bonne approximation pour notre univers, c'est la somme de la densité totale de matière-énergie et de la densité d'énergie du vide qui est égale à la densité critique.

Les équations d'état des composantes de la matière

Ce sont les équations qui expriment, pour chacune des composantes du contenu matériel de l'univers, la densité et la pression comme fonctions de la température T. Jointes aux équations (2), elles permettent de distinguer, dans l'histoire de l'univers, une ère (à haute température) où dominent le rayonnement et la matière relativiste

$$\rho_i,\, P_i \, \alpha \, a^{-4},\, T \, \alpha \, a^{-1}$$

et une ère (à basse température) où domine la matière non relativiste,

$$\rho_i \, \alpha \, a^{-3},\, T \, \alpha \, a^{-1}$$

ainsi qu'une ère, à la fin de l'histoire de l'univers, où dominerait la constante cosmologique si elle n'est pas nulle : $P_v = -\rho_v$, où ρ_v est la densité d'énergie qui pourrait être associée à la constante cosmologique. Cette équation d'état laisse perplexe ! Si Λ correspond à l'énergie du vide, on aurait là l'équation d'état du vide.

L'abondance relative des éléments légers dans la densité de matière

La première preuve de l'expansion de l'univers qui s'ajoute à celle de la récession des galaxies lointaines, et dont le modèle simple du big bang permet de rendre compte, concerne les abondances relatives des éléments légers (comme l'hydrogène et l'hélium) dans les gaz interstellaires qui forment la majorité de la densité de matière observée. On constate en effet que la proportion relative de l'hélium, du deutérium et du lithium est sensiblement la même dans tout l'univers. Cela indique une origine commune des éléments légers. Comme ceux-ci ne peuvent se former à partir des protons et des neutrons que pour des températures de l'ordre de 10^9 K, on peut en conclure qu'il est nécessaire que l'univers ait été, à une période antérieure, plus chaud et donc plus dense. Cette phase de l'histoire de l'univers, que l'on appelle la phase de *nucléosynthèse primordiale,* est une phase encore dominée par la radiation, mais où commencent à se synthétiser les noyaux les plus légers (hélium, tritium, lithium). Elle dure environ trois minutes. Le principe de l'origine de ces éléments est toujours le même, mais, comme il est un peu technique, nous lui avons consacré un encadré intitulé *Le principe de la nucléosynthèse.*

Le rayonnement du fond diffus cosmologique

La seconde grande preuve de l'expansion de l'univers qui s'ajoute à celle de la récession des galaxies réside, quant à elle, dans l'observation du *rayonnement du fond diffus cosmologique*. Ce rayonnement électromagnétique, détecté tout à fait par hasard en 1965 par deux radioastronomes, Arno Penzias et Robert Wilson[8], une découverte qui leur a valu, avec Pyotr Kapitza, le prix Nobel en 1978, constituait une prédiction de la théorie du big bang faite par George Gamow, puis par Ralph Alpher et Robert Herman[9] également en 1948. Il a en effet pour origine les transitions radiatives des premiers atomes neutres qui ont pu se former lorsque la température de l'univers devenait progressivement assez basse (de l'ordre de 3 000 K). Entre cette époque (située, comme on le sait maintenant avec une certaine précision, 370 000 ans après le big bang) et aujourd'hui (environ 13,7 milliards d'années après le big bang), la longueur d'onde des photons émis a alors augmenté dans la même proportion que les distances relatives dans l'univers en expansion, si bien que ce rayonnement initialement situé dans le visible et l'ultraviolet est aujourd'hui détecté dans le domaine des ondes radio. Ce glissement en longueur d'onde constitue peut-être la preuve la plus remarquable de l'expansion de l'espace-temps.

L'analyse approfondie du fond diffus cosmologique, le tournant de la cosmologie contemporaine

L'attention portée au rayonnement du fond diffus cosmologique, qui était une prédiction du modèle du big bang et avait été découvert par hasard en 1965, marque un tournant dans la cosmologie observationnelle. Ce rayonnement est un flash de lumière, émis 370 000 ans après le big bang, quand l'univers est devenu transparent parce que le plasma de noyaux et électrons s'est transformé en un gaz d'atomes neutres. À l'époque de son émission, la matière n'est pas organisée : tout atome est en équilibre thermique avec le rayonnement. Le spectre de fréquence de cette émission obéit avec une précision remarquable à la loi de Planck qui, en 1900, avait marqué le début de la physique quantique. Le maximum d'intensité du rayonnement peut alors être relié, grâce à cette loi, à la température de la matière. On observe aujourd'hui encore un rayonnement correspondant à une température de 2,7 K, donc très froid, proche du zéro absolu, isotrope et presque homogène (à quelques parties par million près). Les longueurs d'onde croissent proportionnellement au facteur d'échelle qui gouverne l'expansion de l'univers. La température de ce rayonnement, inversement proportionnelle aux longueurs d'onde et donc au facteur d'échelle, devait avoir été beaucoup plus grande dans le passé. Lorsque cette température était plus grande que mille fois celle d'aujourd'hui, la température de ce rayonnement était telle que les atomes étaient dissociés et, donc, que l'univers d'alors était opaque. Cette lueur, que l'on observe aujourd'hui à 2,7 K, est donc la trace de la transparence de l'univers qui a suivi la formation des atomes, supprimant ainsi l'opacité à la lumière dans laquelle il baignait. C'est la lueur la plus lointaine et la plus ancienne pour nous dans l'univers : elle nous offre donc une véritable photographie de l'état de l'univers à cette époque reculée.

Ce fut l'objet de l'envoi des satellites COBE et WMAP (respectivement lancés en 1989 et 2001), puis du satellite Planck en 2009 que de mesurer avec une grande finesse les variations spatiales de la température du rayonnement du fond diffus cosmologique (voir la figure 2). Celle-ci vaut en moyenne 2,726 K et ses variations (si l'on retranche les inhomogénéités dues à l'effet Doppler provoqué par le mouvement de la Terre et celles dues à des sources connues dans la tranche de la Voie lactée) portent sur le cinquième chiffre de la valeur précédente. Si l'étude de ce rayonnement indique donc que l'univers était remarquablement homogène à ses débuts, les très faibles inhomogénéités constituent également une information importante car l'apparition des structures à grandes échelles que l'on observe actuellement dans l'univers leur est peut-être reliée et il est possible qu'elles trouvent leur origine dans les fluctuations du vide quantique.

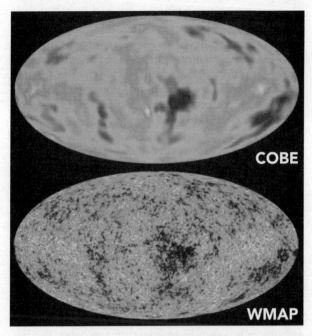

Figure 2 : Cartes angulaires
du fond diffus cosmologique
relevées par les satellites COBE et WMAP

Les limites du modèle du big bang

L'analyse de plus en plus précise du fond diffus cosmologique a mis en évidence les insuffisances du modèle simple du big bang. S'il est vrai que ce modèle permet de décrire correctement un univers compatible avec les trois preuves majeures de l'expansion que nous avons évoquées plus haut, il ne permet pas pour autant d'expliquer que le fond diffus cosmologique soit si homogène : sa carte montre en effet des régions de l'espace qui nous apparaissent non causalement reliées et qui, pourtant, à part des fluctuations de l'ordre de quelques millionièmes, sont à la même température. Or, en rejouant l'expansion à l'envers, ces régions se trouvent ne jamais avoir été dans le passé en situation de contact causal. Ce qui est en question avec cette difficulté, c'est l'hypothèse même du big bang : après le big bang et l'expansion infiniment rapide qu'il suppose, l'expansion *décélère* : les régions qui nous apparaissent non causalement reliées étaient, a fortiori, non causalement reliées dans le passé : on ne comprend donc pas la très grande homogénéité de la carte du fond diffus cosmologique.

Une autre difficulté du modèle du big bang est liée au fait que la courbure de l'espace (déduite par exemple de la densité de matière et du taux d'expansion fournis par les mesures du satellite WMAP) soit si faible. Or, selon le scénario du big bang, la platitude spatiale de l'univers n'est qu'une possibilité parmi une infinité d'autres. Dans ce scénario, il faudrait un ajustement extrêmement fin des paramètres de la cosmologie pour obtenir, aujourd'hui, un univers spatialement plat.

Ces deux difficultés appellent un dépassement du modèle du big bang, mais, pour essayer de déceler, dans ce modèle, les hypothèses à remettre en cause pour un éventuel dépassement, nous devons apporter une réponse à la question de savoir jusqu'où l'on peut remonter le temps dans l'archéologie de l'univers, en quoi consiste un modèle de l'univers en expansion.

L'ARCHÉOLOGIE DE L'UNIVERS

Si à l'aide des paramètres fondamentaux de la cosmologie d'aujourd'hui (les diverses densités de matière-énergie, le taux actuel d'expansion, l'éventuelle accélération de l'expansion, la température de l'univers aujourd'hui), on remonte dans le passé en utilisant les lois de la théorie de la relativité générale d'Einstein, les équations d'Einstein-Friedmann-Lemaître, on constate que l'univers devient de plus en plus dense (les distances se contractant) et donc de plus en plus chaud. Il apparaît que l'univers primordial relève de la physique des hautes énergies (physique nucléaire et physique des particules), et que les paramètres de température et de densité tendent même vers l'infini il y a environ 13,7 milliards d'années.

Les grandes étapes sont les suivantes, en remontant le temps et en escaladant l'échelle des températures et des densités :

- Aujourd'hui, le rayonnement fossile a une température de 2,7 K. C'est le bain thermique résiduel dans lequel l'univers non thermique ayant subi des structurations de type gravitationnel (galaxies, étoiles, planètes) baigne. À l'échelle de ces structures, la gravitation et la physique classiques règnent en maîtres. En remontant le temps, la température augmente, car l'univers se contracte et les densités augmentent : suivons les deux paramètres température et distances.

- Les galaxies se rapprochent jusqu'à se fondre les unes dans les autres : la température est de 18 K. Les distances sont divisées par 7.

- La température monte à 6 000 K (0,5 eV). Les atomes se dissocient, laissant la place à des plasmas d'électrons et de noyaux. Nous sommes dans le domaine des énergies de l'ordre de grandeur de l'énergie de liaison de l'atome d'hydrogène, domaine typique de la mécanique quantique. Les distances sont divisées par environ 2000.

- La température dépasse les milliards de degrés (0,1 MeV). Les noyaux se dissocient en protons et neutrons. La physique nucléaire gouverne cette étape. Les distances sont divisées par 300 millions.

- La température dépasse 1 MeV, les neutrinos entrent dans la danse. Ils sont dès lors couplés à la matière, notamment, par la réaction

$$\nu_e + n \rightleftarrows p + e^-$$

- La température dépasse les 10 000 milliards de degrés (1 GeV), les protons et les neutrons se dissocient en quarks et gluons. On entre dans l'époque d'un bain de quarks, gluons, leptons et photons avec des densités nucléaires semblables à celles qui règnent à l'intérieur d'un noyau d'atome. Cette étape est déterminée par la chromodynamique quantique, théorie quantique et relativiste décrite au chapitre 6.

- La température dépasse les 100 GeV : les interactions faibles et électromagnétiques fusionnent, deviennent indifférenciées. Cette température est celle de la transition associée au mécanisme BEH, objet principal du présent ouvrage ; on est en plein dans le modèle standard électrofaible décrit dans la deuxième partie. Les particules que nous connaissons, quarks, leptons, bosons intermédiaires, deviendraient sans masse selon le modèle standard. La pertinence du temps dans ce mode sans particules massives, rempli uniquement de rayonnement, commence à vaciller, puisque la notion d'intervalle de temps propre pour chacune des particules qui remplissent l'univers n'a plus de sens. Le temps ne s'écoule pas pour des particules de masse nulle. Le temps ne peut alors être perçu que collectivement, par l'évolution de la température, des distances et de la densité d'énergie.

• Continuons notre course en arrière. Rien ne peut, dans notre extrapolation vers le passé, arrêter la course vers des températures plus élevées, vers des densités encore plus grandes. On atteint un régime qui dépasse les énergies que l'on peut atteindre à l'aide des collisions induites par les accélérateurs de particules les plus puissants. On entre dans le domaine hypothétique de la théorie dite de *grande unification*. L'extrapolation de ce qu'on connaît aujourd'hui nous laisse à penser que, vers 10^{16} GeV, on atteint un régime où les trois interactions fondamentales non gravitationnelles, les interactions fortes, électromagnétiques et faibles, pourraient être indifférenciées.

• Au-delà, en allant vers les 10^{19} GeV, on entrerait dans le domaine de la gravité quantique, terra incognita, celui de l'unification et de l'indifférenciation extrêmes où il n'est même pas sûr que les notions d'espace et de temps telles que nous les appréhendons aient encore un sens.

Cette énergie marque la limite de la connaissance scientifique aujourd'hui. L'échelle d'énergie de

10^{19} GeV appartient à ce que l'on appelle les *échelles de Planck*. On sait en effet, et Planck lui-même en avait fait la remarque dès 1899[10], avant même son article sur le rayonnement du corps noir, qu'en combinant les quatre constantes universelles que sont la constante de la gravitation G, la vitesse de la lumière c, la constante de Planck et la constante de Boltzmann k_B, on peut définir des échelles extrêmes de longueur, temps et température dont Planck se demandait quelle pouvait bien être la signification.

Aujourd'hui, les échelles de Planck sont interprétées comme définissant le domaine dans lequel les effets quantiques ne peuvent plus être négligés dans la théorie de la gravitation. Comme on ne dispose pas actuellement d'une théorie quantique de la gravitation, l'histoire scientifique de l'univers ne peut commencer que lorsque l'univers passe au-dessous de la température de Planck (ou, dit autrement, qu'au temps égal au temps de Planck après le big bang). Cela étant posé, voyons maintenant comment s'est opéré le dépassement du modèle simple du big bang.

LE DÉPASSEMENT DU MODÈLE SIMPLE DU BIG BANG

Importants progrès observationnels au début des années deux mille

Ces progrès ont d'abord concerné la détermination avec une précision croissante de la carte du fond diffus cosmologique, depuis les résultats du satellite

COBE, qui ont valu le prix Nobel 2006 à George Fitzge-
rald Smoot, qui en était l'investigateur principal,
jusqu'à ceux de la mission WMAP, puis à ceux qui
seront bientôt publiés en provenance du satellite
Planck. L'autre progrès décisif, qui a valu l'attribution du prix Nobel de physique à Saul Perlmutter,
Brian Schmidt et Adam Riess en 2011, concerne la
mesure des distances des galaxies lointaines, à l'aide
de nouveaux étalons de magnitude absolue (aussi
appelés « bougies standards »), les *supernovae de type
1A*, qui ont remplacé les céphéides dont s'était servi
Hubble pour établir sa loi. Ce sont des supernovae
dont l'explosion produit un pic de luminosité dont
la forme et la hauteur sont suffisamment stables
pour pouvoir servir d'étalon de mesure de la magnitude absolue, qui, à partir de la mesure de la magnitude relative, permet de remonter à la distance de la
galaxie dans laquelle s'est produite l'explosion.

La cosmologie de la concordance

Ce que l'on appelle la *cosmologie de la concordance*
(voir la figure 3) est la mise en cohérence de diverses
méthodes observationnelles et modélisations phénoménologiques, permettant, par recoupement, une
actualisation aussi précise que possible des paramètres fondamentaux de la dynamique de l'univers
en expansion. On aboutit ainsi au nouveau modèle
standard de la cosmologie contemporaine, que
l'on appelle aussi le modèle ΛCDM, pour Lambda
(constante cosmologique)-Cold-Dark-Matter (matière
sombre froide), que nous avons résumé dans l'enca-

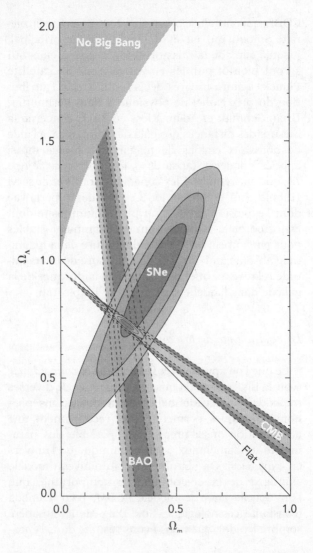

Figure 3 : Mise en concordance des données
observationnelles

Les modèles alternatifs au big bang (No Big Bang) sont complètement exclus. Ce diagramme représente les contributions de la constante cosmologique Ω_Λ et de la matière (matière ordinaire + matière sombre) Ω_m à la densité totale rapportée à la densité critique (celle pour laquelle l'univers est spatialement plat), telles qu'elles sont déterminées (avec leurs marges d'incertitudes) par différentes méthodes :

• Supernovae (SNe).
• Oscillations acoustiques baryoniques (BAO).
• Fond diffus cosmologique (CMB).

La droite $\Omega_\Lambda + \Omega_m = 1$, marquée « flat », représente ce qu'on attend d'un univers spatialement plat.

La concordance des différentes méthodes valide le nouveau modèle standard de la cosmologie.

dré intitulé *Les résultats de la cosmologie de la concordance*.

La comparaison de ces résultats avec ceux du modèle simple du big bang conduit aux quatre conclusions suivantes :

1. Le modèle simple du big bang n'est pas invalidé du point de vue de son cadre théorique : la cosmologie de la concordance utilise les mêmes équations (celle de la cosmologie de Friedmann-Lemaître) que le modèle simple du big bang. Les alternatives niant l'expansion de l'univers sont exclues par les résultats des deux modèles. Comme nouveau modèle standard, la cosmologie de la concordance représente un *dépassement* du modèle simple du big bang.

2. Les composantes « matière sombre » et « énergie sombre » sont des composantes inévitables de la cosmologie de la concordance, inconnues dans le modèle simple du big bang. La matière sombre serait une forme de matière ne participant pas (ou très peu) aux interactions non gravitationnelles. Elle est qualifiée de « froide » parce que les hypothétiques particules dont elle serait constituée seraient massives, et donc non relativistes.

3. L'égalité de la densité d'énergie sombre et de celle d'une énergie du vide induite par la constante cosmologique, responsable de l'accélération de l'expansion, marque le spectaculaire retour de la constante cosmologique.

4. Les limites du modèle simple du big bang, liées aux problèmes de l'homogénéité et de la platitude, impliquent la nécessité d'un nouveau paradigme cosmologique.

INFLATION ET CONSTANTE
COSMOLOGIQUE,
LE NOUVEAU PARADIGME
DE LA COSMOLOGIE CONTEMPORAINE

Premiers scénarios d'inflation

Les limites du modèle simple du big bang avaient été perçues, dès les années soixante-dix, bien avant que les mesures précises de la cosmologie de la concordance ne les eussent explicitées de manière précise.

L'idée de l'*inflation* a été initialement proposée au début des années quatre-vingt par Alan Guth[11]. Elle peut être exposée de la manière suivante. Dans une époque très reculée de l'histoire de l'univers, à des températures comprises entre 10^{27} K et 10^{32} K correspondant à des temps compris entre le moment de la brisure de la symétrie de la grande unification et le temps de Planck, se serait produite une transition de phase dont les causes restent à expliquer. Celle-ci aurait pu se traduire dans l'équation d'Einstein par l'apparition d'un terme analogue à la constante cosmologique, mais situé dans le tenseur d'énergie-impulsion et non dans la partie métrique de l'équation d'Einstein. Durant cette période, l'univers se serait étendu dans l'espace suivant une exponentielle du temps, si bien que le facteur d'échelle de l'univers aurait augmenté d'au moins 26 ordres de grandeur. Ce scénario de l'inflation lève les difficultés du modèle simple du big bang :

• Comme l'expansion ne décélère plus, mais au

contraire s'accélère, une région homogène et
petite dans le passé lointain finit, grâce à l'expansion accélérée, par occuper la totalité de l'univers observable. L'homogénéité est expliquée.
• L'expansion accélérée aplatit l'espace. La platitude est expliquée.

Ce scénario de l'inflation, intellectuellement sédui-
sant, manquait, jusque très récemment, de support
observationnel.

La cosmologie de la concordance valide le scénario de l'inflation

Une des implications les plus importantes de la cosmologie de la concordance est qu'elle tend à valider le
scénario de l'inflation. Dès la découverte des fluctuations de température dans la carte du rayonnement diffus de fond cosmologique, il est apparu qu'il n'y avait
aucun mécanisme relevant de la physique de la structure de la matière pouvant fournir une explication à
ces fluctuations, et qu'il fallait chercher leur origine
dans des fluctuations affectant la structure de l'espace-
temps, c'est-à-dire relevant de la gravitation quantique.
Mais alors, le mécanisme de l'inflation, qui permet de
résoudre les difficultés de l'homogénéité et de la platitude, est le bienvenu pour faire croître la taille de ces
fluctuations de l'échelle de Planck jusqu'aux échelles
astrophysiques auxquelles elles sont observées. Et de
fait, toutes les modélisations entreprises ont ample-
ment conforté cette hypothèse. Ainsi le scénario de
l'inflation sort-il du domaine de la pure spéculation
théorique et commence-t-il à acquérir un statut de

paradigme, et ce, d'autant plus qu'il peut être soumis, comme nous le verrons un peu plus loin, à un test critique. Auparavant, il nous faut discuter de l'autre volet du nouveau paradigme, la constante cosmologique.

La constante cosmologique et le destin de l'univers

L'autre découverte très importante de la cosmologie de la concordance est double :
- D'une part c'est celle d'une accélération de l'expansion remarquablement bien expliquée par un terme de constante cosmologique et,
- d'autre part, c'est le fait que l'énergie du vide induite par ce terme de constante cosmologique rend bien compte de la densité d'énergie sombre qu'il faut ajouter aux autres composantes de la densité de matière-énergie pour saturer la densité critique.

Alors que, comme nous venons de l'expliquer, l'inflation concerne le passé lointain de l'univers, la constante cosmologique concerne son destin, c'est-à-dire son futur lointain.

Si, en effet, la constante cosmologique n'est pas nulle, c'est sa contribution qui dominera la dynamique de l'univers dans le futur lointain : l'univers tendra asymptotiquement vers un univers de De Sitter comportant un horizon des événements dont le rayon L_Λ est donné par la constante cosmologique (c'est la racine carrée de trois fois l'inverse de la constante cosmologique). La pression négative associée à la constante cosmologique tend à vider l'univers observable de toutes ses galaxies : lorsque le temps tend vers l'infini, la constante de Hubble tendra vers sa valeur asymptotique, l'inverse de la longueur associée à la constante cosmologique ; corrélativement, la densité critique tendra vers la densité associée à la constante cosmologique, laquelle n'est autre que la densité d'énergie sombre, qui donc représentera 100 % du contenu énergétique de l'univers observable !

Remarquons qu'aujourd'hui, la densité d'énergie associée à la constante cosmologique (densité d'énergie sombre) représente déjà 70 % de la densité totale ! Cette densité est bien une densité d'énergie du vide ! Mais le vide dont il s'agit est le vide de l'univers observable : dans le futur lointain, l'univers observable (mais pas l'Univers entier) sera vide, car toutes les galaxies seront passées de l'autre côté de l'horizon !

Ainsi voyons-nous le nouveau paradigme élargir le champ de la cosmologie vers le passé lointain avec l'inflation et vers le futur lointain avec la constante cosmologique. Mais examinons maintenant ce que nous dit la cosmologie à propos de l'état présent de l'univers.

Les grandes structures dans la distribution des galaxies : un test critique du nouveau modèle standard de la cosmologie

La cosmologie de la concordance débouche sur une explication possible de la seconde grande découverte de la cosmologie contemporaine, après celle de l'expansion de l'univers, celle des grandes structures dans la distribution des galaxies.

Tous les progrès accomplis dans la détermination

des distances des galaxies ont permis d'établir un catalogue tridimensionnel de l'ensemble des galaxies connues. Ce catalogue révèle des milliards de galaxies regroupées en amas, faisant partie de superamas, atteignant des tailles de plusieurs centaines de milliers d'années-lumière, plus ou moins aplatis en murs et filaments et donnant à l'univers observable une structure ressemblant à une sorte d'éponge. Cette structure est certes homogène et isotrope à très grande échelle, comme on pouvait s'y attendre en vertu du principe cosmologique, mais sa découverte a été une véritable surprise. Dès la découverte par les premières expériences de mesure de la carte du fond diffus cosmologique, des inhomogénéités qui sont maintenant bien expliquées par l'inflation, on a formé l'hypothèse que là se trouvait le germe de perturbations du champ gravitationnel pouvant provoquer la structuration en éponge de la distribution des galaxies. C'est d'ailleurs cette hypothèse qui a motivé le lancement des programmes de mesure à haute précision du fond diffus cosmologique comme COBE, WMAP et maintenant PLANCK. Cette hypothèse a été soumise à un test critique, une véritable expérience critique (certes, une expérience *in silicio*). Il est possible en effet de simuler, sur de très gros ordinateurs, la structuration d'un fluide composé de dizaines, voire de centaines de milliards de molécules (en fait, des galaxies) dans un champ gravitationnel inhomogène. Cette simulation ne fait appel qu'aux lois essentiellement classiques de l'hydrodynamique, et ne présente aucune difficulté théorique de principe. Dans ces simulations, on utilise comme conditions initiales la distribution des inhomogénéités du fond diffus cosmologique, ainsi que l'ensemble des paramètres fondamentaux de la cosmologie de la concordance (âge de l'univers, densités de matière-énergie des composantes de la matière), et on fait « tourner le programme » pour voir évoluer le fluide, c'est-à-dire se structurer l'univers. La ressemblance obtenue entre le résultat de la simulation et le catalogue tridimensionnel est saisissante (voir les figures 4a et 4b) ! Mais ce résultat n'est obtenu qu'avec les paramètres de la cosmologie de la concordance. Si, par exemple, on omettait, dans les conditions initiales, la matière sombre ou l'énergie sombre, on n'obtiendrait pas une bonne ressemblance. Il s'agit donc bien d'une expérience critique : si elle n'avait pas été concluante, il aurait fallu renoncer aux hypothèses à l'origine du modèle cosmologique.

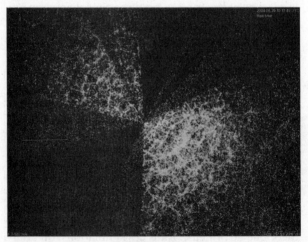

Observées

Figure 4a : Catalogue tridimensionnel
des galaxies observées

Simulées

Figure 4b : Résultat d'une simulation
des grandes stuctures

LE PRINCIPE
DE LA NUCLÉOSYNTHÈSE

• D'abord, à partir des deux éléments dominants *a* et *b* se produit une réaction chimique en équilibre : $a + b \rightleftarrows c + \Delta E$, où ΔE est une énergie relâchée, car *c* est plus lié que le système où *a* et *b* sont séparés. La thermodynamique nous dit que lorsque la réaction est en équilibre, *c* est très peu présent si $k_B T > \Delta E$ (où k_B désigne la constante de Boltzmann), car il est soumis à l'agitation thermique qui le dissocie en permanence en *a* et *b*. Lorsque la température baisse et que $k_B T < \Delta E$, l'abondance de *c* se stabilise et celles de *a* et *b* décroissent exponentiellement comme exp(– ΔE / $k_B T$). Advient un moment où l'abondance de *a* et *b* est si faible que l'expansion de l'univers les découple de l'équilibre thermodynamique. Les abondances de *a*, *b* et *c* sont alors en quelque sorte *gelées*. Elles vont toutes décroître de la même manière en raison de l'expansion de l'univers (croissance des distances). Parfois les réactions chimiques sont plus complexes mais l'origine des éléments composites suit toujours ce même schéma : c'est un des acquis du modèle standard de la cosmologie moderne. C'est de cette manière qu'ont procédé George Gamow, Ralph Alpher et Hans Bethe pour montrer en 1948 que ce qui était devenu *le modèle du big bang* conduit à une prévision exacte des abondances relatives des éléments légers[12].

RÉSULTATS
DE LA COSMOLOGIE
DE LA CONCORDANCE

• L'âge de l'univers est estimé à t_0 = 13,7 ± 0,2$10^9$ années

• La constante de Hubble vaut H = 72 ± 3 km/sec/Mégaparsec

• Date de l'émission du rayonnement de diffus fond cosmologique

$$t_{RDFC} = 379^{+8}_{-7}10^3 \text{ années après le big bang}$$

• Trois composantes dans la densité de matière-énergie rapportées à la densité critique de matière-énergie $\rho_c = \dfrac{3H^2}{8\pi G}$, où H est la constante de Hubble

— *Matière baryonique* : $\Omega_b = \dfrac{\rho_b}{\rho_c} = 4{,}4\ \%$ de la densité critique

— *Matière sombre* : $\Omega_{MS} = \dfrac{\rho_{MS}}{\rho_c} = 22\ \%$ de la densité critique

— *Énergie sombre, correspondant à l'énergie du vide donnée par une constante cosmologique* :

$$\Omega_{ES} = \dfrac{\rho_v}{\rho_c} = \dfrac{\Lambda}{8\pi G\rho_c} = 73\ \% \text{ de la densité critique}$$

Compte tenu de ces trois composantes, les données actuelles sont compatibles avec un univers plat ($\Omega = 1$) (voir la figure 3).

L'HÉRITAGE DU BOSON

Pour l'esprit scientifique, tracer nettement une frontière, c'est déjà la dépasser.

BACHELARD

Chapitre 10

LES NOUVEAUX HORIZONS :
À LA RECHERCHE D'UNE PHYSIQUE
AU-DELÀ DES MODÈLES STANDARDS

La citation de Gaston Bachelard que nous avons mise en épigraphe de ce chapitre avait déjà été mentionnée au début du premier chapitre et nous avait servi à expliquer le rôle que joue le concept de modèle standard dans la méthodologie mise en œuvre dans la recherche scientifique contemporaine : toute recherche visant à valider ou confirmer le modèle standard est inséparablement une recherche visant à le dépasser. Dans le présent chapitre, nous voulons faire le point des recherches visant à dépasser les deux modèles standards que nous avons présentés dans les chapitres précédents. Nous commencerons par donner un aperçu des arguments théoriques, ou plutôt heuristiques, qui suggèrent des pistes pour entreprendre ces recherches, puis nous présenterons un panorama des expériences en cours ou de celles qui sont envisagées ou programmées dans un futur plus ou moins proche, et enfin nous consacrerons un important développement à la physique des neutrinos, toujours très active, et qui a déjà produit de claires indications de physique au-delà du modèle standard.

La perspective de la grande unification

Pourquoi continuer sur la voie de l'unification électrofaible ?

Dès les années soixante-dix, et ce qui s'est passé depuis n'a fait que le confirmer, il est apparu qu'il n'y avait aucune raison de s'arrêter en si bon chemin sur la voie de l'unification électrofaible, et qu'au contraire une théorie dite de *grande unification* des interactions fondamentales non gravitationnelles pourrait aider à résoudre des problèmes pendants du modèle standard. En effet, dans celui-ci, l'unification des interactions électromagnétiques et faibles n'est pas complète : les paramètres de couplage des deux interactions ne sont pas égaux, leur rapport est donné par le sinus carré de l'angle de mélange de Weinberg qui est un paramètre libre qu'une théorie de grande unification pourrait peut-être permettre de contraindre, voire de calculer. De plus, comme théorie abélienne, QED (l'électrodynamique quantique) n'est pas asymptotiquement libre et, comme nous l'avons signalé au chapitre 6, son comportement à très haute énergie est pathologique (son paramètre de couplage devient infini). Les équations du groupe de renormalisation permettent de prédire le comportement à haute énergie des trois paramètres de couplage des interactions fortes (QCD), faibles ($SU(2)_L$) et électromagnétiques (QED) ; or ces trois « constantes » effectives semblent converger vers une valeur commune vers 10^{15} ou 10^{16} GeV, ce qui suggère qu'avec une théorie de jauge n'impliquant qu'une seule constante, on pourrait unifier les trois interactions.

La théorie SU(5) de grande unification

Le groupe le plus simple contenant comme sous-groupe le produit de la couleur pour l'interaction forte, par l'isospin faible et par l'hypercharge faible, pour la théorie électrofaible, est le groupe SU(5). On a donc essayé[1] une théorie de jauge non abélienne, avec comme groupe de jauge SU(5), pour réaliser la *grandiose*[2] unification des interactions fortes, faibles et électromagnétiques.

Dans cette théorie, il y aurait vingt-quatre bosons de jauge, de masse nulle en l'absence de brisure : les huit gluons, les quatre bosons électrofaibles et douze *leptoquarks* (capables de transformer un quark en un lepton). On invoque alors un mécanisme BEH à double détente comportant deux brisures spontanées :

1. Une brisure spontanée à 10^{15} GeV où les gluons et les bosons électrofaibles resteraient de masse nulle alors que les leptoquarks et un des deux bosons BEH acquerraient une masse de l'ordre de 10^{15} GeV.

2. Une autre brisure spontanée à une centaine de GeV, celle qui fait l'objet du présent ouvrage, où les bosons intermédiaires de l'interaction faible et le boson BEH qui vient d'être découvert acquièrent les masses qu'on leur connaît tandis que le photon et le gluon restent de masse nulle.

Les prédictions de la théorie SU(5) sont très encourageantes :

- La valeur de l'angle de mélange de Weinberg, dont la tangente est un rapport de paramètres de couplage, est prédite par la théorie, en relativement bon accord avec l'expérience.
- La charge électrique (paramètre de couplage de QED) est quantifiée (seules existent des charges qui sont un multiple entier de e/3), ce qui n'est pas expliqué par le modèle standard.
- Les transitions par échange de leptoquark violent la conservation du nombre baryonique et celle du nombre leptonique : *elles rendent donc possible une désintégration du proton*. Une durée de vie de l'ordre de 10^{30} ans (de l'ordre de la masse supposée du leptoquark à la puissance 4) serait prédite pour le proton (voir la figure 1).
- Comme QED est complètement intégrée au sein d'une théorie de jauge non abélienne asymptotiquement libre, il n'y a plus de pathologie de l'interaction électromagnétique à haute énergie.

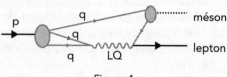

Figure 1

Diagramme de Feynman associé à une désintégration de proton, dans le cadre d'une théorie de grande unification, par échange d'un leptoquark (noté LQ) supposé de très grande masse (environ 10^{15} GeV).

D'autres attraits de la théorie de grande unification

Où est passée l'antimatière ?

Aussi loin que l'on scrute l'univers, il n'y a pas de trace d'anti-étoiles ni a fortiori d'antigalaxies. Le big bang a produit une radiation intense qui aurait dû se convertir en autant de particules que d'antiparticules. Au cours du refroidissement de l'univers, il aurait dû se former autant d'atomes d'hydrogène que d'atomes d'antihydrogène et donc autant d'étoiles que d'anti-étoiles. De plus dans un univers symétrique entre matière et antimatière, les anti-étoiles regroupées en antigalaxies devraient engendrer des frontières entre les deux mondes de matière et d'antimatière et donc générer des zones de conflagration où la matière et l'antimatière s'annihileraient en quantités vertigineuses, donnant naissance à un rayonnement caractéristique que l'on a recherché et que l'on n'observe pas.

On constate aujourd'hui des différences de comportement entre particules et antiparticules : c'est la violation de la symétrie CP que nous avons mentionnée à la fin du chapitre 7. Est-ce que ces différences ont pu jouer un rôle dans les tout premiers instants de l'univers pour provoquer un petit excès (quelques dixièmes de milliardième suffiraient) de quarks et de leptons par rapport aux antiquarks et antileptons ? Ce serait suffisant, car la matière et l'antimatière s'annihileraient, laissant cet excès de quarks et leptons qui, comparé au bain de radiation, ne représenterait que quelques parties pour dix milliards, ce que l'on observe aujourd'hui (le nombre de protons et de neutrons par rapport au nombre de photons). Sans excès de matière, matière et antimatière s'annihileraient : il ne resterait que des traces infimes de matière et d'antimatière, presque rien ! La question de comprendre d'où provient cet excès primordial de matière par rapport à l'antimatière est donc fondamentale.

Pour qu'existe un scénario permettant de répondre à cette question, le physicien russe Andreï Sakharov a énoncé trois conditions nécessaires :

1. l'univers doit être en expansion rapide de manière à figer un excès éventuel de matière lié à un déséquilibre thermique entre matière et antimatière (cela serait réalisé notamment lors de l'expansion très rapide de l'univers dans les tout premiers instants avec l'inflation) ;

2. la violation de CP, différence de comportement entre particules et antiparticules, est un ingrédient nécessaire ;

3. elle doit toutefois être combinée avec l'instabilité de la matière, la désintégration des protons notamment. Jusqu'à présent, ce phénomène n'a pas été observé. Il est toutefois prédit dans les théories de grande unification des interactions fortes, électromagnétiques et faibles à l'œuvre vers 10^{15} GeV. Et voici à nouveau un argument en faveur des théories de grande unification !

Le boson BEH de la grande unification est-il l'inflaton ?

En théorie quantique des champs, le mécanisme pouvant induire une phase d'inflation telle que celle que suppose le nouveau modèle standard de la cosmologie est typiquement un mécanisme BEH de brisure spontanée de symétrie ; si c'est le cas, on attribue au champ qui est associé à ce mécanisme le nom d'*infla-ton*, un nom générique de champ scalaire associé à l'inflation. L'interprétation phénoménologique de la cosmologie standard actuelle ne favorise pas une infla-tion intervenant lors de la transition électrofaible ; en revanche une inflation liée à la brisure de la symétrie de grande unification semble être la bienvenue. Encore un argument théorique en faveur des théories de grande unification !

La masse des neutrinos

Un autre argument en faveur des théories de grande unification vient de la masse des neutrinos. Au cha-pitre 7, lorsque nous avons expliqué comment le méca-nisme BEH confère de la masse aux fermions, nous avons vu que le modèle standard s'accommode de neutrinos sans masse, et nous en avons conclu qu'une éventuelle masse de neutrinos serait un indice très important de physique au-delà du modèle standard. Or, à partir du phénomène des *oscillations de neu-trinos*, on a pu montrer que les neutrinos (ou au moins deux d'entre eux) ont une masse, très petite (une fraction d'électronvolt), mais pas nulle. Pour expliquer une telle différence entre les masses des neutrinos et celles des autres fermions on invoque un mécanisme faisant intervenir les théories de grande unification. Ce mécanisme relierait la petitesse de l'échelle des masses des neutrinos à la très grande échelle d'éner-gie de la grande unification des interactions faibles, électromagnétiques et fortes. C'est ce que l'on appelle le *mécanisme de la balançoire* (*seesaw* en anglais). L'ordre de grandeur de l'échelle de masse des neu-trinos serait à l'échelle d'énergie de la brisure élec-trofaible (environ 100 GeV) ce que cette échelle serait à celle de la brisure de la grande unification (10^{15} GeV). Cela donne environ 10^{-2} eV (1/100 eV) et on a bien l'échelle possible des masses des neutrinos. Nous reviendrons bien plus longuement sur ce mécanisme et sur la situation expérimentale actuelle et programmée en physique des neutrinos dans la troisième partie du présent chapitre.

Les insuffisances de la théorie SU(5)

*Le proton ne semble pas vouloir
se désintégrer*

Il se trouve que, malgré l'énormité de la durée de vie prédite pour le proton, la prédiction de son instabilité par la théorie SU(5) peut être soumise à vérification expérimentale. De nombreuses expériences ont cherché au cours des trente dernières années à observer la possible désintégration d'un proton ou d'un neutron stabilisé dans un noyau. Pour rechercher des durées de vie possibles supérieures à 10^{30} ans, on observe pendant des années au moins 10^{32} protons (soit 150 tonnes !) et on essaie d'être sensible à la désintégration de l'un d'entre eux. Le bruit de fond à combattre est celui des rayons cosmiques (c'est pourquoi on s'enterre profondément), particulièrement celui des neutrinos atmosphériques produits par les rayons cosmiques dans l'atmosphère. Les premiers détecteurs ont été réalisés dans les années quatre-vingt aux États-Unis, au Japon et en Europe, notamment dans le tunnel du Fréjus à la frontière franco-italienne. Ils n'ont pas observé de désintégration du proton, portant la limite sur sa durée de vie à 10^{32} années. Ces détecteurs avaient des masses de quelques kilotonnes. Plus récemment, dans les années quatre-vingt-dix, un détecteur de 50 000 tonnes a été réalisé au Japon, SUPERKAMIOKANDE, qui a permis de porter la limite à 10^{33} années. Pas de signal de désintégration du proton, mais ces détecteurs ont ouvert la voie à l'astronomie des neutrinos et découvert les oscillations des neutrinos, sur lesquelles nous reviendrons plus loin.

Les paramètres de couplage ne convergent pas bien

Après les mesures de précisions faites au LEP et à HERA, le comportement des paramètres de couplage en fonction de l'énergie a pu être déterminé avec une grande précision, et il est apparu que la convergence suggérant une grande unification ne se produit pas.

Bosons BEH et problème de la hiérarchie des masses

Un problème d'ordre théorique, appelé problème de la hiérarchie des masses, met aussi en difficulté la théorie SU(5) en liaison avec les masses des bosons BEH impliqués par les deux brisures de symétries. Dans le cadre d'une théorie renormalisable, la masse d'un boson BEH est renormalisée au travers des diagrammes dits de *self-énergie* (voir la figure 2) qui divergent quadratiquement. Si on a deux mécanismes BEH intervenant à des énergies très différentes (10^{15} GeV et 10^2 GeV), il semble des plus difficiles d'éviter que les deux bosons BEH ne soient tous les deux très lourds (10^{15} GeV). On ne peut obtenir un boson BEH léger et un lourd qu'au prix d'ajustements fins (*fine tuning* en anglais) qui rendent la théorie très peu crédible.

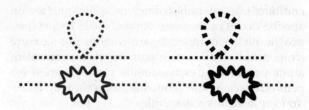

Figure 2

Diagramme de Feynman, dit de « self-énergie », associé à la renormalisation de la masse du boson BEH électrofaible, dans le cadre d'une théorie de grande unification. Au travers de diagrammes comportant des boucles, des particules de très grande masse, comme le boson BEH de la grande uni-fication (ligne pointillée épaisse) et le leptoquark (ligne ondulée épaisse), contribueraient à la masse du boson BEH électrofaible et lui donneraient une masse énorme.

Les attraits de SUSY

SUSY est le nom qu'on a familièrement donné à la *supersymétrie*. De quoi s'agit-il ? La supersymétrie (SUSY) est une nouvelle symétrie qui a été inventée pour résoudre certains problèmes de la quantifica-tion de la gravitation. Elle rassemble bosons et fer-mions au sein de *supermultiplets*. Elle combine de manière non triviale symétries internes et symétries d'espace-temps, et elle est la seule propriété de symé-trie capable de le faire. Dans les années soixante, après le succès de la classification par la symétrie SU(3) (voir le chapitre 6), on avait essayé de combi-ner cette symétrie interne avec l'invariance par rota-tion qui est une symétrie d'espace-temps au sein d'un groupe SU(6). Mais il a été démontré qu'une telle combinaison est impossible[3], ce qu'en anglais on appelle un *no go theorem*. Cependant la supersymétrie fournit un contre-exemple à ce théorème : le carré d'une transformation de supersymétrie est équivalent à une translation d'espace-temps. Cette propriété est peut-être utile pour réconcilier la mécanique quantique et la relativité générale.

SUSY au secours de la grande unification

La supersymétrie est-elle une symétrie de la nature ? On a essayé de regrouper les particules du modèle standard en supermultiplets. On n'y est pas parvenu. Il faut donc imaginer, si supersymétrie il y a, qu'elle est brisée de telle sorte que chaque particule du modèle standard ait un partenaire de l'autre statistique, d'une masse différente, qui n'aurait pas encore été découvert.

Avec l'intention de sauver l'idée de la grande unification, on a bâti le *modèle standard supersymétrique minimal* (MSSM), qui est une extension supersymétrique du modèle standard qui en redonne tous les acquis et qui comporte une brisure de la supersymétrie à quelques centaines de GeV, c'est-à-dire avec des partenaires supersymétriques[4] à découvrir, éventuellement au LHC, à de telles masses.

Un tel MSSM peut être conçu de manière à corriger les défauts de la théorie SU(5).

- Avec la supersymétrie brisée entre 500 et 1000 GeV, on peut faire converger exactement les trois paramètres de couplage (voir la figure 3).
- Le problème de la hiérarchie de masse des bosons BEH serait résolu : dans un diagramme de self-énergie, par exemple, les boucles de bosons et

de fermions ont des contributions de signes opposés qui se compensent de telle sorte que les divergences quadratiques à l'origine du problème de la hiérarchie disparaissent.

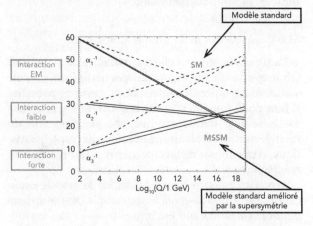

Figure 3

La convergence des paramètres de couplage des interactions électromagnétiques, faibles et fortes, qui ne se produit pas dans le modèle standard serait nettement améliorée dans le cadre d'une extension supersymétrique du modèle standard (MSSM pour modèle standard supersymétrique minimal).

- Dans une théorie de jauge avec supersymétrie, les champs BEH et le potentiel du mécanisme BEH sont contraints, alors que, dans une théorie sans supersymétrie, ils sont complètement ad hoc.

- Les partenaires supersymétriques neutres les plus légers (que l'on appelle les *neutralinos*) seraient des particules stables, n'interagissant que très faiblement, qui sont des candidats tout trouvés pour résoudre le problème cosmologique de la *matière sombre* (voir le chapitre 9).
- Imposée comme symétrie locale (c'est-à-dire comme une invariance sous des transformations dépendant du point d'espace-temps où elles sont appliquées), une théorie supersymétrique devient une théorie de *supergravité*. Pour une telle théorie, l'équivalent d'un mécanisme BEH pourrait fonctionner et donner une masse au partenaire supersymétrique du graviton, le *gravitino*, laissant sans masse le graviton. La masse de ce gravitino devient un des paramètres du MSSM.
- La théorie dite des *supercordes*, considérée comme la meilleure candidate pour unifier la gravitation aux autres interactions fondamentales, implique inévitablement la supersymétrie.

Dès le début de la conception du LHC, la recherche de la supersymétrie avait été intégrée comme l'un de ses objectifs prioritaires. Les prédictions des modèles MSSM avaient été affinées. Nous avons utilisé le pluriel pour parler de ces modèles avec supersymétrie, car ils comportent un très grand nombre de paramètres libres (ce qui est d'ailleurs leur principal défaut). Même si elles sont parfois très spectaculaires (par exemple l'existence de cinq bosons BEH !), les prédictions de ce genre de modèles sont entachées d'une énorme incertitude et les indications qu'ils peuvent fournir à l'exploration expérimentale sont donc très peu directives.

SITUATION PRÉSENTE
ET FUTURE DES RECHERCHES
EXPÉRIMENTALES

Le LHC

La masse du boson BEH

Pour ce panorama de la situation expérimentale, nous commençons, à tout seigneur tout honneur, par le LHC. Nous avons vu dans les chapitres précédents que le modèle standard comporte un mécanisme, le mécanisme de Brout, Englert et Higgs, qui, à partir d'une théorie à symétrie exacte où les masses de toutes les particules élémentaires sont nulles, implique une brisure de la symétrie électrofaible, l'existence d'un boson scalaire massif, le boson BEH, ainsi que l'émergence des masses de toutes les particules couplées au boson BEH. Le champ BEH confère au vide de la théorie quantique des champs des propriétés non triviales en tant que quasi-milieu, puisque la masse inertielle, au lieu d'être une grandeur intrinsèque aux particules, devient une grandeur partagée entre la particule et le vide dans lequel la valeur moyenne du champ BEH ne s'annule pas. La découverte du boson BEH va permettre de tester avec précision ce mécanisme, de voir s'il est bien conforme aux prédictions du modèle standard, et de rechercher toute indication de physique nouvelle, au-delà de ce modèle standard, en commençant par la recherche d'indications de supersymétrie.

Pour le moment SUSY se cache !

Avant la mise en route du LHC, l'enthousiasme pour la supersymétrie était si grand que certains s'attendaient à ce que la supersymétrie fût découverte avant même le boson BEH ! C'est pourquoi l'absence jusqu'à présent de quelque signal que ce soit en provenance de la supersymétrie a provoqué une certaine déception. Depuis l'annonce du 4 juillet 2012, les analyses effectuées par les équipes d'ATLAS et de CMS n'ont découvert aucun signal positif de la présence de supersymétrie, mais elles ont élargi ce que l'on appelle les zones d'exclusion, c'est-à-dire les zones de l'espace des quantités observables où on peut affirmer avec un certain degré de confiance qu'il n'y a pas de signal indiquant la présence de supersymétrie. Les tenants des MSSM peuvent se rassurer en faisant valoir que l'énergie, moitié de l'énergie nominale à laquelle on a été contraint de faire fonctionner le LHC, est insuffisante pour peu que les partenaires supersymétriques recherchés soient au-dessus des limites posées par les résultats actuels. Il faudra donc attendre le fonctionnement du LHC à son énergie nominale de 14 TeV pour en avoir le cœur net. Donc *wait and see* !

Analyse détaillée des propriétés du boson BEH

Pour expliquer la production et surtout les modes de désintégration du boson BEH, plus particulièrement celui en deux photons, on invoque des diagrammes de Feynman comportant des boucles (voir la figure 5 du chapitre 8). Des particules plus lourdes, non encore découvertes, pourraient contribuer à ces processus virtuels et provoquer des écarts par rapport aux prédictions du modèle standard. Ce serait une nouvelle physique, impliquant, par exemple, la présence de plusieurs bosons BEH. Le LHC pourra aussi étudier indirectement la diffusion WW, à partir de collisions produisant deux W dans l'état final. D'après la théorie électrofaible, cette diffusion aurait une probabilité croissante en fonction de l'énergie, voire dépassant l'unité si le mécanisme BEH n'était pas là pour l'empêcher de diverger. L'étude du comportement de cette probabilité de diffusion en fonction de l'énergie des deux W sera riche d'enseignements.

Comment extrapoler le modèle standard ?

Enfin, avec un boson BEH du modèle standard à 125 GeV, ce modèle pourrait s'extrapoler, sans que n'apparaisse aucune nouvelle physique, jusqu'à une énergie de 10^{15} GeV où le vide quantique deviendrait instable sauf si se produisait la grande unification. Selon ce scénario, appelé le *grand désert* par la communauté scientifique qui le redoute, il n'y aurait aucune nouvelle physique entre le TeV (l'énergie explorée par le LHC) et 10^{15} GeV, l'énergie de la grande unification ! Compte tenu des arguments développés précédemment, il nous faudrait alors nous résoudre à l'idée que la masse du boson BEH soit le pur fruit du hasard !

Le futur du LHC

Le LHC fonctionnera encore vingt ans sans doute, avec une phase de montée en énergie pour atteindre l'énergie nominale (14 TeV) et le nombre de collisions par seconde nominal (de 2015 à 2020) et une phase pour essayer d'atteindre les performances ultimes de la machine de 2020 à 2030, en accumulant dix fois plus de collisions que prévu à l'origine de sa construction. Cela passera par des innovations en cours de développement pour la machine et pour les détecteurs.

L'après-LHC

L'Europe se prépare aussi pour le futur, au-delà du LHC. Mais, en Europe, nous n'avons pas besoin de décider une prochaine machine avant 2020 pour une mise en route vers 2035-2040, car nous aurons le LHC jusqu'à environ 2030. Néanmoins, la recherche de développement technologique (ce que l'on appelle la R&D) va de l'avant et ce, dans plusieurs grandes directions.

On envisage un possible *collisionneur linéaire électron-positon de grande longueur* (de 30 à 60 km), les électrons venant d'un côté, les positons de l'autre, les collisions ayant lieu au milieu. Un tel collisionneur devrait atteindre les 500 GeV dans le système du centre de masse et avoir des faisceaux en collision de taille transverse nanométrique pour permettre une étude des propriétés du boson BEH avec une précision nettement accrue par rapport à celle obtenue au LHC. Les collisions électron-positon sont en effet « plus propres » que les collisions entre protons car électrons et positons sont des particules élémentaires, alors que les protons sont des objets composites faits de quarks, de gluons et d'une mer de quarks-antiquarks virtuels. Encore faut-il avoir suffisamment de collisions, d'où la nécessité de faisceaux ultra-fins. De plus, électrons et positons peuvent être polarisés, ce qui apporterait des informations complémentaires. L'accélérateur doit être linéaire, de manière à éviter les pertes d'énergie par rayonnement synchrotron qui se produisent dans un accélé-

rateur circulaire. La difficulté est d'avoir des gradients
d'accélération suffisants pour atteindre 250 GeV par
faisceau en 15 à 30 km. La technique des cavités
supraconductrices de radiofréquence a fait des progrès considérables au cours des dernières années et
atteint maintenant de belles performances. Un projet dénommé ILC (International Linear Collider),
mené par une collaboration entre les trois régions
(Europe, États-Unis, Asie), a vu le jour et est maintenant à l'état d'avant-projet détaillé et chiffré en attente
d'une décision éventuelle de construction. Le Japon
serait peut-être prêt à l'accueillir. Attendons de voir !

L'Europe, qui est moins « pressée », vise une
machine avec des performances plus élevées, atteignant des gradients d'accélération de près de 100 MeV
par mètre, le CLIC (Compact Linear International
Collider). Cela permettrait d'atteindre quelques TeV
dans le système du centre de masse des collisions électron-positon. La technique est révolutionnaire. Elle
est basée sur l'accélération du faisceau principal par
des faisceaux de basse énergie (environ 2 GeV) et de
très haute intensité. La puissance du faisceau de
basse énergie et de haute intensité est transférée par
décélération au faisceau de relativement basse intensité mais qu'on accélère vers de très hautes énergies. Cette accélération est modulaire, car on répète
le processus jusqu'à avoir obtenu l'énergie élevée
souhaitée. Cette technique serait particulièrement
adaptée et nécessaire si on découvre de la nouvelle
physique au LHC qui exige d'explorer les énergies
supérieures au TeV.

L'autre avenue pour le CERN et pour l'Europe
serait d'essayer de tripler l'énergie du LHC en restant
dans le même tunnel et toujours avec des protons pour

explorer de nouvelles régions à plus haute énergie. Là encore, il faudrait que l'intérêt d'une telle démarche fût appuyé sur des résultats et des découvertes faites au LHC. Le défi serait de remplacer les aimants, notamment les aimants de courbure, par des aimants ayant un champ trois fois plus important. Les pistes pour y arriver sont d'une part la maîtrise d'un nouveau câble supraconducteur, le Niobium-étain, développé dans ITER, la machine internationale de type tokamak destinée à la recherche sur la fusion thermonucléaire, et/ou des supraconducteurs à haute température développés pour le transport de l'énergie notamment. Ces câbles supportent des courants plus élevés et permettent d'atteindre des champs magnétiques plus intenses que le Niobium-titane actuellement utilisé au LHC. Mais ils demandent encore beaucoup de travail. Cette démarche s'inscrirait bien dans la tradition du CERN d'utiliser au mieux les installations existantes.

Si on rêve, et on y travaille, on pourrait aussi, dans le futur, creuser un tunnel de 80 km de circonférence qui pourrait recevoir des particules venant du tunnel du LHC, et y installer, tour à tour, des électrons et positons (on atteindrait aisément les 500 GeV et cela aurait un sens si l'ILC ou le CLIC ne sont pas construits d'ici là), et ensuite une machine proton-proton de 100 TeV dans le système du centre de masse ! Dans l'hypothèse où seulement le boson BEH du modèle standard serait découvert et rien d'autre, et si l'ILC ne se construisait pas, car trop cher, on pourrait imaginer de remettre à nouveau des électrons et positons dans le tunnel du LHC, LEP3, en y installant des cavités supraconductrices modernes, et on pourrait en faire une « usine à production du boson BEH ». Toutefois, ce serait un peu une impasse par rapport à l'option précédente.

Finalement, on étudie aussi la possibilité d'accélération des particules par des techniques totalement différentes. Il s'agit de l'accélération par lasers et plasmas. Des lasers ultra-puissants dans des plasmas peuvent produire des faisceaux fins et intenses de particules, notamment d'électrons. L'accélération dans ces plasmas, par les lasers, défie toute concurrence : on dépasserait le GeV par mètre (ce sont les champs régnant dans les atomes) et on pourrait ainsi rêver de produire des électrons d'un TeV en moins d'un kilomètre ! À suivre et certainement à encourager !

L'avenir de l'exploration de la matière avec des accélérateurs de très haute énergie se construit donc avec une vision à très long terme. Le CERN et l'Europe sont les mieux placés dans cette aventure à la frontière des hautes énergies grâce au savoir-faire technique, scientifique et collaboratif accumulé. Les choix s'appuieront sur les résultats obtenus au LHC et sur la R&D en matière d'accélérateurs qui est en cours aujourd'hui et a commencé il y a plus d'une dizaine d'années.

La violation de CP

Le modèle standard et la violation de *CP*

Une théorie en physique des particules est dite invariante par rapport à la symétrie *CP*, si les lois restent les mêmes lorsque l'on fait successivement une opération de conjugaison de charge, *C*, qui revient à remplacer les particules par leurs contreparties dans le monde de l'antimatière, les antiparticules, puis une opération d'inversion d'espace, l'image dans un miroir, la parité P. Au début des années soixante, on pensait que cette symétrie était respectée dans la nature, par toutes les interactions.

Quelle ne fut la surprise lorsque, en 1964, trois physiciens américains, Christenson, Cronin et Fitch, et un Français, Turlay, ont mis en évidence la violation de la symétrie CP en étudiant les propriétés des kaons neutres. Les désintégrations, par interaction faible, des kaons neutres allaient montrer de légères différences, au niveau de quelques pour mille, par rapport à celles des antikaons neutres, leurs images dans le monde de l'antimatière.

Le modèle standard, apparu peu après, allait pouvoir donner un formalisme remarquable pour décrire ce phénomène, en le rapportant au niveau des quarks dont sont constitués tous les hadrons, y compris les kaons. Les quarks sont décrits par trois familles (u,d), (c,s) et (t,b). Lorsque les quarks du haut (u,c,t) interagissent par interaction faible en se transformant, ils vont dans ces processus produire dans l'état final des combinaisons des quarks du bas (d,s,b). Mathématiquement, ces combinaisons sont décrites par une matrice, dite *matrice CKM*, du nom de ses inventeurs, Cabibbo, Kobayashi et Maskawa. Cette description permet très simplement de rendre compte de la violation de CP dans le modèle standard. Il suffit que, dans cette matrice, dans ces combinaisons, il y ait un terme complexe, une phase, et le tour est joué. Ce mécanisme conduit à prédire que l'on devrait aussi observer la violation de CP dans le secteur[5] du quark b et dans le secteur du quark c. La découverte, au cours des années deux mille, aux

États-Unis et au Japon, dans les expériences devenues célèbres BABAR et BELLE, de la violation de CP
dans le secteur du quark b, a été un brillant succès
à mettre à l'actif du modèle standard. Quant à la violation de la symétrie CP dans le secteur du quark c,
elle est en train d'être observée (!) au LHC dans l'expérience LHCb.

D'autres questions que pose la violation de la symétrie CP

Le succès de ce mécanisme montre que pour avoir
une violation de CP dans le monde des quarks, il faut
au moins trois familles de quarks. Mais c'est là, pour
l'instant, la seule explication que l'on ait aux nombreuses questions que pose la découverte de la violation de CP dans l'interaction faible, et certaines de
ces questions peuvent n'avoir de réponses qu'au-delà
du modèle standard.

> *Pourquoi la violation de* CP *n'a-t-elle lieu*
> *que dans l'interaction faible*
> *et pas, par exemple, dans l'interaction forte ?*

La violation de CP dans l'interaction forte est étudiée en recherchant l'existence d'un moment dipo-
laire électrique du neutron. Les meilleures limites
ont été obtenues à l'ILL (Institut Laue Langevin) à
Grenoble, avec un réacteur à haut flux.

> *La violation de* CP *a-t-elle un rôle*
> *dans la disparition de l'antimatière*
> *dans l'univers ?*

On ne peut aujourd'hui répondre à cette question,
mais on peut au moins, grâce à la violation de CP,

définir de manière « objective » la matière par rapport à l'antimatière. Ainsi, dans l'hypothèse où l'on chercherait à communiquer avec une civilisation extraterrestre, on pourrait s'assurer, grâce à la violation de *CP*, que son monde est fait de matière et non d'antimatière, avant de s'y rendre et d'aller serrer la main à ses habitants. Il suffirait de demander à ses habitants de :

- Procéder à un bombardement d'une cible avec des protons, noyaux des atomes d'hydrogène (les atomes les plus légers). Ce seront bien sûr des antiprotons s'il s'agit d'un monde d'antimatière.
- Extraire du bombardement les kaons neutres (les particules neutres électriquement qui ont environ la moitié de la masse du proton ou de l'antiproton).
- Observer leurs désintégrations : s'il y a un excès d'électrons, ceux que l'on retrouve dans l'atome dit d'hydrogène, le plus léger, ce nouveau monde est fait d'antimatière. S'il y a un excès de positons, ce nouveau monde est comme le nôtre, il est fait de la même matière et nous pouvons le visiter sans danger, au moins pas celui de s'annihiler !

Les mesures de précision sur la violation de *CP* dans le système des kaons neutres ou dans le secteur du quark *b* sont un moyen de tester le modèle standard dans ses derniers retranchements et peut-être de mettre le doigt sur la nécessité d'une nouvelle physique. Une expérience au LHC, LHCb, une au Japon, SUPERBELLE, et une autre, peut-être en Italie, SUPERB, y sont dédiées et recueilleront des données précieuses sur le secteur du quark *b* pendant les dix années à venir, tandis que les expériences sur les kaons neutres vont se poursuivre sur les trois continents, au CERN à Genève, au Fermilab à Chicago et au KEK près de Tokyo.

L'interaction gravitationnelle satisfait-elle la symétrie CP ?

L'étude de l'antihydrogène nous surprendra-t-elle en révélant que la gravitation n'agit pas de la même manière sur l'antimatière que sur la matière ? Une telle étude est maintenant menée au CERN, grâce au savoir-faire acquis dans la fabrication d'antiprotons lors du fonctionnement du SPS en collisionneur proton-anti-proton.

Le complexe de fabrication et de refroidissement des antiprotons fonctionne donc encore aujourd'hui mais dans une autre optique. Après avoir capturé et refroidi des antiprotons produits par le PS, ceux-ci sont décélérés jusqu'à une centaine de keV, puis stockés dans des pièges électromagnétiques. Des positons sont aussi produits (c'est plus facile que les antiprotons, car leur masse est deux mille fois plus petite et les photons se convertissent « volontiers » en paires électrons-positons) et également stockés dans des pièges électromagnétiques. Les deux pièges sont rapprochés (il existe d'autres techniques) et des atomes d'antihydrogène sont ainsi fabriqués, à leur tour piégés, cette fois à l'aide de gradients de champs magnétiques, car les atomes sont neutres mais possèdent des moments dipolaires électriques et magnétiques. On arrive ainsi à stocker des milliers d'atomes d'antihydrogène (ce n'est pas beaucoup en termes de grammes, mais c'est suffisant pour étudier leurs propriétés) pendant plus de quinze minutes. Les premiers atomes d'antihydrogène avaient été produits au CERN en 1995 par une technique différente. La prochaine étape sera de produire des atomes ultra-froids d'antihydrogène, en s'appuyant sur les techniques qui obtiennent des atomes ultra-froids d'hydrogène, puis d'étudier la spectroscopie de ces atomes, et enfin d'observer l'effet de la gravitation sur ces atomes et de comparer tout cela aux atomes d'hydrogène. Tout écart dans ces comparaisons serait révolutionnaire au regard des théories actuelles, mais il faut bien qu'on arrive à comprendre pourquoi l'univers est fait d'hydrogène, de matière en général, et pourquoi il n'y a pas de trace d'antihydrogène, d'antimatière en général. Les années qui viennent devraient nous en apprendre beaucoup sur ce sujet. Le CERN est largement en pointe dans le domaine de telles recherches.

Qu'est-ce que la matière sombre ?

Le problème astrophysique de la matière sombre

Le mouvement des étoiles dans les galaxies, le mouvement des galaxies dans les groupes et les amas de galaxies sont régis par la loi de la gravitation universelle. En mesurant les vitesses, on peut en déduire la masse totale qui tient tout cela ensemble par la gravitation. Cette masse est près de cinquante fois supérieure à la masse visible, celle des étoiles.

Bien qu'invisible, la matière sombre a un effet gravitationnel sur la propagation de la lumière. Si donc elle existe dans un amas de galaxies, elle pourrait contribuer à un effet de lentille gravitationnelle sur la lumière arrivant à nous depuis des galaxies situées loin derrière l'amas en question. En analysant les images déformées par l'effet de lentille gravitationnelle, en provenance des galaxies lointaines, il est possible, à partir de calculs théoriques poussés, de reconstituer la distribution de matière sombre qu'il faut rajouter aux galaxies visibles de l'amas formant lentille pour reproduire les images observées. Les résultats obtenus sont spectaculaires, ils montrent la présence incontestable de matière sombre dans le halo des grands amas de galaxies.

À plus petite échelle, dans notre galaxie, par exemple, on peut penser qu'une partie de la masse invisible consiste en objets sombres, par exemple, des « étoiles avortées » (de masse insuffisante pour que les réactions thermonucléaires aient pu s'y allumer) ou des trous noirs. Dans notre galaxie, la masse visible des étoiles représente 10 % de la masse gravitationnelle totale déduite de la rotation des étoiles autour du centre de notre galaxie. Un des auteurs (M.S.) a participé à l'Expérience de recherche d'objets sombres (EROS) qui avait pour but de détecter si la matière sombre[6] de notre galaxie était constituée d'objets sombres ayant des masses comprises entre la masse de la Lune et celle de plusieurs dizaines de fois celle du Soleil. Les observations consistaient à observer et suivre la luminosité, pendant des années, de millions d'étoiles du nuage de Magellan, la galaxie la plus proche de la nôtre. Si la matière sombre de notre galaxie était faite d'objets sombres massifs et compacts formant un halo, il devrait arriver de temps en temps qu'un de ces objets (qui tournerait lui aussi nécessairement dans notre galaxie) s'aligne à nos yeux avec une étoile du nuage de Magellan, provoquant non pas une éclipse, mais un effet de lentille gravitationnelle, dû aux lois de la relativité générale sur la gravitation (un objet massif courbe les rayons lumineux). Cet effet de lentille gravitationnelle devrait induire une augmentation transitoire de l'éclat de l'étoile du nuage de Magellan. Aucun effet semblable n'a été observé et on a pu exclure que la matière sombre du halo de notre galaxie (et donc sans doute de celle des autres) soit éventuellement constituée d'objets massifs astrophysiques compacts (*MACHO*[7]s en anglais : *massive astrophysical compact halo objects*).

Néanmoins, d'autres observations ont pu montrer qu'il existait beaucoup de gaz d'hydrogène et d'hélium, sans doute le gaz primordial à partir duquel se forment les étoiles. Cette quantité de gaz ne représenterait pas loin d'un cinquième de la quantité de matière sombre nécessaire. Par ailleurs, à partir de l'analyse des abondances d'hydrogène, de deutérium, d'hélium 3, d'hélium 4 et de lithium 7 on peut confronter les mesures de ces abondances relatives à la théorie de la nucléosynthèse primordiale qui a conduit, dans les trois premières minutes après le big bang, à la synthèse de ces éléments à partir des protons et des neutrons, lors du refroidissement de l'univers de 1 MeV à moins de 100 keV. Le seul paramètre à ajuster est la quantité de protons et de neutrons dont on part. Celui-ci correspond à la densité que l'on peut déduire aujourd'hui de la densité de gaz d'hydrogène et d'hélium observé dont nous avons parlé. Il semble bien que la matière ordinaire faite de protons et de neutrons, celle dont sont faits tous les objets que l'on connaît, ne constitue au plus qu'un cinquième de la masse dans l'univers, la masse gravitationnelle dont on a besoin pour tenir ensemble les étoiles et les galaxies. Cette mesure est d'ailleurs en accord avec l'empreinte des protons et des neutrons sur la carte du rayonnement fossile (voir le chapitre 9) faite par le satellite WMAP et maintenant aussi par le satellite PLANCK.

La matière sombre en physique des particules

De quoi est fait le reste, quelle est la nature de la matière sombre ? On pense bien sûr aux neutrinos ou à d'autres particules encore à découvrir. Pour ce qui est des neutrinos, et bien que la physique des neutrinos présente encore des énigmes majeures non résolues sur lesquelles nous reviendrons plus loin, les modèles les plus simples leur confèrent des masses de l'ordre d'au plus un dixième d'électronvolt alors qu'il faudrait qu'ils aient des masses de quelques électronvolts pour que, avec le nombre bien estimé de neutrinos par unité de volume qu'il y a dans l'univers, on puisse rendre compte de la matière sombre. Mais, d'une part, cette masse n'est pas totalement exclue, d'autre part, il est possible qu'il existe d'autres espèces de neutrinos que celles connues jusqu'aujourd'hui qui pourraient constituer la matière sombre.

Les recherches sur la matière sombre hors accélérateur

Autre hypothèse, la plus populaire, les neutralinos, comme nous l'avons expliqué dans la première partie du présent chapitre. On s'attend à ce que les particules supersymétriques qui nous arrivent du cosmos interagissent très peu, mais leur grande

masse et leur nombre leur donneraient un rôle gravitationnel majeur.

Indépendamment de ce que nous dira le LHC
qui, pour le moment, ne nous donne aucune indication, et indépendamment de savoir si les particules
constitutives de la matière sombre sont ou pas des
neutralinos, de nombreuses expériences cherchent à
les détecter autour de nous. Ces expériences, hors
accélérateur, sont installées profondément sous terre
dans des tunnels (en France dans le tunnel du Fréjus)
ou des mines, pour se protéger des particules qui nous
arrivent en permanence du cosmos, les rayons cosmiques faits de particules déjà connues. Les promo-
teurs de ces expériences visent maintenant des
détecteurs d'une tonne sensibles à une interaction
par jour des particules de matière sombre avec un
noyau du milieu constituant le détecteur (on en est
aujourd'hui à des détecteurs de quelques dizaines de
kilogrammes). Cela suppose des détecteurs constitués de matériaux ultra-purs, contenant moins qu'une
partie par milliard (ppb) de radioéléments et même
beaucoup moins pour certains de ces radioéléments.
Il s'agit ainsi de combattre à la fois le bruit de fond
externe et le bruit de fond interne.

À partir de ce qui existe aujourd'hui sur le marché
de tels matériaux, les chercheurs de matière sombre
envisagent des détecteurs faits de bolomètres en germanium ou faits d'un milieu en xénon liquide. Les
interactions de particules de matière sombre avec un
noyau de germanium ou de xénon (diffusion élastique)
induisent un recul de ces noyaux de quelques keV
d'énergie seulement. Ce recul est détecté par l'ionisation et/ou la scintillation et/ou l'élévation de température due à la chaleur déposée.

Le principe des bolomètres, en germanium, par exemple, est le suivant : un cristal de germanium à très basse température (on opère aux environs d'une ou quelques centaines de millikelvins) a une chaleur spécifique proportionnelle au cube de la température. À très basse température, cette chaleur spécifique est très faible. Un tout petit dépôt d'énergie déposé par le recul d'un noyau de germanium lors d'une collision élastique avec une particule de matière sombre entraîne une élévation sensible de température qui peut être détectée par des thermomètres placés à la surface du cristal. On peut aussi, par ailleurs, recueillir l'ionisation induite par le recul du noyau de germanium. On peut enfin, si on utilise d'autres cristaux que ceux en germanium, recueillir la lumière émise par scintillation lors de la collision. Ces techniques sont extrêmement innovantes et utilisent les derniers développements de la physique de la matière condensée.

Les axions

En dehors des neutrinos et des particules supersymétriques, les chercheurs ne manquent pas d'imagination pour des candidats susceptibles de constituer la matière sombre. Mentionnons une particule hypothétique appelée *axion*, dont le champ serait un scalaire (boson de spin zéro) et qui permettrait peut-être à la fois de résoudre l'énigme de la matière sombre, mais aussi de comprendre pourquoi il n'y a pas de violation de *CP* dans l'interaction forte. Des expériences très originales vont tenter de détecter ces particules hypothétiques. Elles font appel à la physique atomique, à la physique des lasers, des aimants et des cavités supraconductrices. Le principe repose sur la conversion de la lumière en axions, en présence d'un champ magnétique.

L'énergie sombre

Dans le chapitre précédent, consacré au modèle standard de la cosmologie, nous avons expliqué qu'un des résultats les plus importants de la cosmologie de la concordance est la découverte d'une importante composante (environ 70 %) non standard de la densité totale d'énergie, appelée énergie sombre, qui correspondrait à la constante cosmologique : cette densité d'énergie sombre correspondrait à la pression négative associée à la constante cosmologique, elle serait la densité d'énergie du vide, c'est-à-dire l'état vers lequel tendrait l'univers asymptotiquement dans le futur. Mais l'interprétation de la densité d'énergie sombre en termes de densité d'énergie du vide pose à la théorie quantique et relativiste des champs des problèmes redoutables qu'elle n'est pas, en l'état actuel, en mesure de résoudre. En théorie quantique des champs, le vide peut être assimilé à un milieu complexe siège de fluctuations des champs quantiques. Ces fluctuations pourraient se moyenner sous la forme d'une densité d'énergie du vide. Mais on ne sait pas comment évaluer quantitativement ces moyennes : les intégrales qui entrent dans leur calcul divergent ; on ne sait pas comment prendre en compte les effets quantiques de la gravitation. Toutes les évaluations basées sur de simples arguments dimensionnels donnent avec la densité d'énergie sombre mesurée des désaccords astronomiques.

Une possibilité demeure, toutefois, c'est que cette

énergie du vide soit due à un condensat d'un champ de spin nul, type champ d'axions mentionné plus haut. Dans ce cas, la densité d'énergie varierait avec le temps, ce condensat se diluant au cours de l'expansion de l'univers. Mieux déterminer la constante cosmologique et, plus encore, déterminer si cette « constante » a varié avec le temps devient un enjeu, si ce n'est l'enjeu majeur de la cosmologie observationnelle. Pour y arriver, on introduit une dépendance temporelle dans l'équation d'état de la constante cosmologique à l'aide de deux paramètres w_0 et w_a

$$p / \rho = w = w_0 + w_a(1 - a(t))$$

(où $a(t)$ est le facteur d'échelle de l'univers). Avec une constante cosmologique vraiment constante, on a $w_0 = -1$ et $w_a = 0$.

Pour l'instant, tout est compatible avec ces valeurs et il n'y a pas de dépendance temporelle, mais w_0 et w_a devraient pouvoir être mesurés de mieux en mieux dans les années qui viennent. De grands télescopes au sol (LSST, Large Stereoscopic Survey Telescope, au Chili) et des missions spatiales (Planck, Euclid, Wfirst) devraient être dédiés à cela dans les dix ans à venir. Les quatre méthodes de la cosmologie observationnelle (supernovae lointaines, étude de la carte du rayonnement fossile, mirages gravitationnels à grande échelle, étude de la répartition en taille et en distance des grandes structures dans l'univers) seront mises à contribution d'une part pour mesurer la constante cosmologique et sa variation éventuelle dans le passé de l'univers, d'autre part pour tester la concordance de toutes ces méthodes et de tous les résultats entre eux. L'ère de la cosmologie de précision est maintenant ouverte.

La détection des ondes gravitationnelles

Les ondes gravitationnelles sont prévues dans la théorie de la relativité générale. Les équations d'Einstein qui relient la métrique de l'espace-temps au tenseur d'énergie-impulsion de la matière prévoient l'existence d'ondes gravitationnelles (des rides sur l'espace-temps qui affectent sa métrique et se propagent à la vitesse de la lumière) qui émergent d'un lieu subissant une catastrophe gravitationnelle (effondrement d'étoile sur elle-même, coalescence de deux étoiles à neutrons pour former un trou noir et, bien sûr, l'univers primordial). Ce phénomène est un peu l'analogue des ondes hertziennes dans le cas de l'électromagnétisme, provoquées par l'accélération d'un électron en un lieu déterminé et se propageant dans tout l'espace à la vitesse de la lumière. Pour les ondes gravitationnelles, c'est la métrique de l'espace et du temps (la courbure) qui va être affectée en un point donné lorsque l'onde passera en ce point.

Jusqu'à présent, seule la preuve indirecte de l'existence des ondes gravitationnelles a pu être établie. L'observation détaillée d'un système double de pulsars (deux étoiles à neutrons en rotation l'une autour de l'autre) a pu montrer que leur rotation allait en s'accélérant. Cette accélération de la rotation a pu être déduite de l'émission d'ondes gravitationnelles par le système double, la perte d'énergie ainsi occasionnée étant compensée par une accélération de la rotation. Les calculs ont démontré un accord parfait avec ce qu'on pouvait attendre des équations d'Einstein de la relativité générale (un des meilleurs accords théorie/expérience jamais atteints). Les observations et les mesures ont été faites par Hulse et Taylor, ce qui leur a valu le prix Nobel en 1993. Les calculs ont largement été faits par le physicien français Thibault Damour.

Reste à voir, de manière directe, le passage sur Terre d'une onde gravitationnelle tirant sa source d'un phénomène cataclysmique lointain dans la galaxie ou dans l'univers. Pour cela, on construit des antennes dites gravitationnelles, basées sur l'interférence de faisceaux de lumière se réfléchissant dans des cavités de deux à quatre kilomètres, produits par deux lasers perpendiculaires. Les deux faisceaux interfèrent finalement et ces interférences sont sensibles à des changements de distance de 10^{-18} mètre entre les extrémités des deux bras ! Les deux détecteurs au monde les plus sensibles sont LIGO aux États-Unis et VIRGO en Italie (collaboration franco-italienne). Ces deux détecteurs attendent déjà depuis quelques années le passage d'une onde gravitationnelle en provenance d'une supernova ou de la formation d'un trou noir. La sensibilité de détection s'améliore sans cesse et ils devraient être capables de détecter de tels événements s'ils se sont produits à une distance inférieure à 100 Mpc (300 millions d'années-lumière). D'après les astrophysiciens, de tels événements jusqu'à une telle distance devraient se produire environ une fois par an !

À plus long terme, un satellite, LISA, avec des bras de plusieurs millions de kilomètres, devrait ouvrir la voie vers l'astronomie des ondes gravitationnelles, en ayant la sensibilité pour la détection des systèmes binaires d'étoiles rapprochées, systèmes très nombreux dans notre galaxie et à des distances accessibles.

Enfin, la détection des ondes gravitationnelles reliques du big bang, de la période de l'inflation, reste un sujet de recherches très actives qui pourrait déboucher prochainement. Ces ondes, en effet, produites par les fluctuations quantiques d'énergie du vide lors de l'inflation, génèrent ensuite des fluctuations de température dans l'univers qui ont un caractère tensoriel, ce qui les distingue des fluctuations scalaires générées par le champ gravitationnel. Dans la carte du rayonnement fossile on devrait observer non seulement des fluctuations de température, mais des cartes de polarisation du rayonnement liées à l'impact des ondes gravitationnelles sur la couche de dernière diffusion des photons. Le satellite PLANCK devrait ouvrir cette fenêtre d'observation pour la première fois.

LE MODÈLE STANDARD ET L'AVENTURE DES NEUTRINOS

Un bref rappel historique

La saga de la physique des neutrinos est toujours d'actualité[8]. Elle a commencé en 1930 avec l'énigme de la désintégration bêta où un noyau de masse atomique A et de charge Z se désintègre en un noyau de même masse atomique A et de charge Z+1 (un neutron s'est transformé en un proton) et un électron qui est éjecté du noyau. On s'attendrait à ce que l'électron emporte une énergie bien définie correspondant à la différence de masse entre le noyau initial et le noyau final. Au lieu de cela, l'électron a un spectre en énergie qui s'étend depuis zéro jusqu'à une énergie maximale qui correspond à l'énergie bien définie à laquelle on se serait attendu. Il semblerait donc que la loi de conservation de l'énergie et de l'impulsion ne soit apparemment pas satisfaite. C'est pourquoi le célèbre physicien Wolfgang Ernst Pauli fit l'hypothèse que la désintégration était accompagnée de l'émission d'une nouvelle particule. Cette particule devait avoir une charge électrique nulle (pour conserver la charge électrique), un spin demi-entier (pour conserver le moment angulaire), une masse très petite, voire nulle (pour conserver l'énergie puisque le spectre de l'électron, aux incertitudes près, s'étendait jusqu'à la limite cinématique permise, ne laissant que la place des incertitudes pour la masse de cette nouvelle particule). D'autre part, cette particule devait interagir faiblement (sinon on l'aurait détectée). En 1933, Enrico Fermi donne le nom de neutrino (le petit neutron en italien) à cette nouvelle particule et l'incorpore à sa théorie de l'interaction faible.

Depuis, on a découvert le neutrino auprès des réacteurs nucléaires (qui en émettent des milliards de milliards par seconde), puis auprès des accélérateurs. On s'est aussi convaincu que le neutrino existait sous trois formes ou espèces, ν_e, ν_μ, ν_τ, et pas plus, ce que l'on sait grâce aux résultats du LEP (voir le chapitre 8). La première espèce, ν_e, le neutrino électronique, celui de la désintégration bêta, est toujours associée à un électron ou un positron. Plus précisément, un nombre quantique conservé, le nombre *électronique*, permet de comprendre cette association : l'électron a ce nombre quantique égal à +1 alors que pour le positon il vaut −1, le neutrino électronique a ce nombre égal à +1 et l'antineutrino électronique a ce nombre égal à −1 (toutes les autres particules ont un nombre électronique égal à zéro).

La différence entre neutrino et antineutrino apparaît aussi dans ce qu'on appelle l'*hélicité*. Dans le modèle standard, les neutrinos ont une masse nulle et un spin ½. La projection du spin sur la direction du mouvement, son hélicité, n'a qu'une seule composante pour une particule de masse nulle. Le neutrino apparaît alors comme gauche (tire-bouchon d'hélicité négative) et l'antineutrino comme droit (hélicité positive).

Les deux autres espèces de neutrinos sont le neutrino *muonique* associé au lepton μ, ou *muon*, avec un nombre quantique muonique (qui est au muon ce que le nombre électronique est à l'électron) et enfin le neutrino *tauonique* associé au lepton τ, ou *tauon*, avec un nombre quantique tauonique (qui est aussi au tauon ce que le nombre électronique est à l'électron).

Le modèle standard et les masses des neutrinos

Dans le chapitre 7, nous avons expliqué pourquoi le modèle standard s'accommode d'une masse nulle pour les neutrinos. Rappelons les grandes lignes de cette explication. Dans le modèle standard, c'est le mécanisme BEH qui rend massifs les fermions auxquels est couplé le champ scalaire BEH. Avant activation du mécanisme BEH, tous les fermions sont supposés être de masse nulle, ce qui permet de considérer les fermions droits et les fermions gauches comme des particules différentes, auxquelles on puisse attribuer des nombres quantiques différents. Cela permet d'unifier au sein de la théorie électrofaible l'interaction électromagnétique qui conserve la parité (c'est-à-dire qui affecte de la même façon les fermions droits et gauches) et les interactions faibles (tout au moins celles avec échange de charge) qui semblent n'affecter que les fermions gauches. Dans cette affectation des nombres quantiques, d'éventuels neutrinos droits n'auraient ni charge électrique, ni isospin faible, ni hypercharge faible, c'est-à-dire qu'ils ne pourraient participer à aucune des interactions du modèle standard ; on dit qu'ils seraient *stériles*. On exclut donc les neutrinos droits de la famille des fermions élémentaires du modèle standard. Mais sans neutrino droit, il est impossible de coupler le champ BEH aux neutrinos, et donc de leur donner une masse. Les neutrinos sont donc supposés de masse nulle.

Dans le modèle standard, jusqu'aux années deux mille, on faisait l'hypothèse que les neutrinos étaient tous de masse nulle et que, comme les autres fermions, ils étaient des particules dites de Dirac, c'est-à-dire que neutrinos et antineutrinos étaient des particules différentes (les particules sont dites de Majorana[9], comme le photon, si particules et antiparticules sont confondues). Il est vrai que pour des particules de masse nulle et de spin ½ la distinction est un peu arbitraire, car le nombre d'états est au total égal à deux : un neutrino gauche et un antineutrino droit. Dans le cas où la masse est non nulle, le nombre d'états, si le neutrino est de Dirac, est de quatre (le neutrino gauche, le neutrino droit, l'antineutrino gauche et l'antineutrino droit) alors qu'il est de deux si le neutrino est de Majorana (gauche et droit).

Recherches sur la masse des neutrinos

Les recherches sur la masse des neutrinos portent alors sur deux fronts :
1. Les neutrinos sont-ils de masse nulle ?
2. S'ils sont massifs, les neutrinos sont-ils identiques à leur antiparticule ?

La mesure directe de la masse

La mesure directe de la masse se fait en inspectant le spectre des particules (l'électron dans le cas de la désintégration bêta, le muon dans le cas de la désintégration du pion en muon plus neutrino muonique, le pion dans le cas, par exemple, de la désintégration du tauon en pion et neutrino tauonique), en déterminant ainsi quelle place il pourrait rester pour un neutrino massif. On obtient aujourd'hui des limites supérieures pour les masses des neutrinos : inférieure à 2 eV pour le ν_e, inférieure à 250 keV pour le ν_μ, et inférieure à 25 MeV pour le ν_τ.

La cosmologie nous en apprend encore plus. Les neutrinos étaient en équilibre thermique avec la matière et donc le rayonnement tant que la température a été supérieure à 1 MeV environ, notamment par la diffusion élastique ou quasi élastique sur la matière. Au-dessous de cette température, les neutrinos sortent de l'équilibre thermique (l'expansion de l'univers entraîne une baisse de la densité de matière qui ne laisse plus aux neutrinos la possibilité d'interagir suffisamment avec la matière pour maintenir l'équilibre thermique). Le bain fossile de neutrinos est très similaire au rayonnement fossile de photons qui, lui, s'est découplé de son équilibre avec la matière lors de la formation des atomes, lorsque la température était de 0,5 eV. On a donc aujourd'hui, en théorie, et tout autour de nous un rayonnement de neutrinos et d'antineutrinos des trois espèces, de 1,9 K. De 1,9 et pas de 2,7 car le bain de photons s'est réchauffé lors de l'annihilation des électrons avec les positrons lorsque la température de l'univers est descendue au-dessous de 0,5 MeV et que le rayonnement ne pouvait plus créer en équilibre des paires électron-positron, faute d'énergie. On estime donc qu'on a dans tout l'univers un bain de neutrinos de densité d'environ 50 par centimètre cube avec un spectre en énergie correspondant à une température de 1,9 K. Personne ne sait encore comment les détecter. C'est un travail pour les générations futures. Mais, avec une telle densité, on peut estimer que les neutrinos de toute espèce ne peuvent pas avoir une masse supérieure à 1 eV, car, sinon, ils contribueraient trop à la densité d'énergie de l'univers et auraient empêché la formation des structures, notamment à petite échelle. En effet, lorsque la température baisse de 1 MeV (moment du découplage) jusqu'à une température égale à la masse du neutrino, les neutrinos se déplacent librement, à la vitesse de la lumière, sans interagir (ils font partie de l'univers radiatif qui domine la densité d'énergie à ce moment) et contribuent à délaver les petites structures au cours de leur propagation. L'observation détaillée des structures par le satellite Planck permettra peut-être d'abaisser la limite sur la masse des neutrinos à 0,1 eV ou peut-être de donner une indication de la masse si elle est supérieure à cette limite. Cela dit, le rôle des neutrinos a certainement été fondamental pour la nucléosynthèse primordiale et peut-être aussi dans la formation des structures. Les données du satellite Planck nous aideront à y voir plus clair sur ce dernier point.

Les oscillations de neutrinos

Mais une autre méthode, indirecte et beaucoup plus sensible celle-là, est apparue, celle des *oscillations des neutrinos* qui ne peuvent se produire que si ceux-ci sont massifs et si, de plus, ils ont des masses différentes. Les oscillations ne sont sensibles qu'aux différences de masse (plus précisément aux différences des carrés des masses). Le phénomène des oscillations est purement quantique, le principe et les raisons en sont les suivants. L'interaction faible, à partir des électrons, des muons et des tauons ne produit que des ν_e ou des ν_μ ou des ν_τ. Ces trois états sont ainsi, semble-t-il, orthogonaux entre eux et constituent une base pour l'interaction faible. Rien ne prouve, cependant, qu'ils aient une masse bien déterminée, qu'ils soient des états propres de l'énergie au sens de la mécanique quantique, lorsqu'ils se propagent dans le vide, non soumis à l'interaction faible. Appelons ν_1, ν_2 et ν_3 les états de masse bien déterminée. Un état produit par l'interaction faible, ν_e par exemple, est une combinaison des états ν_1, ν_2 et ν_3. Au cours de sa propagation dans le vide, cette combinaison évoluera et le neutrino initialement électronique pourra être détecté après un certain temps, donc à une certaine distance du lieu de sa production, soit comme un neutrino électronique avec une certaine probabilité, soit comme un neutrino muonique avec une autre probabilité, soit enfin comme un neutrino tauonique avec une autre probabilité encore.

Pour simplifier et améliorer la compréhension du phénomène, supposons que ν_e et ν_μ soient des combinaisons[10] de ν_1 et ν_2. C'est un peu comme en musique, si ν_1 et ν_2 représentaient des fréquences bien déterminées, proches l'une de l'autre, de deux notes. Une note qui serait la combinaison des deux notes (par exemple lorsqu'on accorde une guitare on fait jouer en même temps les deux cordes que l'on tente d'accorder) effectuera au cours du temps un battement dont la fréquence est la différence de celles des deux notes. Le ν_e, au cours du temps, dans son parcours va battre entre ν_e et ν_μ. Le battement est d'autant plus rapide que la différence des masses est grande (en fait, parce que les neutrinos sont relativistes, il s'agit de la différence des carrés des masses) et que l'énergie des neutrinos est petite. L'amplitude du battement est d'autant plus grande que l'angle de mélange se rapproche de $\pi/4$. La formule est la suivante :

$$P_{\alpha \to \beta,\ \alpha \neq \beta} = \sin^2(2\theta_{\alpha\beta})\sin^2\left(\frac{\Delta m^2 L}{4E}\right)$$

où θ est l'angle de mélange et L la distance parcourue.

Le mystère du déficit des neutrinos électroniques solaires enfin expliqué

La machine à fusion thermonucléaire à l'origine de l'énergie du Soleil transforme en son cœur de l'hydrogène en hélium : quatre protons et deux électrons fusionnent pour donner un noyau d'hélium (deux protons et deux neutrons) plus deux neutrinos électroniques de façon à conserver le nombre quantique électronique et une énergie de 26 MeV qui chauffe le Soleil et équilibre le bilan des masses entre l'état initial et l'état final. L'état stationnaire dans lequel se trouve le Soleil nous conduit à conclure que l'énergie thermonucléaire produite en son centre est rayonnée par sa surface. Cela nous permet d'estimer le nombre de neutrinos électroniques émis par le Soleil par seconde comme égal à sa luminosité (énergie rayonnée par seconde qui est bien mesurée) divisée par 26 MeV et multipliée par deux, car deux neutrinos sont émis pour ces 26 MeV rayonnés. On s'attend ainsi à ce qu'environ soixante milliards de neutrinos électroniques par seconde et par centimètre au carré, en provenance du Soleil, nous traversent sur Terre (de jour comme de nuit). Pour les détecter, des expériences d'abord radiochimiques ont été tentées dans les années soixante-dix puis quatre-vingt-dix. Tout d'abord, l'expérience Chlorine qui avec sept cents tonnes de chlore s'attendait à ce qu'un atome d'argon 37 soit produit par jour par les neutrinos électroniques du Soleil. Cette expérience qui a tourné pendant une trentaine d'années n'a observé qu'un tiers des atomes d'argon 37 attendus (on identifie les atomes d'argon 37 par leur désintégration). L'expérience GALLEX en Italie et l'expérience SAGE en Russie qui, avec trente tonnes de gallium s'attendait à ce qu'un atome de germanium 71 soit produit par jour, n'en ont observé que la moitié au cours des années quatre-vingt-dix et deux mille. L'un de nous (M.S.) a participé à l'expérience GALLEX[11] : le déficit pouvait être dû soit à une oscillation des neu-

trinos électroniques en d'autres espèces (les autres
espèces ne produisent pas d'atomes de germanium
71 à cause de la conservation du nombre quantique
électronique), soit à une incompréhension majeure
du fonctionnement du Soleil, soit à une déficience
dans la détection. Pour s'assurer de l'efficacité de la
détection, on a réalisé au CEA une source radioactive de chrome 51 émettant environ 6 10^{16} (1 méga-
curie) neutrinos électroniques par seconde. Cette
source a été transportée en Italie, placée au cœur du
détecteur GALLEX situé sous les Abruzzes dans le
tunnel du Gran Sasso et on a observé le nombre
d'atomes de germanium 71 attendus (environ six
par jour). Tout semblait donc indiquer que le déficit
des neutrinos observés était dû à une oscillation,
une transformation des neutrinos électroniques, dans
leur parcours du centre du Soleil jusqu'à nous, en
d'autres espèces de neutrinos (à moins de ne pas avoir
compris le fonctionnement du Soleil). Ce processus
d'oscillation apparaîtrait donc comme le produit de
trois opérations : la production d'un ν_e, mélange de
trois neutrinos de masse bien définie, à la source par
une réaction thermonucléaire, puis la propagation
du mélange de neutrinos jusqu'à la Terre, avec des
déphasages qui s'introduisent au cours de la propagation entre les trois états quantiques de neutrinos,
et enfin la détection sur Terre, sensible uniquement
à la composante ν_e du mélange arrivant. Cela peut
évoquer un diagramme de Feynman dont un des
vertex est la production au cœur du Soleil, l'autre la
détection sur Terre et le propagateur s'étend du
Soleil à la Terre ! Le résultat fut confirmé par l'expérience SNO au Canada, avec 1 000 tonnes d'eau lourde
(!), où la preuve de la transformation fut donnée de

manière directe. Le même effet a pu être observé au Japon, cette fois en utilisant tout le parc de réacteurs, une distance moyenne du détecteur à ce parc d'une centaine de kilomètres, et en détectant les antineutrinos électroniques émis par les réacteurs nucléaires (environ 10^{20} par seconde et par réacteur). Les paramètres de différence de masse au carré et d'angle de mélange purent ainsi être déterminés avec précision. Notons qu'un sous-produit de ces remarquables expériences qui confirment qu'il s'agit bien d'oscillations de neutrinos et non d'un défaut dans la compréhension du fonctionnement du Soleil est que cette compréhension, résultat d'un considérable travail interdisciplinaire, est remarquablement bien validée.

Le déficit des neutrinos muoniques atmosphériques lui aussi compris

En 1998, le détecteur SUPERKAMIOKANDE, avec ses cinquante mille tonnes d'eau, originellement conçu pour rechercher la désintégration éventuelle du proton (en observant les très nombreux protons dont il est constitué pendant des années), avait observé, non pas, certes, une désintégration d'un de ses protons, mais des centaines d'interactions de neutrinos provenant des rayons cosmiques qui frappent l'atmosphère. Ceux-ci, souvent des protons ou des noyaux, provenant de l'espace frappent l'atmosphère, produisant des pions qui se désintègrent en muons et neutrinos muoniques et des muons se désintégrant à leur tour en électron plus neutrino électronique plus neutrino muonique. En observant un déficit de neutrinos muoniques par rapport aux neutrinos électroniques (on attendrait naïvement un rapport de deux) et en étudiant ce déficit en fonction de l'énergie et de la provenance dans l'atmosphère (neutrinos descendants ou neutrinos montants), la collaboration autour de ce détecteur a pu montrer que les neutrinos muoniques se transformaient, depuis leur lieu de production dans l'atmosphère jusqu'au détecteur, vraisemblablement en neutrinos tauoniques. Les paramètres de différence de masse au carré et d'angle de mélange purent être mesurés. Le phénomène put être confirmé par des expériences auprès des accélérateurs. Les neutrinos atmosphériques ont des énergies de quelques centaines de MeV et parcourent des distances allant de quelques dizaines de kilomètres (s'ils viennent du dessus) à quelques milliers de kilomètres s'ils viennent des antipodes. Auprès des accélérateurs, on utilise des faisceaux de neutrinos muoniques (provenant de la désintégration des pions et laissant peu de temps aux muons pour se désintégrer) d'une dizaine de GeV et une distance de quelques centaines de kilomètres. Le déficit de neutrinos muoniques à l'arrivée sur le détecteur fut confirmé par des expériences au Japon et aux États-Unis, et on put même, en Europe, avec l'expérience OPERA, montrer que les neutrinos muoniques se transformaient pour partie en neutrinos tauoniques détectés en Italie au Gran Sasso.

L'angle θ_{13} enfin mesuré

Beaucoup d'expériences ont recherché auprès des réacteurs nucléaires la disparition éventuelle des antineutrinos électroniques produits par les réacteurs à des énergies allant de 1 à 10 MeV environ sur une courte distance. Pour cela, ils ont disposé des détecteurs à différentes distances du cœur d'un réacteur allant de dix mètres à un kilomètre. Tout récemment, les expériences en France (à Chooz dans les Ardennes), en Corée du Sud (Yanggwong), en Chine (Daya Bay), ont mis le phénomène en évidence. Celui-ci a aussi été vu auprès des accélérateurs au Japon et aux États-Unis en observant des interactions de neutrinos électroniques liées à l'apparition, après des centaines de kilomètres, de neutrinos électroniques dans un faisceau initialement produit comme un faisceau de neutrinos muoniques.

Un bilan sur la masse des neutrinos

Les différences de masse au carré entre v_1, v_2 et v_3 sont très petites. Les mesures sur la désintégration bêta du tritium nous indiquent que le neutrino électronique, qui est une combinaison presque égale des neutrinos 1, 2 et 3, est inférieure à 2 eV. Ce doit donc être le cas pour les neutrinos 1, 2 et 3.

On a ainsi deux scénarios possibles :

Masse du neutrino 1 < masse du neutrino 2
< masse du neutrino 3.

Ou le scénario inversé :

Masse du neutrino 3 < masse du neutrino 1
< masse du neutrino 2.

La masse du neutrino 1 est nécessairement inférieure à la masse du neutrino 2 à cause de l'effet de la matière du Soleil sur les neutrinos qui le traversent. Cet effet, l'effet MSW, du nom des inventeurs Mikheyev, Smirnov et Wolfenstein, a pu être observé et implique cette relation d'ordre entre les masses des neutrinos 1 et 2.

Mais qu'en est-il de la masse du neutrino le plus

léger ? Tout ce que l'on sait, c'est qu'elle est inférieure à 2 eV d'après les mesures directes sur le v_e par la désintégration bêta. Par ailleurs, si celle-ci était supérieure à 2 eV, la somme des masses des neutrinos 1, 2 et 3 (masses quasi égales), serait de 6 eV. Cela est pratiquement exclu par la cosmologie qui donne une limite à la masse des neutrinos de l'ordre de un ou deux électronvolts au plus, car ils contribueraient trop à la densité dans l'univers et auraient délavé les petites structures pendant qu'ils étaient relativistes.

À quelle vitesse se propagent les neutrinos ?

À ce propos, on peut se poser la question de savoir si les neutrinos que l'on observe et qui sont toujours relativistes (énergie bien supérieure à mc^2) se déplacent bien à la vitesse de la lumière comme prévu et affirmé par la théorie de la relativité d'Einstein. Une mesure, faite par l'expérience OPERA, celle qui a observé l'apparition de neutrinos tauoniques détectés au Gran Sasso en Italie dans un faisceau de neutrinos muoniques provenant du CERN à Genève, a défrayé la chronique en septembre 2011. Effectuée à l'aide de GPS ultra-précis, cette expérience a annoncé, lors d'un séminaire au CERN, retransmis mondialement par Internet, que les neutrinos du CERN arrivaient soixante nanosecondes plus tôt (avec une erreur possible de mesure de seulement 10 ns) que ce à quoi l'on s'attendrait s'ils allaient à la vitesse de la lumière, indiquant une vitesse des neutrinos supérieure à la vitesse de la lumière de deux pour cent mille : $(v-c)/c = 2 \ 10^{-5}$. Ce résultat, s'il était confirmé, serait stupéfiant : il infirmerait la théorie de la relativité d'Einstein dans laquelle aucune particule, même à très grande énergie, ne peut aller plus vite que la lumière.

Par ailleurs, en 1987, les détecteurs KAMIOKANDE (le prédécesseur de SUPER-KAMIOKANDE au Japon) et le détecteur IMB (aux États-Unis), de quelques kilotonnes d'eau, avaient détecté les neutrinos émis lors de l'implosion/explosion de la supernova SN1987a, dans le nuage de Magellan, à environ 170 000 années-lumière. Les neutrinos étaient arrivés en même temps que le début du flash lumineux de la supernova, indiquant qu'ils allaient à la vitesse de la lumière à un pour deux milliards près : (v-c/c < 2 10^{-9}) (toutefois, les neutrinos de la supernova avaient des énergies de l'ordre de 10 MeV alors que ceux du CERN détectés par OPERA au Gran Sasso avaient des énergies de l'ordre de 10 GeV).

Aussi l'annonce des résultats obtenus fut-elle prudente. Le séminaire et l'article publié dans la revue *Nature* donnaient le maximum de détails à la communauté scientifique dans une démarche d'invitation à faire des critiques, des suggestions qui permettent d'aller plus loin en vérifiant certaines conditions de la mesure. Près d'un millier de contributions furent reçues dans les semaines qui suivirent cette annonce, les unes portant sur des critiques quant à la mesure, les autres tentant de trouver des explications au cas où la mesure serait correcte et enfin d'autres encore suggérant de nouvelles mesures ou expériences. Une remesure, tenant compte des principales critiques, fut faite vers la fin de l'année 2011, avec un faisceau de neutrinos découpés en paquets de 2ns, si bien que le top du départ du CERN était connu à la nanoseconde près, bien plus précisément que dans la mesure initiale. Le résultat fut confirmé à nouveau, laissant quelque peu pantoise la communauté. En même temps, trois autres expériences au Gran Sasso, ICARUS, LVD et BOREXINO, s'apprêtaient à refaire cette mesure en 2012, lorsque le CERN enverrait à nouveau des neutrinos vers le Gran Sasso (ce qui était prévu pour mai). Les Américains et les Japonais, dans des conditions quasi similaires, s'équipaient aussi pour établir la mesure de la vitesse des neutrinos. En janvier 2012, en faisant des coïncidences sur les rayons cosmiques traversant au Gran Sasso à la fois l'expérience LVD et l'expérience OPERA proches l'une de l'autre, la collaboration OPERA mettait le doigt sur la cause de l'effet des 60 ns d'avance des neutrinos CERN sur la lumière : les coïncidences montraient un décalage de 60 ns entre OPERA et LVD sur l'arrivée des rayons cosmiques. La raison fut finalement trouvée : elle était due à une connexion défectueuse (c'est souvent dans des causes simples et non dans les aspects sophistiqués d'une expérience que l'on trouve la raison d'effets stupéfiants). La connexion réenclenchée, les 60 ns de décalage sur l'arrivée des rayons cosmiques traversant LVD et OPERA disparaissaient. Peu après, ICARUS, analysant ses données prises en même temps qu'OPERA à la fin de l'année, contredisait la confirmation donnée par OPERA. Enfin, en mai 2012, avec à nouveau l'arrivée du faisceau du CERN au Gran Sasso, les quatre expériences ICARUS, LVD, BOREXINO et OPERA confirmaient que les neutrinos allaient du CERN au Gran Sasso à la vitesse de la lumière à 1 ns près ! Tout est bien qui finit bien. Cela montre que la théorie de la relativité reste valable et que la communauté scientifique a su être transparente (annoncer des résultats surprenants en en donnant tous les détails), se critiquer et conclure sur le sujet en faisant et refaisant des mesures. C'est là toute la démarche scientifique.

Quelle est l'origine de la masse des neutrinos ?

Que reste-t-il à découvrir sur les neutrinos ? Des réponses à plusieurs questions essentielles :
- Que valent leurs masses et pas seulement les différences des carrés des masses ?
- Quel est le mécanisme physique, vraisemblablement au-delà du modèle standard, à l'origine de ces masses ?
- Induisent-ils une violation de *CP* (différence de comportement entre neutrino et antineutrino) ?
- Si c'est le cas, cette violation est-elle responsable de l'asymétrie matière/antimatière dans l'univers ?
- De manière plus générale aussi, quels sont les liens des neutrinos avec la cosmologie ?

Les propriétés des neutrinos relèvent-elles d'une physique au-delà du modèle standard ?

Dans le modèle standard, jusqu'aux années deux mille, les neutrinos étaient supposés avoir une masse nulle parce qu'on supposait qu'il n'existait pas de neutrinos droits. Comment expliquer la très petite masse des neutrinos ? Se peut-il que l'introduction de neutrinos de Majorana permette de résoudre ce problème ? Dans le modèle standard, les neutrinos qui ont un nombre quantique leptonique qui change de signe quand on passe d'une particule à son anti-particule ne peuvent pas être identiques à leurs anti-particules. Ils ne peuvent pas être de Majorana ! Mais dans certaines théories de grande unification (pas tou-

tes), dans lesquelles les nombres quantiques leptoniques ne sont pas conservés, *il peut y avoir des
neutrinos de Majorana*. Et c'est ainsi qu'on pourrait
résoudre le problème de la petitesse de la masse des
neutrinos.

L'hypothèse de neutrinos de Majorana, d'une
masse $M_{Majorana}$ de l'ordre de l'énergie de la grande
unification, peut faire l'affaire : le mélange de neutrinos de Dirac, de masse M_{Dirac} (voisine des masses
des fermions chargés du modèle standard), et de
neutrinos de Majorana, de masse $M_{Majorana}$, pourrait
conduire à l'existence de deux types de neutrinos :

1. Les uns, légers, ceux du modèle standard,
   auraient des masses de l'ordre de grandeur de
   $M_{Dirac}^2 / M_{Majorana}$.
2. Les autres, ceux de la grande unification,
   seraient beaucoup plus lourds, avec des masses
   voisines de $M_{Majorana}$.

On appelle effet de balançoire ce mécanisme dans
lequel plus la masse des neutrinos du modèle standard est basse, plus est élevée celle des neutrinos de
la grande unification.

Outre le fait qu'il permet d'expliquer la petitesse
de la masse des neutrinos (par rapport aux autres
fermions, de masse de l'ordre de M_{Dirac}, la masse des
neutrinos est réduite par un facteur $M_{Dirac} / M_{Majorana}$),
un tel modèle présente un double intérêt :

1. Les neutrinos de Majorana pourraient se désintégrer en un boson BEH et des particules du
   modèle standard : par exemple, la désintégration
   en un boson BEH et un lepton pourrait induire
   une asymétrie matière/antimatière dans l'univers primordial.
2. Un tel modèle peut être confronté à l'expérience,

c'est ce que font les recherches sur la *double désintégration β sans neutrinos*, une désintégration qui peut se produire par échange d'un neutrino de Majorana.

La double désintégration β sans neutrinos

Ces recherches, dont l'enjeu est très élevé, sont en cours actuellement. Elles sont extrêmement difficiles. On essaie d'observer cette radioactivité notamment dans les tunnels du Fréjus (avec du molybdène, du sélénium, du néodyne, du calcium) et du Gran Sasso (avec du Germanium 76). Comme la masse des neutrinos de Majorana est très élevée, la probabilité du processus est faible. Cela n'empêche pas les expérimentateurs de guetter ces événements si rares. Ils ont toutefois à combattre un bruit de fond redoutable : la désintégration double β avec neutrinos (voir la figure 4) qui, elle, est permise dans le cadre du modèle standard. Une découverte de désintégrations double bêta sans émission de neutrinos serait un résultat d'une exceptionnelle portée théorique.

Terminons ce tour d'horizon de la physique des neutrinos par une remarque qui a été faite à propos des résultats du nouveau modèle standard de la cosmologie que nous avons présenté au chapitre précédent. Le retour de la constante cosmologique qui caractérise ce modèle standard a, avons-nous dit, deux implications importantes, l'accélération de l'expansion, d'une part, et, d'autre part, une explication simple et claire de la mystérieuse énergie sombre : la densité d'énergie sombre n'est rien d'autre que la densité d'énergie induite par la constante cosmologique, une constante universelle (si la constante cosmologique

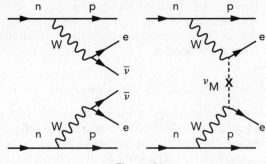

Figure 4

Diagrammes de Feynman associés à la désintégration double bêta. À gauche, désintégration avec neutrinos autorisée par le modèle standard ; à droite, désintégration sans neutrinos, procédant par échange d'un neutrino de Majorana, relevant donc d'une physique au-delà du modèle standard.

est elle-même une constante universelle) égale à $\Lambda/8\pi G$. Une densité d'énergie a la dimension d'une masse (ou d'une énergie) élevée à la puissance quatre. Numériquement, la masse qui, élevée à la puissance quatre, donne la densité d'énergie sombre vaut environ un millième d'électronvolt, une masse qui pourrait bien être celle des neutrinos ! S'agit-il d'une simple coïncidence, ou bien d'un effet de balançoire cosmique induit par les neutrinos ? Qui sait ?...

La physique et l'astrophysique des neutrinos sont loin d'avoir dit leur dernier mot.

NÉCESSITÉ, HASARD, ÉMERGENCE : UN GRAND RÉCIT UNIVERSALISTE

Nous avons vu dans les chapitres précédents que la physique des particules et la cosmologie se sont dotées, chacune, d'un modèle standard : celui de la physique des particules a connu le couronnement que représente la découverte de son dernier chaînon manquant, le boson BEH, et celui de la cosmologie est en train de subir une importante mutation, un changement de paradigme, permettant peut-être, grâce à l'idée de l'inflation et au retour de la constante cosmologique, de lever l'obstacle épistémologique (selon la terminologie de Gaston Bachelard) qu'oppose à la pensée cosmologique la singularité appelée big bang. Où en sommes-nous donc à propos du rapprochement de ces deux disciplines ? C'est à tenter de répondre à cette question qu'est consacré le présent chapitre de conclusion.

THÉORIE DU TOUT
OU GRAND RÉCIT UNIVERSALISTE
DE LA MATIÈRE-ESPACE-TEMPS ?

Au début de l'ouvrage, en nous inspirant des travaux de Georges Lemaître, considéré comme le père de la première version des modèles de big bang, nous avons qualifié de théorie cosmogonique le résultat de la convergence de la physique des particules et de la cosmologie. Nous nous sommes appuyés en effet sur la définition, que nous rappelons ici, d'une théorie cosmogonique que donne Georges Lemaître dans « L'hypothèse de l'atome primitif » : « L'objet d'une théorie cosmogonique est de rechercher des conditions initiales idéalement simples d'où a pu résulter, par le jeu des forces physiques connues, le monde actuel dans toute sa complexité. » Mais il nous est apparu que l'usage du terme de cosmogonie suscite certaines réserves au sein de la communauté scientifique : Jean-Pierre Luminet, par exemple, qui a réédité « L'hypothèse de l'atome primitif » n'utilise pas le terme de cosmogonie et titre son recueil *Essais de cosmologie*. Sans doute, ces réserves sont-elles liées à la connotation métaphysique, voire théologique, qui s'attache à ce terme. D'ailleurs, comme l'explique Dominique Lambert dans l'ouvrage biographique qu'il lui a consacré, Georges Lemaître, gêné par les controverses suscitées par ses travaux, a été tenté d'en minimiser la portée, en faisant référence (devant l'Académie pontificale des sciences) à l'assertion de Descartes « *Mundus est fabula* » :

Le monde est une belle histoire que chaque génération s'efforce d'améliorer. Les tourbillons de Descartes
n'ont pas survécu aux progrès de la science ; peut-être
pourtant reste-t-il quelque chose de l'attitude mentale
qui faisait dire à Descartes *Mundus est fabula* dans ce
que Poincaré appelait plus tard les hypothèses cosmogoniques par lesquelles l'homme ne peut s'empêcher
d'essayer de se raconter l'histoire de l'univers et de
reconstituer son évolution passée[1].

Cette histoire de l'univers que l'homme ne peut
s'empêcher d'essayer de se raconter n'est pas une fable,
c'est précisément ce que nous appelons, en reprenant
l'idée chère à Michel Serres, un grand récit de l'univers. Par cela, nous entendons une représentation
d'un univers qui ait une histoire et au sein duquel
tout ait une histoire. Pour parler de ce récit, et dans
le chapitre précédent consacré à la cosmologie, nous
avons pris garde à mettre une minuscule au mot univers, pour bien signifier que l'univers, objet du grand
récit, n'est pas l'Univers avec une majuscule, le plus
grand tout qui puisse se concevoir, qui, lui, serait
l'objet d'une théorie de tout (*theory of everything*), car
rien ne permet d'affirmer que ce grand tout a une histoire. Le temps du grand récit de l'univers est le temps
propre de ce que l'on appelle un observateur fondamental, c'est-à-dire non soumis à quelque force non
gravitationnelle que ce soit, donc, d'après le principe
d'équivalence, en apesanteur, que l'on dit aussi en co-
mouvement avec l'univers. On peut, sans difficulté de
principe, affirmer que nous (non pas les deux auteurs,
mais nous, le genre humain) formons un observateur fondamental. Du point de vue spatial, l'objet du
grand récit de l'univers ne peut être qu'une partie de
l'Univers entier. En effet, le phénomène bien établi

de l'expansion de l'univers implique qu'il existe des galaxies ou amas de galaxies dont la lumière n'a pas eu le temps de nous parvenir. L'espace qui nous est observable est limité par un *horizon*, dont le rayon est égal au produit de la vitesse de la lumière par l'inverse de la constante de Hubble, au-delà duquel se trouvent ces galaxies et amas de galaxies. L'univers, objet du grand récit, peut avoir une histoire, et de fait, il a une histoire. En tant qu'observateur fondamental, l'homme est le centre de l'univers qui lui est observable ; son référentiel est un référentiel privilégié : l'univers observable n'obéit pas au principe cosmologique, mais cela ne nous empêche pas de penser un Univers entier qui lui obéisse. Comme nous l'avons souligné au chapitre 2, dès lors qu'il dispose d'une horloge universelle, chaque observateur fondamental (l'équivalent en cosmologie de l'observateur au repos en relativité restreinte) mesure un temps universel qui rattache l'histoire de son univers observable à l'Univers pour lequel il peut et doit postuler le principe cosmologique.

Certes, l'univers, objet du grand récit, n'est qu'une partie, peut-être infinitésimale, de l'Univers, mais il contient tout, absolument tout ce qui peut nous concerner. Le grand récit a donc des répercussions et des implications sur toutes les disciplines scientifiques, depuis les mathématiques et les sciences de la nature jusqu'à celles de la vie, de l'homme et des sociétés, mais aussi sur toutes les branches de la philosophie. Autant dire que ce grand récit a une portée considérable au plan culturel, voire, comme nous le discuterons un peu plus loin, au plan anthropologique ; c'est pourquoi nous qualifions ce grand récit de récit universaliste.

Dans l'article intitulé « L'univers comme espace et temps », publié dans le recueil édité par Jean-Pierre Luminet, Friedmann distingue l'espace géométrique (quadridimensionnel) et l'espace-temps, constituant l'univers physique qui en est l'interprétation :

> Outre l'espace géométrique, il y a l'espace physique tridimensionnel et le temps physique, qu'il est impossible de traiter séparément, mais que l'on réunit dans une structure d'espace-temps constituant ce que l'on appelle l'univers physique. L'univers physique est rempli de matière (au sens large du terme), la matière étant constituée de masses gravitantes et de processus électromagnétiques.
>
> L'univers est nécessairement constitué de matière parce qu'on ne peut concevoir la matière sans espace et sans temps. On peut envisager l'espace-temps comme une interprétation physique particulière de l'espace géométrique (à quatre dimensions)[2].

Cette idée d'un espace-temps, comme interprétation physique d'une géométrie quadridimensionnelle, solution mathématique des équations de la relativité générale, correspond assez exactement à ce que nous entendons par un grand récit universaliste de la matière-espace-temps. C'est cette idée que nous allons développer dans le présent chapitre de conclusion en mettant en relation la physique des particules et la cosmologie avec ce que nous appelons la physique de l'émergence, c'est-à-dire cet ensemble de branches de la physique qui, avec, en fin de compte, l'ensemble des sciences de la nature, concourt à la constitution de ce grand récit de la matière et de l'univers.

L'APPORT DE LA PHYSIQUE
DES PARTICULES :
« LE JEU DES FORCES PHYSIQUES
CONNUES »

Le présent ouvrage fait suite à celui qu'en 1986 nous avions intitulé *La matière-espace-temps*. L'idée qui nous animait alors était que la matière (en tant qu'ensemble de la réalité objective existant indépendamment de et antérieurement à la connaissance que l'homme peut en avoir) est indissociable de l'espace et du temps : il n'y a aucune réalité qui ne soit dans l'espace et dans le temps. Nous n'avons évidemment pas renoncé à cette idée : pour nous, la matière-espace-temps n'est rien d'autre que l'ensemble du contenu matériel de l'univers observable ! Mais ce que nous avons montré au cours des précédents chapitres, c'est qu'il est nécessaire, pour rendre compte des rapports entre la matière et l'espace-temps, d'intercaler entre eux d'autres concepts nous permettant de penser ces rapports dans toute leur complexité. Dans les chapitres consacrés à la théorie quantique des champs, nous avons montré que l'espace-temps dans lequel se déploient les interactions fondamentales de la structure irréductible de la matière n'est pas directement accessible, parce que trop microscopique, à nos moyens d'observation. Mais nous avons montré, dans le chapitre 4, que la théorie quantique des champs nous permet de passer de l'observation dans l'espace-temps à l'expérimentation dans l'espace conjugué par transformation de Fourier de l'espace-temps, l'espace des quadrimoments ou énergies-impulsions. L'espace de représentation de la phénoménologie qui traite l'information en provenance des expériences est l'espace de Fock dans lequel sont représentés les états des champs quantiques en termes de nombres de quanta de quadrimoment. C'est pourquoi il nous paraît judicieux de qualifier de physique de la matière-énergie-information la physique (expérimentale et phénoménologique) des particules. Quant à la théorie qui traite de la dynamique des interactions dans le micro- (on devrait plutôt dire femto- ou atto-) univers-espace-temps de la structure de la matière, nous avons montré, dans le chapitre 5, comment la méthode dite de l'intégrale de chemins, qui est une intégrale fonctionnelle sur toutes les *histoires* possibles de cet univers-espace-temps, permet d'évaluer les probabilités des événements que l'on provoque dans les expériences de physique des hautes énergies.

Ce que nous allons maintenant montrer c'est que cette rencontre de la matière-énergie-information (celle du contenu matériel de l'univers) avec l'univers-espace-temps (celui de la cosmologie) s'accomplit dans un processus que le grand récit universaliste de la matière-espace-temps peut décrire d'une manière de plus en plus plausible.

L'APPORT DE LA COSMOLOGIE
CONTEMPORAINE :
« DES CONDITIONS INITIALES
IDÉALEMENT SIMPLES »

Traditionnellement, en cosmologie, on représente graphiquement la géométrie de l'univers en portant le facteur d'échelle a(t) (que nous avons défini au chapitre 9, consacré au nouveau modèle standard de la cosmologie) en fonction du temps. C'est cette représentation qu'utilisait Georges Lemaître dans l'abaque sur papier millimétré qui lui servait de marque-page pour son carnet de notes. Avec une telle représentation, il pouvait envisager divers scénarios possibles d'évolution de l'univers avec ou sans constante cosmologique. Dans la cosmologie de Friedmann-Lemaître, celle du modèle simple du big bang, le facteur d'échelle se comporte comme une loi de puissance du temps s'annulant au temps du big bang. Par exemple, le rayonnement qui est la contribution dominante à haute température, c'est-à-dire au temps proche du big bang, induit un facteur d'échelle se comportant comme la racine carrée du temps écoulé depuis le big bang. Comme la constante cosmologique induit une croissance du facteur d'échelle en exponentielle du temps, sa contribution au facteur d'échelle finira par devenir dominante asymptotiquement dans le temps. Lorsque cette contribution devient importante, elle se manifeste comme une accélération de l'expansion. C'est ainsi d'ailleurs que s'est manifesté l'effet de la constante cosmologique dans la cosmologie de la concordance que nous avons décrite dans le chapitre 9.

Outre le fait que cette représentation est complètement inadaptée à la description de la dynamique de l'univers très primordial dont on ne peut se faire une idée qu'en dilatant considérablement les échelles de temps aux environs du temps du big bang, elle présente le grave défaut de ne pas prendre en compte la différence essentielle qui existe entre l'univers observable et l'Univers. Une telle différence est prise en compte par la représentation graphique dans laquelle est porté, dans un diagramme logarithmique en abscisse et en ordonnée, et dans le système d'unités adapté à la cosmologie relativiste où la vitesse de la lumière est posée à 1, le rayon de l'horizon, inverse de la constante de Hubble H, d_H = adt/da, qui est une caractéristique de l'univers observable, comme une fonction du facteur d'échelle $a(t)$ qui rattache l'univers observable à l'Univers. Cette représentation présente un double avantage :

- Elle dilate les échelles de l'univers primordial, celles où a et d_H sont infinitésimaux et ont donc des logarithmes qui s'étendent jusqu'à moins l'infini.
- Elle représente de façon particulièrement simple les deux comportements d'intérêt cosmologique, celui de l'expansion de l'univers de Friedmann-Lemaître où le facteur d'échelle est une loi de puissance s'annulant au temps du big bang et celui de l'inflation dont l'archétype est un espace-temps de De Sitter où le facteur d'échelle est une exponentielle du temps et le rayon de l'horizon est constant.

Avec cette représentation graphique (voir la figure 1), nous pouvons formuler d'une manière schématisée à l'extrême les hypothèses de la cosmologie de la concordance. C'est ce que l'on pourra trouver dans la figure 2 et sa légende détaillée. Nous voulons ici mettre en exergue les innovations qui distinguent la cosmologie de la concordance de celle du modèle simple du big bang.

Selon la géométrie de la cosmologie de la concordance, la ligne en trait plein ADBC représente le rayon de l'horizon de l'univers observable en fonction du facteur d'échelle ; elle consiste en trois segments :

1. Le segment AD, qui ne figure pas dans la géométrie du modèle simple du big bang, représente la phase d'inflation primordiale, une géométrie de De Sitter avec un rayon d'horizon de l'ordre de la longueur de Planck ; ce segment remplace le big bang.

2. Le segment DB représente la phase d'expansion à la Friedmann-Lemaître, comparable à celle du modèle simple du big bang, avec un rayon d'horizon[3] en a^2 (ce qui se traduit, dans le graphique, par une droite de pente égale à 2).

3. Le segment BC, qui ne figure pas dans le modèle simple du big bang à constante cosmologique mise à zéro, représente la phase de « ré-inflation », dominée par la constante cosmologique, une géométrie de De Sitter dont le rayon de l'horizon est donné par la constante cosmologique.

Les innovations de la cosmologie de la concordance ne concernent que les premier et troisième segments. C'est à elles que nous consacrons la fin de cette première section.

L'épisode d'inflation à l'échelle de Planck correspondant au segment AD est certes le plus hypothétique, mais la singularité du big bang qu'il remplace
par des hypothèses que l'on peut justifier par des
arguments plausibles était, de toute façon, totalement indescriptible. Nous avons vu, au chapitre 9,
qu'une phase d'inflation dans l'univers primordial
peut permettre de lever les deux difficultés majeures
du modèle simple du big bang, celle de l'homogénéité trop grande de la carte du fond diffus et celle
de la platitude (absence quasi totale de courbure
spatiale) de l'univers observable aujourd'hui. Nous
avons vu aussi, dans ce chapitre, que seules des fluctuations quantiques affectant la structure de l'espace-
temps, relevant donc de la gravitation quantique,
étaient susceptibles, pour peu qu'elles soient ampli-
fiées par une inflation intervenue dans l'univers primordial, d'agir comme le germe de la formation des
grandes structures dans l'univers actuel. L'épisode
d'inflation à l'échelle de Planck correspondant au
segment AD a toutes les caractéristiques requises
pour remplir ces rôles d'homogénéisation de la carte
du fond diffus, d'aplatissement de l'espace-temps et
d'amplification des fluctuations quantiques. Nous
allons essayer d'expliquer, très qualitativement, pourquoi il en est ainsi. Considérons une fluctuation quantique notée l intervenue dans l'univers dont l'horizon
était le segment AD. Pendant la phase d'inflation, le
rayon d'horizon est constant alors que la longueur
d'onde croît comme $a(t)$; la fluctuation va donc « sortir » de l'horizon (voir la figure 1). Mais après la fin
de l'inflation, le rayon de l'horizon croît comme a^2,
c'est-à-dire plus vite que a. La fluctuation va donc

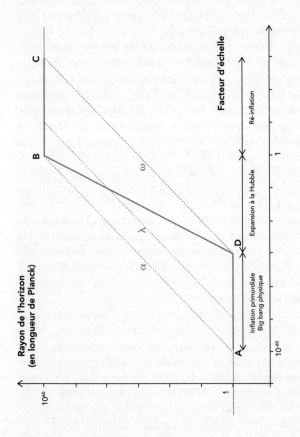

Figure 1 : Schéma simplifié de la cosmologie de la concordance

Ce schéma (inspiré de T. Padmanabhan, *Emergent perspective of Gravity and Dark Energy*, ArXiv:1207.0505) représente de façon simplifiée à l'extrême une interprétation de la cosmologie de la concordance. La ligne ADBC en traits épais représente (en échelle logarithmique) la longueur de l'horizon de l'univers observable en fonction du facteur de l'Univers (aussi en échelle logarithmique). Le segment DB représente une phase d'expansion à la Hubble d'un univers qui serait dominé par le rayonnement. Cette phase d'expansion est encadrée,

- dans le passé, par une phase d'inflation exponentielle (espace-temps de De Sitter) que nous appelons le big bang physique, avec un rayon d'horizon constant égal à la longueur de Planck (segment AD), pendant laquelle le facteur d'échelle se dilate par trente ordre de grandeurs ;
- et, dans le futur, par une phase de ré-inflation, elle aussi exponentielle, avec un rayon d'horizon constant égal à la racine carrée de trois fois l'inverse de la constante cosmologique.

Les lignes en tiretés de pente égale à 1 montrent comment se dilatent les longueurs d'ondes de fluctuations quantiques issues du big bang physique. La fluctuation notée α, issue du point A, le début de l'univers observable, n'entre dans l'horizon de Hubble qu'au bout d'un temps infini ; la fluctuation λ entre dans l'horizon dans la phase d'expansion représentée par le segment DB et en sort dans la phase de ré-inflation représentée par le segment BC ; la fluctuation notée ω, issue du point D, sort de l'horizon au point C, la « fin » de l'univers observable.

« rentrer » dans l'horizon : elle va donc s'intégrer à l'univers observable.

A priori, l'inflation primordiale pourrait avoir commencé au temps égal à moins l'infini (correspondant à $a = 0$) : il n'y a plus de big bang dans cette cosmologie ! S'il n'y avait pas de constante cosmologique, la croissance en loi de puissance du rayon de Hubble se poursuivrait à l'infini, et toutes les fluctuations intervenues dans l'univers limité par l'horizon représenté par la droite portant le segment AD rentreraient dans l'horizon. Mais ce n'est pas le cas : à cause de la constante cosmologique, le rayon de Hubble cesse de croître à partir du point B et devient constant. Avec la constante cosmologique, une fluctuation sortant de l'horizon avant le point A ne rentre pas dans l'horizon de Hubble. Telle est la signification du point A : il est la marque d'un horizon dans le passé ; la fluctuation notée a issue du point A est à la limite de la rentrée dans l'horizon de Hubble (elle ne rentrerait dans cet horizon qu'au bout d'un temps infini), et celles dont la longueur d'onde est inférieure à l'abscisse de ce point ne rentrent pas dans l'horizon. En revanche, toutes celles, et seulement celles, dont la longueur d'onde est comprise entre les abscisses de A et D rentrent dans l'horizon de l'univers observable : l'expansion accélérée par l'inflation fait que la région homogène et petite (bornée par un horizon dont le rayon est de l'ordre de la longueur de Planck) est dilatée et finit par emplir la totalité de l'univers observable. Finalement, cette phase d'inflation primordiale, qui se déroule entre A et D, remplace le big bang : on peut l'appeler le big bang physique. C'est ainsi qu'on lève la difficulté de l'homogénéité trop grande de la carte du fond diffus. Le problème de la platitude est aussi résolu puisqu'une rapide estimation montre qu'entre A et D l'inflation accroît le facteur d'échelle par environ 30 ordres de grandeurs[4] : on passe de la longueur de Planck, soit 10^{-33} cm, à quatre centièmes de millimètre ! Si bien qu'on peut considérer qu'au point D, qui marque la fin de l'inflation, la courbure est soit nulle si elle l'était au départ, soit si faible qu'elle devient négligeable dans les équations d'évolution des paramètres cosmologiques. Le fait qu'à l'issue de l'inflation la courbure soit nulle témoigne que l'énergie totale dans l'univers est nulle, l'énergie négative gravitationnelle étant compensée par l'énergie de la matière, du rayonnement et celle, résiduelle, du vide. Cela sonne bien comme une émergence à partir du vide quantique.

Il est intéressant de remarquer que l'état de l'univers au point A où le facteur d'échelle et le rayon de l'horizon sont tous deux de l'ordre de la longueur de Planck fait penser à un retour à l'hypothèse de l'atome primitif de Lemaître : il s'agirait, pour reprendre le titre de l'ouvrage biographique de Dominique Lambert, d'un atome d'univers, nous dirions un quantum d'espace-temps, non pas une singularité, d'où aurait émergé l'ensemble de l'univers observable.

Un autre aspect très intéressant du scénario que nous venons de décrire est que les fluctuations les plus anciennes, celles qui se produisent peu après le point A, qui concernent plus vraisemblablement la structure de l'espace-temps que celle de la matière, sont celles qui rentrent dans le rayon de Hubble, le plus tardivement. Quand elles rentrent dans le rayon de Hubble, elles sont dilatées jusqu'à des tailles macroscopiques, la matière a eu le temps de devenir dominante, la formation des grandes structures peut se produire. Dans le grand récit de la matière et de l'univers, cette formation est en quelque sorte le grand rendez-vous de la matière-énergie-information et de l'univers-espace-temps.

La constante cosmologique induit un horizon futur, celui de l'espace-temps de De Sitter vers lequel l'univers tendra asymptotiquement dans le futur. Les fluctuations sorties de l'horizon AD, rentrées dans l'horizon DB, sortiront de l'horizon BC, le troisième segment. Pendant l'inflation liée à la constante cosmologique, les longueurs d'onde des fluctuations dans l'univers primordial intervenues après le point D sont dilatées jusqu'à valoir au moins L_Λ à partir du point C où il ne se passera plus rien dans l'univers observable[5]. C'est pourquoi, ayant appelé α la fluctuation issue du point A marquant le début de l'univers observable, nous appelons ω celle qui, partant du point D, arrive au point C marquant la fin de l'univers observable

Pour présenter cette interprétation de la cosmologie ΛCDM, nous nous sommes largement inspirés de travaux de Thanu Padmanabhan[6], dont la thèse principale est que la gravitation serait un phénomène émergent, et qui, dans ses travaux les plus récents[7], avance l'idée que l'espace-temps lui-même serait émergent. Bien que ces travaux soient extrêmement récents et ne soient pas encore partagés par l'ensemble de la communauté scientifique, il nous a paru judicieux de les signaler au lecteur car ils présentent l'intérêt de correspondre à l'idéal de simplicité à propos des conditions initiales qu'évoquait Georges Lemaître dans sa définition des théories cosmogoniques. Ainsi l'hypothèse d'une inflation primordiale à l'échelle de Planck que, suivant Padmanabhan, nous avons adoptée a le mérite de la simplicité quand on la compare aux premiers scénarios d'inflation, qui supposaient une phase d'inflation après le big bang et avant une phase de réchauffement intervenant lors de la brisure de la symétrie de grande unification, sans que ces suppositions aient quelque conséquence que ce soit sur les données de la cosmologie observationnelle. Bien évidemment, loin de nous l'intention de faire croire au lecteur que tous les problèmes de la quantification de la gravitation seraient résolus par le scénario que nous venons de présenter !

THÉORIE QUANTIQUE DES CHAMPS
ET ÉMERGENCE :
« L'UNIVERS ACTUEL
DANS TOUTE SA COMPLEXITÉ »

Nous ne reviendrons pas, de manière descriptive, sur la phase d'expansion du grand récit correspondant au second segment, le segment DB de la figure : cela consisterait, essentiellement, à raconter, dans le sens du temps, l'archéologie de l'univers que nous avons décrite, en remontant le temps, dans le paragraphe du chapitre 9 consacré au modèle simple du big bang. Notons toutefois que lorsque le facteur d'échelle a est une puissance du temps, le rayon de l'horizon d_H est proportionnel au temps. Ainsi, on peut lire le temps écoulé depuis le point D sur le segment DB de la figure. C'est ce que nous avons explicité sur la figure 2 sous la forme d'une table des matières du grand récit de l'univers.

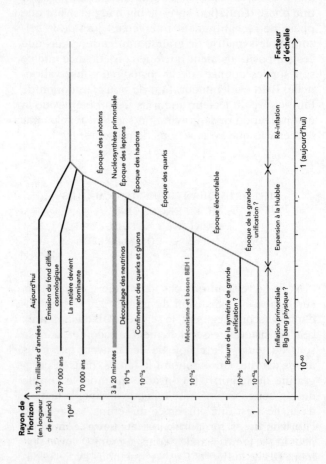

Figure 2 : Table des matières
du grand récit de l'univers

Le temps se lit sur la ligne qui représente le rayon de l'horizon dans la phase d'expansion. La représentation graphique dilate les échelles de l'univers primordial, mais comprime celles de l'univers proche, lesquelles sont celles de l'émergence qui fait l'objet de la suite du chapitre.

Il nous paraît plus intéressant, dans ce chapitre de conclusion, de discuter, à propos de cette phase d'expansion de l'univers observable, ce que nous appelons des mots-clés du grand récit, ou tout au moins les trois qui nous paraissent les plus importants : nécessité, hasard et, surtout, émergence. Pour ce faire, nous nous concentrerons sur les relations interdisciplinaires qui se nouent entre les théories (théorie quantique des champs et relativité générale) qui, dans l'élaboration du grand récit de la matière et de l'univers, fixent les lois fondamentales de la dynamique, ce qui donc relève de la *nécessité*, et celles (toutes les branches de la physique qui ont recours aux méthodes statistiques) qui font sa place au *hasard* et sont susceptibles d'expliquer l'*émergence* de nouveauté.

Comme nous en avons fait la remarque un peu plus haut, il semble bien qu'au point D de la figure la courbure spatiale soit compatible avec zéro, et donc que l'énergie totale de l'univers soit aussi compatible avec zéro, ce qui, disions-nous, suggère une émergence de l'univers à partir du vide. Encore faut-il savoir de quoi l'on parle lorsque l'on parle du vide.

Qu'est-ce que le vide en théorie quantique des champs ?

Nous avons commencé à répondre à cette question dans les chapitres 6 et 7. En résumé, en théorie quantique des champs, comme l'avait pressenti avec une étonnante clairvoyance Blaise Pascal[8], le vide n'est pas le néant ! C'est l'état fondamental, d'énergie minimale, du système de champs quantiques en interaction. C'est le vecteur de l'espace de Fock caractérisé par un nombre d'occupation (nombre de quanta de quadrimoment) égal à zéro pour tous les champs concernés. Un tel état n'est pas vide de champs : lorsque le nombre de quanta est bien déterminé (c'est le cas lorsque ce nombre est égal à zéro), l'état spatio-temporel des champs n'est pas inexistant, il est indéterminé. Cela signifie que le vide de la théorie quantique des champs peut être considéré comme un milieu complexe, siège de fluctuations quantiques des champs, pouvant provoquer, comme nous l'avons montré aux chapitres 6 et 7, des phénomènes émergents.

Dans le chapitre 6, nous avons montré que le modèle phénoménologique des cordes hadroniques, qui rend compte de manière heuristique du confinement des quarks et des gluons, peut s'interpréter comme une propriété émergente du vide de QCD.

Dans le chapitre 7, nous avons montré, à partir de la discussion du mécanisme de Brout, Englert et Higgs (BEH), que la leçon de l'élaboration du modèle standard de l'interaction électrofaible, c'est que pour avoir une théorie prédictive (renormalisable) de cette interaction, il faut accepter l'idée qu'une propriété essentielle des constituants élémentaires de la matière, à savoir leur masse inertielle, soit émergente, et maintenant que, dans le cadre du grand récit de l'univers, cette émergence se produise dans le temps : avant la transition de brisure spontanée de la symétrie électrofaible, déclenchée par le mécanisme BEH, quelque 10^{-12} seconde après le big bang, aucune particule n'avait de masse[9], mais après, les quarks, les leptons chargés et les bosons intermédiaires, qui jusqu'alors étaient sans masse, sont devenus massifs, alors que le photon et les gluons sont restés sans masse.

Se pourrait-il que la transition, intervenue au point D, entre la phase d'inflation primordiale et celle d'expansion, soit due à une instabilité du vide quantique ? C'est ce que Padmanabhan suggère dans l'article cité ci-dessus (note 7), et ce que l'on retrouve dans des travaux de Brout, Englert et Gunzig[10]. Ces auteurs soutiennent l'idée (en quelque sorte c'est le mécanisme BEG, pour Brout, Englert et Gunzig) que « la création de matière est possible dans un contexte cosmologique sans coût énergétique. Cette création est régulée par les lois de la mécanique quantique et de la relativité générale[11]. »

Vers un modèle standard de la physique de l'émergence

Théories renormalisables et phénomènes critiques

L'intégrale de chemins de Feynman (IC), qui a joué un rôle décisif en théorie quantique des champs, présente une remarquable analogie formelle avec la fonction de partition (FP) de Boltzmann-Gibbs, l'outil essentiel de la thermodynamique statistique. En réalité, il s'agit d'une correspondance mathématique stricte, comportant un dictionnaire précis, plutôt que d'une simple analogie[12] : les fluctuations quantiques dans IC correspondent aux fluctuations statistiques de FP, la constante de Planck dans IC correspond à la température dans FP et i fois le temps dans IC correspond à une quatrième dimension de l'espace dans FP. Appliquée aux théories de jauge renormalisables du modèle standard de la physique des interactions fondamentales, cette correspondance peut conduire à un schéma de régularisation (voir les chapitres 5 et 6) selon lequel le paramètre de coupure dans IC correspond à une discrétisation de l'espace à quatre dimensions dans FP : l'intégrale de chemins régularisée de la théorie de jauge est donc mise en correspondance avec la fonction de partition d'un réseau périodique de pas fini à quatre dimensions de spins couplés aux plus proches voisins. Avec un tel schéma de régularisation, il est possible d'imposer une invariance locale de jauge avec un choix adéquat d'interaction entre proches voisins. On peut alors, comme nous allons maintenant l'expliquer, enrichir le dictionnaire de la correspondance entre la théorie quantique des champs et la physique statistique au moyen d'une nouvelle entrée : l'intégrale de chemins d'une théorie renormalisable est mise en correspondance avec la fonction de partition d'un réseau quadridimensionnel de spins sujet à une transition de phase du second ordre.

Lors d'une transition de phase du second ordre, on observe nombre de phénomènes que l'on peut qualifier d'émergents :

- La longueur de corrélation tend vers l'infini.
- Les fluctuations statistiques sont importantes à toutes les échelles.
- Le système revêt un aspect autosimilaire (fractal) : ainsi, par exemple, au point critique dans la transition liquide-vapeur, on observe des gouttes de liquide contenant des bulles de vapeur, conte-

nant des gouttes de liquide, contenant des bulles de vapeur, etc.

Les méthodes analogues à la méthode perturbative en théorie quantique des champs sont en échec d'une manière semblable à ce qui se produit dans les phénomènes critiques au voisinage d'une transition de phase du second ordre. La méthodologie des blocs de spins imaginée par Kadanoff[13], le prototype de la méthodologie des théories effectives, débouche sur une solution de cette difficulté qui peut être mise en correspondance avec la renormalisation en théorie quantique des champs[14].

Les fluctuations statistiques sont moyennées par récurrence :

- On moyenne les valeurs des spins sur chaque maille élémentaire du réseau.
- Sur un réseau de pas double, on attribue à chaque spin la valeur moyenne ainsi calculée.
- On redimensionne le réseau ainsi obtenu au même pas que le réseau initial.
- À chaque itération, on redéfinit le hamiltonien, c'est-à-dire que l'on définit une nouvelle théorie effective. À chaque itération, on effectue ainsi ce qu'on appelle une opération du *groupe de renormalisation*, notée $\mathcal{T}$.

$$H_{2^n a}(S) = \mathcal{T}(H_{2^{n+1} a}(S))$$

- On réitère la procédure indéfiniment pour calculer la moyenne sur toutes les configurations. L'autosimilarité (ou fractalité) spécifique des phénomènes critiques se traduit dans le fait que quand le nombre d'opérations du groupe de renormalisation tend vers l'infini, la transformation par le groupe de renormalisation comporte un point fixe : le hamiltonien effectif tend vers un invariant du groupe de renormalisation.

$$H_{2^n a}(S) \underset{n \to \infty}{\to} H^*(S)$$
$$H^*(S) = \mathcal{T}(H^*(S))$$

Dans la correspondance entre la théorie quantique des champs et la physique statistique, les équations de point fixe pour une transition de phase du second ordre sont équivalentes aux équations du groupe de renormalisation pour une théorie quantique des champs renormalisable. On dit de la théorie renormalisable et de la transition de phase du second ordre obéissant aux mêmes équations du groupe de renormalisation (GR) qu'elles appartiennent à la même classe d'universalité. En physique statistique, la difficulté rencontrée dans les transitions de phase du second ordre est comparable aux divergences qui, en théorie quantique des champs, empêchent d'appliquer les méthodes perturbatives : la présence de fluctuations à toutes les échelles indique que le comportement du système semble dépendre des détails de l'interaction au niveau microscopique, de même que la régularisation en théorie quantique des champs semble faire dépendre la physique de paramètres arbitraires comme le paramètre de coupure. Ainsi le « miracle » de la renormalisation est-il élucidé : près d'un point fixe du groupe de renormalisation, le phénomène critique (émergent !) oublie le pas du réseau, de même que dans une TQC renormalisable, on peut sans inconvénient faire tendre vers l'infini le paramètre de coupure nécessaire à la régularisation. Les comportements émergents des deux systèmes en correspondance sont universels, en ce sens qu'ils ne dépendent que d'un petit nombre de paramètres ou degrés de liberté dits pertinents, tous les autres paramètres ou degrés de liberté pouvant être considérés comme marginaux.

La correspondance que nous venons de décrire est à l'origine d'une remarquable synthèse interdisciplinaire qui s'est produite dans les années soixante-dix. On a en effet été en mesure d'utiliser, avec beaucoup de succès, les mêmes outils théoriques dans deux domaines de la physique qui jusque-là semblaient complètement déconnectés, la physique des phénomènes critiques, d'une part, et la chromodynamique quantique (QCD), la physique de l'interaction forte, d'autre part.

Les théories de jauge sur réseau

La correspondance quantitative entre les théories de champs renormalisables et la physique des phénomènes critiques permet de mettre au point un véritable modèle standard de la physique de l'émergence : des phénomènes émergents comme le confinement des quarks et des gluons en QCD qui, jusque-là, n'étaient abordables qu'au travers de modèles phénoménologiques comme celui que nous avons évoqué plus haut peuvent maintenant être l'objet de calculs quantitatifs et prédictifs. Il est en effet possible de simuler QCD au moyen d'un réseau quadridimensionnel de spins sujet à une transition de phase de second ordre et appartenant à sa classe d'universalité. Il se trouve qu'il existe des algorithmes (connus sous le nom d'algorithmes de Monte-Carlo) qui permettent d'évaluer numériquement la sommation sur toutes les configurations du réseau (l'équivalent de l'intégrale de chemins en théorie quantique des champs) sans avoir à utiliser un développement perturbatif, c'est-à-dire, même dans le domaine où le paramètre de couplage n'est pas petit. C'est ainsi que l'on a pu valider, en quelque sorte « expérimentalement », au moyen d'« expériences numériques », le modèle heuristique du confinement en termes de cordes hadroniques : la tension de corde, la constante universelle du monde hadronique, un paramètre ajustable de la phénoménologie des interactions fortes, devient calculable en théorie de jauge sur réseau, et la valeur obtenue pour ce paramètre est en bon accord avec les données expérimentales. S'il est vrai que cette méthode de résolution des équations de la chromodynamique présente quelques limites, liées par exemple à la puissance des ordinateurs, ou à la difficulté d'inclure des fermions (quarks) dans le schéma, les résultats obtenus, outre la détermination de la tension de corde, sont encourageants : détermination des masses de « gluonia », des hadrons entièrement constitués de gluons, prédiction de l'existence d'une transition de phase en chromodynamique quantique à température finie. L'existence de cette transition, dite de « déconfinement », était suspectée à partir d'un modèle phénoménologique aussi inspiré de l'image du chromodiélectrique parfait, le modèle du « sac de quarks et gluons » auquel est assimilée la cavité où se meuvent quarks et gluons faiblement couplés. Il est en effet tentant d'imaginer que, dans une collision de haute énergie entre deux ions lourds (des atomes d'éléments lourds épluchés de leurs électrons), on puisse atteindre des conditions de pression et de température telles que tous les nucléons en forme de sac fusionnent en un grand sac rempli de quarks et gluons libres (déconfinés), un nouvel état de la matière, le plasma de quarks et gluons. Les premières expériences de collisions d'ions lourds de haute énergie semblant aller dans le sens de cette hypothèse, et les calculs de QCD sur réseau semblant la valider, l'une des expériences programmées auprès du collisionneur LHC, l'expérience ALICE, a été conçue pour explorer les propriétés de ce nouvel état de la matière : comme nous l'avons mentionné au chapitre 8, ses premiers résultats apportent des confirmations éclatantes de ce que l'on peut appeler de véritables prédictions.

La méthodologie des théories effectives

La méthodologie des théories effective[15], qui généralise celle des blocs de spins de Kadanoff, permet de s'adapter au constat qu'à toutes les échelles de distances il y a des phénomènes physiques intéressants ; elle revient à diviser l'espace des paramètres en régions différentes dans chacune desquelles il y a une théorie effective qui est une description appropriée de la physique importante. Importante, la physique décrite par une théorie effective l'est parce que les processus physiques à considérer diffèrent d'une région à l'autre, et la description qu'elle permet est appropriée, car il n'y a pas de description unique qui soit utile partout dans l'espace des paramètres. Cette méthodologie est adaptée aussi bien dans la recherche des lois fondamentales capables de fixer les conditions initiales du grand récit de la matière et de l'univers, que dans la recherche de schémas quantitatifs et prédictifs en physique de l'émergence, par exemple en chromodynamique quantique à grande distance, lorsque le développement perturbatif est en échec.

Théories effectives et lois fondamentales

L'idée de base des théories effectives est que, s'il y a des paramètres très grands ou très petits par rapport aux quantités physiques d'intérêt (de même dimension), on peut obtenir une description approchée plus simple de la physique en mettant à zéro les paramètres très petits et à l'infini les paramètres très grands. Les effets finis de ces paramètres sont alors traités en perturbation par rapport à ce point de départ approximatif.

En physique des particules, le paramètre pertinent est l'échelle de distance. La stratégie des théories quantiques des champs effectives consiste à mettre à zéro les aspects de la physique qui impliquent des distances petites devant l'échelle de distance considérée. L'intérêt de cette stratégie réside dans le fait que, parmi les aspects qui peuvent être ignorés, se trouvent les particules trop lourdes pour pouvoir être produites aux énergies disponibles à un moment donné.

Une théorie effective, adaptée à la description d'une certaine interaction fondamentale, dépend de l'énergie E et d'un degré de précision ε. L'effet de la physique de haute énergie sur la physique à l'échelle E est décrit, dans le lagrangien de la théorie effective, par une suite de termes d'interactions (produits d'opérateurs champs évalués au même point d'espace-temps) dont les paramètres de couplage ont une dimension (en unité d'énergie ou de masse) k. Ces termes d'interactions, en nombre fini, sont tous ceux qui sont compatibles avec les symétries supposées de l'interaction fondamentale. Les paramètres de couplage de ces interactions sont de l'ordre $1/M^k$ où M est une masse supérieure à E, indépendante de k.

La contribution d'une interaction non renormalisable de dimension k_ε est proportionnelle à $(E/M)^k$. Pour obtenir la précision e on n'inclura que les interactions de dimension k_ε telles que

$$\left(\frac{E}{M}\right)^{k_\varepsilon} \sim \varepsilon \rightarrow k_\varepsilon \sim \frac{\text{Ln}(1/\varepsilon)}{\text{Ln}(M/E)}$$

La croissance de k_ε, lorsque l'on monte en énergie, signale que l'on s'approche d'une nouvelle physique, et qu'il va falloir changer de théorie effective. Dans la nouvelle théorie effective, impliquant une échelle de masse M' plus élevée que M, les interactions non renormalisables de la première théorie effective auront disparu et apparaîtront comme renormalisables. Les théories effectives successives sont raccordées l'une à l'autre grâce aux équations du groupe de renormalisation, à condition que ces équations puissent s'appliquer. Il se trouve que cette condition est satisfaite si, à chaque dimension k, tous les termes d'interactions compatibles avec les symétries supposées ont bien été inclus dans le lagrangien de la théorie effective.

Comment une telle procédure peut-elle se terminer ? Une première possibilité est que au-delà d'une certaine échelle très élevée, toutes les interactions non renormalisables aient disparu et que l'on se retrouve avec une bonne théorie renormalisable au sens usuel du terme, ou à un sens un peu plus général, à l'aide du concept de « protection asymptotique » (*asymptotic safety*[16]) qui ouvre peut-être la voie à une théorie quantique de la gravitation[17] comportant une phase d'inflation. Une autre possibilité est que l'on soit amené à changer radicalement de cadre théorique (par exemple avec une théorie de cordes). Il est aussi possible que le processus soit sans fin, avec toujours de nouvelles échelles d'énergies de plus en plus élevées.

Nous voyons donc que, dans la recherche des lois fondamentales, la méthodologie des théories effectives consiste à assouplir le critère de renormalisabilité : les théories effectives ne sont pas non renormalisables, elles sont renormalisables en un sens moins restrictif. L'interprétation de la théorie quantique des champs en termes de théories effectives rend compte de la tension entre complétude et ouverture : la théorie quantique des champs est complète en ce sens qu'à suffisamment basse énergie, toute théorie satisfaisant certaines propriétés de symétrie et compatible avec les axiomes de la mécanique quantique, avec la relativité restreinte, avec le principe des actions par contiguïté que nous avons énoncé au chapitre 4, ressemblera nécessairement à une théorie effective (tel est le « théorème folklorique » énoncé par Weinberg[18]).

Mais le schéma des théories effectives permet une approche complètement ouverte à l'expérience : en montant en énergie, nous pouvons rencontrer toute une variété d'interactions nouvelles (qui nous auraient échappé avec un critère trop strict de renormalisabilité) rendant possible un éventuel dépassement du modèle standard.

Théories effectives et approche quantitative de l'émergence

Dans le sens du temps, celui du grand récit, et non plus lorsque l'on essaie de remonter le temps à la recherche des lois fondamentales, la méthodologie des théories effectives se révèle aussi utile, car elle permet de déboucher sur une approche quantitative des phénomènes émergents. C'est ce qui se produit en chromodynamique quantique (QCD). Nous avons vu dans le chapitre 6 que le paramètre de couplage de QCD tend vers zéro à petite distance (i.e. à haute énergie) mais devient grand (voire infini à une énergie de l'ordre de 150MeV), ce qui rend inopérante la méthode du développement perturbatif. Or toute la physique de l'interaction forte à basse énergie ou dans ce que nous avons appelé, au chapitre 6, les collisions douces, ou en physique nucléaire, relève de cette chromodynamique quantique « non perturbative ». Nous avons certes montré, un peu plus haut, qu'avec les théories de jauge sur réseau, il est possible de contourner, au moins partiellement, cette difficulté, et d'obtenir, au moyen de ce que nous avons appelé des expériences numériques, certains résultats encourageants. Mais ces méthodes ne peuvent pas remplacer les approches quantitatives rendues possibles par le développement perturbatif en théorie quantique des champs. De telles approches quantitatives ont pu être développées en physique de l'interaction forte à basse énergie et même en physique nucléaire.

Le problème auquel la méthodologie des théories effectives a permis d'apporter une réponse est celui de la masse des nucléons, les constituants de ce que l'on appelle la matière baryonique. Nous avons montré au chapitre 7 comment, à partir d'une théorie à symétrie exacte où les masses de toutes les particules élémentaires sont nulles, le mécanisme de symétrie spontanément brisée de Brout, Englert et Higgs confère une masse inertielle à toutes les particules. La découverte du boson BEH va permettre de tester avec précision ce mécanisme et de voir s'il est bien conforme aux prédictions du modèle standard.

Mais, même vérifié, ce mécanisme n'explique pas tout sur les masses. Ainsi, pour commencer et éviter des confusions qui traînent dans la littérature de vulgarisation, la masse du nucléon n'est-elle pas expliquée par le mécanisme BEH qui donne une masse aux quarks. Les masses des quarks u et d (le proton est fait de deux quarks u et d'un quark d) sont bien loin de suffire pour expliquer la masse du nucléon : elles sont de l'ordre du MeV alors que celle du nucléon est de l'ordre du GeV. Dès que l'on a envisagé d'utiliser pour la dynamique des quarks une théorie de jauge non abélienne, comme la chromodynamique quantique, on a pensé à un mécanisme de brisure spontanée de symétrie pour conférer de la masse aux nucléons. Avec des quarks u et d de masse nulle, des deux chiralités, droite et gauche, la chiralité est une symétrie de la chromodynamique quantique : les quarks des deux chiralités y participent exactement de la même façon. Mais alors, si ces quarks forment des fermions composites, comme les nucléons, ces fermions devraient avoir des chiralités bien définies, et donc devraient être de masse nulle. Pour leur conférer une masse différente de zéro, il faudrait imaginer un mécanisme de Brout, Englert et Higgs avec un champ scalaire portant de la couleur (la

charge de la chromodynamique quantique). Néanmoins, ce mécanisme induirait une brisure de la
symétrie de couleur et rendrait massifs les gluons,
ce que l'on ne souhaitait absolument pas voir se produire. On s'est donc rabattu sur la méthodologie des
théories effectives. En QCD avec des quarks u et d
de masse nulle, des deux chiralités, on accepte que
les fermions composites comme le proton et le neutron soient de masse nulle, et on va rechercher un
mécanisme de brisure spontanée de symétrie induit
par un champ hadronique (c'est-à-dire sans couleur)
scalaire. Mais, comme la symétrie chirale est une
symétrie globale et non locale, avec un tel mécanisme de brisure spontanée de symétrie, le boson de
Nambu-Goldstone (nécessairement de masse nulle)
n'est pas absorbé par un boson de jauge, et doit donc
se retrouver comme un membre à part entière de la
famille des hadrons. Mais il n'existe pas de hadron
de masse nulle ! On ne se décourage pas pour autant :
le méson π, ou pion, le plus léger de tous les hadrons,
a une masse nettement plus petite que celle par
exemple des nucléons, et on va donc bâtir un scénario de brisure spontanée de la symétrie chirale, avec
le pion comme boson de Nambu-Goldstone, qui aurait
une masse nulle, si les quarks u et d étaient de masse
nulle, mais qui aurait une petite masse si les quarks
ne sont pas de masse rigoureusement nulle. Le pion
serait alors le quasi-boson de Nambu-Goldstone de
la brisure spontanée de la symétrie chirale responsable de la masse des nucléons !

Il est intéressant de noter que le mécanisme de brisure spontanée de la symétrie chirale nécessite un
potentiel en forme de chapeau mexicain faisant intervenir outre le pion (le mode de Nambu-Goldstone)

une autre particule, ayant les nombres quantiques du vide, le σ, qui est en quelque sorte le « boson BEH de la brisure spontanée de la symétrie chirale » !

En tout cas, c'est ainsi que l'on a pu bâtir la théorie perturbative chirale (ChPT, pour Chiral Perturbative Theory), qui est la théorie effective de QCD donnant lieu à un développement perturbatif des amplitudes de transition de processus dans lesquels sont impliqués des pions de très basse énergie. Des prédictions quantitatives très précises ont été comparées avec succès à l'expérience.

Dans le même ordre d'idées, on a pu utiliser, avec succès, la méthodologie des théories effectives pour comprendre l'existence d'un terme dit de « cœur dur » dans le potentiel nucléon-nucléon, nécessaire à la théorie des forces nucléaires.

L'interprétation moderne de la physique quantique et l'émergence d'un « monde quasi classique »

Avec l'interprétation de Copenhague que nous avons présentée au chapitre 3, la physique quantique n'a jamais été mise en défaut en quatre-vingts ans de confrontation avec l'expérience. Mais cette interprétation est limitée aux règles d'utilisation du formalisme quantique dans les expériences faites en laboratoire. Elle semble faire jouer à la physique classique un rôle nécessaire au fondement même de la physique quantique[19] : elle paraît impliquer l'existence d'observateurs appartenant à un « monde classique » séparé du « monde quantique » auquel appartient le système à l'étude. Cette interprétation exclurait donc la cosmologie du champ d'application de la physique quantique. L'interprétation moderne de la physique quantique, développée, entre autres, par Gell-Mann et Hartle[20], permet de lever cette difficulté à l'aide du concept d'histoires décohérentes.

Dans cette nouvelle interprétation, l'objet de la physique quantique est d'évaluer les probabilités de certaines séquences d'événements concernant un système physique quasi isolé.

Ces probabilités sont évaluées à partir d'une intégrale de chemins portant sur toutes les histoires envisageables impliquant le système considéré ainsi que le reste de l'univers. Pour que l'on puisse attribuer des probabilités aux séquences d'événements considérées, il faut que l'intégrale de chemins soit faite avec un niveau suffisant d'*agraindissement*[21] : il faut que le grain soit suffisamment grossier pour que l'intégration sur tous les chemins et variables auxquels on ne s'intéresse pas détruise, avec une précision suffisante, les interférences qui ruineraient les axiomes de la théorie classique des probabilités (comme l'attribution de probabilités additives à des événements indépendants). Les séquences d'événements auxquelles on peut attribuer des probabilités sont appelées des histoires décohérentes, le processus irréversible d'élimination par intégration des interférences est appelé décohérence, et l'intégrale de chemins conduisant aux probabilités, la fonctionnelle de décohérence. La petitesse du quantum d'action fait qu'en général la décohérence est extrêmement rapide, d'autant plus rapide que le système à l'étude est complexe ou que ses interactions avec l'environnement sont importantes. On a pu cependant réaliser des expériences ultra-précises, comme celles qui ont valu le prix Nobel 2012 à Serge Haroche et David Wineland, montrant que la décohérence est un authentique processus physique.

Dans l'article cité en référence, Gell-Mann et Hartle proposent de remplacer l'idée d'un « monde classique », séparé du monde quantique par ce qu'ils appellent un « monde quasi classique » (*quasiclassical realm*) limité, non par une frontière, mais par un horizon. Ce monde quasi classique n'a pas à être « postulé, il est plutôt expliqué comme un aspect émergent de l'univers, caractérisé par un hamiltonien et un état quantique, et par la séquence énormément longue d'accidents (et les conséquences de ces événements fortuits) qui constituent les histoires décohérentes à grain grossier ». Dans le cadre du grand récit, une « situation de mesure » se crée, indépendamment de la présence de quelque observateur que ce soit, dès que certaines variables sont fortement corrélées à d'autres variables appartenant à un royaume quasi classique : ce sont les interactions entre les deux types de variables qui provoquent la décohérence. Il n'y a donc aucun conflit entre l'interprétation de Copenhague et cette nouvelle interprétation : l'interprétation « standard », celle de Copenhague, n'est pas invalidée par l'interprétation en termes d'histoires décohérentes, elle est dépassée et englobée dans un cadre plus général, pouvant s'appliquer à la cosmologie.

L'émergence comme affleurement universel
du fondamental à travers l'effectif

Quelle conclusion tirer de ce tour d'horizon de la physique de l'émergence ? Contrairement à ce qu'affirme Laughlin, nous ne pensons pas que de l'universalité de la physique de l'émergence on puisse en déduire la possibilité de se libérer de la « tyrannie » de la quête du fondamental : « La tendance de la nature à former une société hiérarchique de lois physiques est beaucoup plus qu'un point scolaire de discussion. C'est la raison pour laquelle le monde est connaissable. Elle rend les lois les plus fondamentales, quelles qu'elles soient, non pertinentes et nous protège contre le fait d'être tyrannisés par elles. C'est la raison pour laquelle nous pouvons vivre sans comprendre les secrets ultimes de l'univers[22]. » Nous pensons plutôt que la méthodologie des théories effectives permet, dans le cadre du grand récit de la matière et de l'univers, de rendre quantitative et prédictive la physique de l'émergence. En effet, à chaque niveau de l'emboîtement universel des structures, où existe une physique intéressante, cette méthodologie vise à déterminer les paramètres et degrés de liberté pertinents, c'est-à-dire ceux et seulement ceux qui sont nécessaires à la compréhension du niveau considéré. Ainsi, une théorie effective adaptée à la description d'un certain niveau acquiert-elle une autonomie par rapport aux degrés de liberté et paramètres de la théorie du niveau immédiatement inférieur sur laquelle elle repose. Mais les paramètres et degrés de liberté pertinents sont ceux par lesquels *affleure le fonda-*

mental, et, à l'aide du fil d'Ariane des équations du groupe de renormalisation, cette méthodologie peut, au moins en principe, nous conduire de proche en proche au niveau le plus fondamental. De plus, il nous est apparu que, dans le grand récit universaliste de la matière-espace-temps que s'efforce d'écrire la recherche scientifique contemporaine, cet affleurement du fondamental au travers de l'effectif est absolument universel.

C'est ce que montre un très beau texte de Murray Gell-Mann[23], dans lequel il part d'une citation de Newton qui montre que le père de la première théorie de la gravitation universelle avait déjà pressenti ce qu'il appelle la *consonance* de la nature :

> Et si la Nature est très simple et pleinement consonante avec elle-même, elle observe la même méthode pour régler les mouvements des plus petits corps que pour régler ceux des plus grands.

Utilisant ensuite l'allégorie, fréquemment utilisée dans la littérature anglo-saxonne, de l'oignon dont on pèle les peaux l'une après l'autre, il note :

> Au fur et à mesure que nous ôtons les peaux de l'oignon, en accédant aux couches de plus en plus profondes de la structure du système des particules élémentaires, les mathématiques qui nous sont devenues familières à cause de leur utilité à un certain niveau suggèrent de nouvelles mathématiques, dont certaines peuvent être applicables au niveau suivant ou à d'autres phénomènes du même niveau. Quelquefois même, la mathématique ancienne est suffisante. (...) C'est ce que Newton, avec une remarquable précocité, avait apparemment noté : les lois fondamentales de la nature sont telles qu'une certaine autosimilarité

prévaut dans l'ensemble des théories effectives qui approximativement décrivent les couches successives. (...) Tous les trois principes — le caractère conformable de la nature à elle-même, l'applicabilité du critère de simplicité et l'utilité de certaines parties des mathématiques pour décrire la réalité physique — sont donc des conséquences des lois sous-jacentes des particules élémentaires et de leurs interactions. Ces trois principes n'ont pas à être posés comme des postulats métaphysiques. En fait, ce sont des propriétés émergentes des lois fondamentales de la physique.

BILAN ÉPISTÉMOLOGIQUE
DE LA RÉVOLUTION QUANTIQUE
ET RELATIVISTE

Pour comprendre la signification et la portée d'une révolution scientifique, la notion de modèle standard, qui a été un fil conducteur du présent ouvrage, nous paraît nettement plus pertinente que celle de paradigme, telle qu'elle a été utilisée par Kuhn[24]. Pour ce philosophe des sciences, les révolutions scientifiques sont analogues aux révolutions politiques ou sociales : un paradigme est un consensus sur lequel s'accordent, en période de science « normale », les scientifiques d'une certaine communauté ; et lorsque survient une crise, peut se produire une révolution scientifique, par laquelle le paradigme ancien est renversé et remplacé par un nouveau, incompatible (« incommensurable » selon ses termes) avec l'ancien. Ce qui nous est apparu dans les chapitres qui précèdent, c'est qu'un modèle standard ne concerne pas qu'une communauté restreinte, mais l'ensemble d'une discipline scientifique, dans son histoire et dans son universalité. Cette historicité et cette universalité confèrent au modèle standard une considérable robustesse, mais il conserve une capacité à évoluer : le terme de modèle qui le caractérise est à rapprocher du verbe qui figure dans l'expression « pâte à modeler ». Pour utiliser un concept propre aux sciences de l'évolution et du développement, on peut dire que le modèle standard comporte une part importante de « plasticité », un concept qui traduit la tension dynamique entre robustesse et fragilité, invariance et transformation. Corrélativement, une révolution scientifique ne peut plus être pensée comme un épisode dans la compétition entre communautés de spécialistes, mais plutôt, en tant que dépassement d'un modèle standard, comme une mutation du référentiel gnoséologique de l'humanité. Toute l'histoire des sciences confirme que l'émergence d'un nouveau modèle standard ou le dépassement d'un modèle standard existant constituent bien une révolution scientifique, caractérisée par la synthèse ou l'unification de domaines de la connaissance précédemment disjoints et impliquant d'innombrables conséquences théoriques et pratiques.

Dans un article de 1999[25], Weinberg a critiqué la conception de Kuhn des révolutions scientifiques, en réfutant le caractère incommensurable des paradigmes. À partir de cette critique, il a suggéré que seule la naissance de la science moderne aurait été une révolution scientifique, puisque le paradigme de la science est effectivement incommensurable avec les paradigmes préscientifiques. En conséquence, Weinberg considère que la physique relativiste et quantique née au XXe siècle n'est pas la marque d'une révolution scientifique, puisque le modèle standard actuel n'est pas incommensurable avec les acquis de la science classique, il n'en est que l'approfondissement et l'élargissement. Nous pensons, pour notre part, que, du point de vue de l'histoire et de la philosophie des sciences, il serait dommage de se priver des enseignements que l'on peut tirer de l'analyse des formidables avancées produites par la physique du XXe siècle, pour essayer de caractériser ce que peut être une révolution scientifique de grande ampleur, affectant l'ensemble de la connaissance humaine.

Une tentative de définition des révolutions scientifiques a été donnée par Jacques Bonitzer[26]. Il énonce quelques critères et caractéristiques qui lui semblent correspondre à une telle définition : « Le plus clair de ce que tous ces événements [scientifiquement révolutionnaires] ont en commun est qu'ils ont réalisé des synthèses de domaines de connaissances antérieurement étrangers les uns aux autres. (...) Les sciences affectées par des révolutions scientifiques sont devenues au sortir de celles-ci beaucoup plus puissantes que leurs devancières. (...) Il n'y a pas de révolution scientifique sans une transformation des systèmes théoriques de la science antérieure. (...) Les avancées révolutionnaires de la science, déterminant ainsi l'évolution des forces productives, influent par conséquent (indirectement mais très puissamment) sur la conjoncture politico-sociale. L'évolution des connaissances scientifiques et celle des sociétés humaines sont ainsi, l'une à l'égard de l'autre, à la fois déterminantes et déterminées. » Il nous semble que ces critères s'appliquent particulièrement bien au développement de ce que nous appelons la révolution quantique et relativiste. Dans un premier temps, nous aborderons l'aspect strictement épistémologique de la révolution quantique et relativiste, et nous terminerons ce chapitre sur un aperçu de son impact politico-social.

L'apogée auquel est parvenue la physique quantique et relativiste, qui se traduit par les succès des modèles standards de la physique des particules et de la cosmologie ainsi que leur rapprochement pour fournir le cadre du grand récit universaliste, montre que la révolution scientifique du XXᵉ siècle est parvenue à surmonter les crises que nous avons pointées au chapitre 2 consacré à la relativité (crise de la mécanique) et au chapitre 3 consacré à la mécanique quantique (crises de l'objectivité et de la causalité).

Dans sa quête d'une théorie susceptible de fournir un fondement à l'ensemble de la physique, Einstein avait pris la mesure des difficultés du rapprochement de la relativité et des quanta. Dans un article de 1936, il note :

> Dans l'équation de Schrödinger le temps absolu et, aussi, l'énergie potentielle jouent un rôle décisif, alors que ces deux concepts ont été reconnus par la théorie de la relativité être, en principe, inadmissibles. Si l'on veut éviter cette difficulté, il faut fonder la théorie sur les champs et les lois de champ, au lieu de la fonder sur les forces d'interaction. Ceci nous amène à appliquer les méthodes statistiques de la théorie des quanta aux champs, c'est-à-dire à des systèmes à une infinité de degrés de liberté. Bien que les théories faites jusqu'à présent se soient limitées aux équations linéaires qui, comme nous le savons par les résultats de la relativité générale, sont insuffisantes, les complications que ces très ingénieuses tentatives ont rencontrées jusqu'à pré-

sent sont déjà terrifiantes. Elles s'élèveront certainement jusqu'à la hauteur du ciel, si l'on veut satisfaire
aux exigences de la théorie de la relativité générale,
dont le bien-fondé fondamental n'est mis en doute par
personne[27].

Mais ce que nous avons montré, tout au long des
chapitres qui précèdent, c'est que la théorie quantique des champs qui réalise le mariage de la
physique quantique et de la relativité restreinte est
parvenue à surmonter les « difficultés terrifiantes » :
avec le formalisme de l'intégrale de chemins, avec le
principe unificateur et directeur de l'invariance de
jauge locale, avec le critère de renormalisabilité, avec
les mécanismes de brisure de symétrie induits par
des champs scalaires et des potentiels en forme de
chapeau mexicain, avec la méthodologie des théories effectives, cette théorie nous fournit le nouveau
système théorique au fondement du grand récit universaliste qui, du big bang physique, nous amène à
la floraison des phénomènes émergents.

Quant aux difficultés qui « s'élèveront jusqu'au
ciel », celles qui relèvent du rapprochement de la
physique quantique et de la relativité générale, elles
apparaissent désormais sous la forme des problèmes
scientifiquement bien posés (absence d'antimatière,
matière et énergie sombres, mécanismes d'inflation,
grande unification...) que nous avons passés en revue
au chapitre 10, et qui nous conduisent peut-être à
percevoir quelques signes avant-coureurs d'une prochaine révolution scientifique[28].

LE GRAND RÉCIT UNIVERSALISTE
ET L'IMPACT POLITICO-SOCIAL
DE LA RÉVOLUTION SCIENTIFIQUE
DU xxᵉ SIÈCLE

Le mathématicien-philosophe suisse Ferdinand Gonseth[29], dont on apprend à la lecture de l'ouvrage biographique de Dominique Lambert qu'il a eu une certaine influence philosophique sur Georges Lemaître, a préfacé *L'hypothèse de l'atome primitif*. Nous extrayons de cette préface cette citation qui permet d'illustrer notre propos au sujet du rôle politico-social, nous dirons anthropologique, de ce qu'il appelle une hypothèse cosmogonique et que nous appelons un grand récit de l'univers.

> La science moderne, en éclairant les techniques, s'est faite humblement utilitaire — ne songeons pas à nous en plaindre. (...) Et cependant la portée d'une hypothèse cosmogonique dépasse d'une manière incommensurable la sphère de l'utile immédiat et touche à la nécessité. Comme la voûte du ciel surplombe et enveloppe la terre de toutes parts, une certaine doctrine cosmogonique domine et enveloppe la conscience de l'homme, la conscience de tous les hommes. Cela est vrai même du primitif et de l'ignorant qui n'ont aucune idée de ce que la patiente observation des apparences célestes a révélé aux astronomes. (...) Bref, dans chaque esprit, comme un élément nécessaire à son équilibre, se trouve comprise une hypothèse cosmogonique[30].

Toutes les civilisations, toutes les religions se sont appuyées, sans avoir à attendre une révolution scientifique, sur un grand récit fondateur. La portée de ces récits fondateurs préscientifiques est essentiellement axiologique (c'est-à-dire qu'elle concerne le domaine des valeurs). En tant que récit fondé sur les avancées de la science, le grand récit universaliste objet du présent chapitre a une portée essentiellement épistémologique, mais cela ne l'empêche pas d'avoir aussi une portée axiologique. Si la recherche fondamentale, la matrice des révolutions scientifiques, a pour but le progrès des connaissances, nous pensons, avec Bachelard, que le progrès des connaissances est une valeur humaine universelle.

Rappelons ce que nous disions de la création du CERN dans l'avant-propos : l'arrière-pensée de ses fondateurs était, pour le bien de l'humanité, de donner à une communauté scientifique les moyens de développer ses recherches en toute liberté, mais avec le sens de ses responsabilités. Construit sur un idéal partagé des progrès de la connaissance, le CERN a développé, à l'échelle mondiale, un mode original d'organisation, fondé sur une mise en commun des moyens expérimentaux et sur une stratégie collaborative à long terme, non exempt de compétition individuelle qui permet à chacun de faire valoir ses idées et reconnaître sa personnalité. Le CERN peut alors proposer un modèle, que nous avons à plusieurs reprises dénommé le modèle coopétitif, dont puissent s'inspirer nos contemporains pour stimuler à la fois le progrès de la connaissance, la créativité et l'innovation, de nouveaux outils de gestion de projets et de communication, pour rassembler, par-delà les frontières, les cultures et les croyances, et plus généralement pour répondre aux défis de notre monde.

L'enthousiasme qui était le nôtre lors de notre premier ouvrage est aujourd'hui intact (peut-être même s'est-il accru avec le temps !) Puisse cet enthousiasme se communiquer à nos lecteurs, surtout aux plus jeunes d'entre eux !

APPENDICES

REMERCIEMENTS

Avant tout, nous voudrions exprimer notre reconnaissance à François Englert pour le fructueux dialogue qu'il a engagé avec nous.

Nous voudrions remercier chaleureusement des collègues du CEA, Vincent Bontems, Alexis Grinbaum, Étienne Klein, et James Rich, ainsi que des collègues du CERN, Philippe Bloch, Frédérick Bordry, Jean-Louis Faure, Peter Jenni, Giora Mikenberg et Daniel Treille, avec qui nous avons eu de nombreuses discussions enrichissantes.

Nous tenons également à remercier Alain Pengam et Éric Vigne, des éditions Gallimard, qui ont beaucoup œuvré à la mise en forme du manuscrit très complexe que nous leur avons soumis.

Nous voulons enfin exprimer notre plus vive reconnaissance à Michel Serres, dont la postface nous va droit au cœur.

NOTES

AVANT-PROPOS

1. F. Englert et R. Brout, « Broken symmetry and the mass of gauge vector mesons », *Physical Review Letters*, 13 — 9, 31 août 1964, p. 321.

2. P. Higgs, « Broken symmetry and the masses of gauge boson », *Physical Review Letters*, 13 — 16, 19 octobre 1964, p. 508.

3. Du point de vue de leur collaboration avec le CERN, les différents pays du monde sont classés en quatre catégories caractérisées par un degré croissant d'importance des liens avec le CERN. La première catégorie contient les pays qui n'ont aucune relation formelle avec lui, principalement ceux d'Afrique. Dans la seconde catégorie figurent ceux qui n'ont que des accords de collaboration, principalement des pays qui utilisent ses installations, c'est-à-dire qui ont des chercheurs participant à ses expériences. Leurs contributions ont fait des expériences auprès du LHC une aventure scientifique mondiale. Près de dix mille utilisateurs de près de soixante-dix pays participent aujourd'hui aux grandes expériences du LHC qui regroupent souvent des chercheurs de pays que presque tout sépare : l'Iran et les États-Unis, l'Inde et le Pakistan, Israël et la Turquie, la Chine et Taïwan. Le CERN rassemble par-delà les frontières, conformément à sa mission. C'est ainsi qu'en son sein qu'ont eu lieu après la Seconde Guerre mondiale, via les chercheurs, les premières rencontres entre Israéliens et Allemands ;

dans les écoles de formation, se côtoient Palestiniens et Israéliens ; à l'époque de l'URSS, les chercheurs russes « respiraient » à travers le CERN...

À la troisième catégorie, appartiennent les sept États (Inde, Japon, Russie, États-Unis, Turquie, Roumanie, Israël) qui sont *observateurs* au Conseil du CERN. Ce sont ceux qui ont contribué, en plus des expériences auprès du LHC, à construire des éléments de la machine LHC. Leur participation a fait de la machine LHC une aventure mondiale. Environ 15 % de cette machine a été construite par des contributions extérieures aux États membres du CERN, extérieures à l'Europe.

La quatrième catégorie est celle des vingt États membres du CERN (Autriche, Belgique, Bulgarie, République tchèque, Danemark, Finlande, France, Allemagne, Grèce, Hongrie, Italie, Hollande, Norvège, Pologne, Portugal, Slovaquie, Espagne, Suède, Suisse, Royaume-Uni.) Ils constituent le Conseil du CERN. De plus la Roumanie est en voie d'accession. Israël et la Serbie ont obtenu un nouveau statut, celui d'État associé, avec la perspective de devenir bientôt États membres. Chypre, la Turquie et la Slovénie devraient suivre le même chemin bientôt. Enfin ce statut d'État associé (qui demande une contribution moins importante que celle d'un État membre, mais aussi donne moins de droits) intéresse l'Ukraine, le Brésil, l'Inde, la Russie. La mondialisation est en cours. Pour l'accompagner, le Conseil sépare bien les sessions qui sont destinées à prendre des décisions sur le laboratoire CERN situé à Genève sur la frontière franco-suisse et celles qui sont destinées à coordonner la politique en matière de physique des particules au niveau des États membres, c'est-à-dire au niveau européen dans un contexte mondial.

I. LES LUMIÈRES ET L'APOGÉE
DE LA PHYSIQUE CLASSIQUE

1. Gaston Bachelard, *Études* (recueil posthume, 1970), PUF, 2001, p. 80.
2. Vincent Bontems, *Bachelard*, Les Belles Lettres, 2010.
3. Vincent Bontems, *op. cit.*, p. 34
4. Einstein, Infeld, *L'évolution des idées en physique — des*

premiers concepts aux théories de la relativité et des quanta. Traduit de l'anglais par Maurice Solovine, Champs, Flammarion, 1983.

5. Einstein, Infeld, *op. cit.*, p. 30.

6. Einstein, Infeld, *op. cit.*, p. 12.

7. Einstein, Infeld, *op. cit.*, p. 12.

8. Einstein, Infeld, *op. cit.*, p. 149.

9. Robert Locqueneux, *Une histoire des idées en physique*, Vuibert-SFHST, 2006, p. 50.

10. Robert Locqueneux, *op. cit.*, p. 51.

11. Isaac Newton, *Les Principes mathématiques de la philosophie naturelle*, traduction de Mme du Châtelet, 1756, 2 vol., Jacques Gabay, 1990.

12. Florence Martin-Robine, *Histoire du principe de moindre action. Trois siècles de principes variationnels de Fermat à Feynman*, Vuibert, 2006.

13. En mécanique classique, le référentiel est constitué d'un système de trois axes tracés à partir d'une origine, et permettant de mesurer les coordonnées spatiales d'un point matériel, ainsi que d'une horloge permettant de mesurer le temps.

14. Luc Ferry, *Kant. Une lecture des trois « Critiques »*, Grasset, 2006, p. 53.

15. Jean-Claude Boudenot, *Histoire de la physique et des physiciens, de Thalès au boson de Higgs*, Ellipses, 2001, pp. 159-1980.

16. Gaston Bachelard, *Étude sur l'évolution d'un problème de physique : la propagation thermique dans les solides*, préface de A. Lichnerowicz, Vrin, 1973.

17. James Clark Maxwell, *Molecules, Nature*, 8, 1873, pp. 437-441, *Philosophical Magazine*, 46, pp. 453-469, *Scientific Papers*, vol. 2, pp. 361-378. Trad. française in *La mécanique statistique de Clausius à Gibbs*, édité par Anouk Barberousse, Belin, 2002, pp. 115-133.

18. Josiah Willard Gibbs, *Elementary Principles in Statistical Mechanics, Préface*, Charles Scriber's Sons, 1902, trad. in *La mécanique statistique de Clausius à Gibbs, op. cit.*, pp. 213-218.

19. Jean Perrin, *Les atomes* (1913). Réédition avec une préface de Pierre-Gilles de Gennes, Champs, Flammarion, 1991.

20. A. Einstein, « Mouvement des particules en suspension dans un fluide au repos, comme conséquence de la théorie cinétique moléculaire de la chaleur », *Annalen der Physik*, vol. XVII, 1905, pp. 549-560.

21. Sur une figure, nécessairement à deux dimensions, on ne peut représenter de manière complète une fonction vectorielle de l'espace à trois dimensions, mais s'il existe un axe de symétrie, on peut se faire une idée de la fonction vectorielle, en faisant tourner par la pensée le dessin autour de cet axe de symétrie.

22. L'orientation est fixée par convention : par exemple, les lignes de force *partent* d'une charge positive et *arrivent* à une charge négative.

23. Einstein, Infeld, *op. cit.*, pp. 138-140.

II. LA RELATIVITÉ ET LES LIMITES
DE LA MÉCANIQUE RATIONNELLE

1. Pour ne pas gêner la lecture du texte par des lecteurs non familiers des notations mathématiques, nous avons choisi de renvoyer en encadrés les passages faisant appel à beaucoup d'équations.

2. En réalité, pour pouvoir comparer la marche d'horloges dans des référentiels différents, il faut avoir plusieurs horloges dans le référentiel de comparaison : K' étant en mouvement par rapport à K, une horloge de K' retarde par rapport *aux horloges de K*. Réciproquement, K étant en mouvement par rapport à K', une horloge de K retarde par rapport *aux horloges de K'* (Landau et Lifchitz, *Théorie des champs*, Éd. Mir, Moscou, 1970, pp. 18-19).

3. Une quantité physique est dite « scalaire » si elle est invariante par changement de référentiel.

4. Einstein, Infeld, *op. cit.*, pp 133-134.

5. Einstein, Infeld, *op. cit.*, p. 137.

6. Einstein, Infeld, *op. cit.*, p. 142.

7. Einstein, Infeld, *op. cit.*, p. 231.

8. Ce paragraphe ainsi que le suivant sur l'invariance de jauge au contenu très technique peuvent avantageusement être sautés en première lecture ; il sera judicieux d'y revenir après la lecture du chapitre 5 où sera soulignée l'importance de l'invariance de jauge.

9. Ce produit consiste à faire les seize produits possibles d'une composante de chacun des quadrivecteurs par une composante de l'autre.

10. Einstein, Infeld, *op. cit.*, p. 232.

11. A. Einstein, « Les Fondements de la théorie de la relativité générale », *Annalen der Physik*, vol. XLIX, pp. 769-882. Trad. *in* Albert Einstein, *Œuvres choisies*, t. 2, *Relativités I*, Seuil/CNRS, 1993, pp. 179-227.

12. Jean-Pierre Luminet, « Matière, Espace, Temps », in *Le temps et sa flèche*, ouvrage collectif édité par Étienne Klein et Michel Spiro, Champs, Flammarion, 1996, p. 72.

13. Einstein, *Conceptions scientifiques. La physique et la réalité*, Champs, Flammarion, 1990, p. 55.

14. Einstein, Infeld, *op. cit.*, p. 232.

15. « Le résultat de toute expérience locale non gravitationnelle dans un laboratoire en mouvement par rapport à un référentiel inertiel est indépendant de la vitesse et de la position spatio-temporelle du laboratoire », Mark P. Haugan, C. Lämmerzahl, « Principles of Equivalence: Their Role in Gravitation Physics and Experiments that Test Them », *Lect. Notes Phys.*, 562, 2001, pp. 195-212.

16. Les moyens d'observation de nos jours sont suffisamment précis pour que des mouvements de précession des orbites de toutes les planètes du système solaire aient pu être mesurés et comparés, avec succès, aux prédictions de la théorie de la relativité.

17. À une distance de 1 fermi (10^{-15} m) l'interaction gravitationnelle est 10^{40} fois plus faible que l'interaction forte qui lie les protons et les neutrons au sein du noyau de l'atome.

18. L'intensité de l'interaction gravitationnelle croît avec l'énergie ; l'énergie à laquelle cette intensité est du même ordre que celle de l'interaction forte vaut environ 10^{19} GeV (en gros l'énergie cinétique d'un avion de transport !).

19. E. P Hubble, « A relation between distance and radial velocity among extra-galactic nebulae », *Proceedings of the National Academy of Sciences*, 15, 1929, pp. 168–173.

20. Dominique Lambert, *Un atome d'univers. La vie et l'œuvre de Georges Lemaître*, Éd. Lessius, Éd. Racine, Bruxelles, 2000.

21. Georges Lemaître, « La culture catholique et les sciences positives » (séance du 10 septembre 1936), in *Actes du VIᵉ congrès catholique de Malines*, vol. 5, *Culture intellectuelle et sens chrétien*, VIᵉ congrès catholique de Malines, 1936, p. 69 (cité par Dominique Lambert, *op. cit.*, p. 275).

22. Georges Lemaître, « L'expansion de l'univers : réponses

à des questions posées par radio Canada le 15 avril 1966 », *Revue des questions scientifiques*, t. CXXXVIII (5ᵉ série), avril 1967, p. 161 (cité par Dominique Lambert, *op. cit.*, p. 316).

23. En mécanique classique, la dynamique du point matériel est régie par une équation différentielle dite ordinaire, c'est-à-dire faisant intervenir la dérivée par rapport au temps ; en théorie des champs, la dynamique du champ est régie par une équation différentielle aux dérivées partielles, c'est-à-dire faisant intervenir des dérivées par rapport à l'une des quatre coordonnées spatio-temporelles, les trois autres étant fixées : « Le champ *ici* et *maintenant* dépend du champ *immédiatement voisin* à un instant *immédiatement antérieur* » (Einstein, Infeld, *L'évolution des idées en physique, op. cit.*, p. 138).

24. Einstein, *Conceptions scientifiques, op. cit.*, p. 48.

25. « C'est un fait que jusqu'à présent nous n'avons jamais réussi à représenter des corpuscules théoriquement par des champs sans singularité » (Einstein, *Conceptions scientifiques, op. cit.*, p. 70).

III. LA MÉCANIQUE QUANTIQUE

1. La constante de Planck est usuellement dénotée h, mais les physiciens préfèrent définir le quantum d'action comme étant égal à la constante de Planck réduite $\hbar = h/2\pi$.

2. La physique quantique est celle dans laquelle intervient la constante de Planck.

3. Dans des unités adaptées à la physique classique, le joule et la seconde, la constante de Planck a une valeur extrêmement petite : $\hbar = 1,055 \; 10^{-34}$ joule seconde.

4. Jean Perrin, *op. cit.*, p. 212.

5. Jean-Claude Boudenot et Gilles Cohen-Tannoudji, *Max Planck et les quanta*, Ellipses, 2001.

6. Albert Einstein, « Un point de vue heuristique concernant la production et la transformation de la lumière », *Annalen der Physik*, vol. XVII, 1905, pp. 132-148, *in* Albert Einstein, *Œuvres choisies*, t. 1, *Quanta*, Seuil /CNRS, 1989, p. 39.

7. Einstein, *op. cit.*, p. 49.

8. Jean-Claude Boudenot et Gilles Cohen-Tannoudji, *Max Planck et les quanta, op. cit.*, p. 57.

9. Niels Bohr, *Phil. Mag.*, 26, 1, 1913.

10. Victor Weisskopf, *La révolution des quanta*, Hachette, 1989, p. 26.

11. *Ibid.*, p. 30.

12. A. Einstein, *Autobiographie scientifique*, Introduction au volume d'hommages intitulé *Albert Einstein, philosopher scientist* sous la direction de P. A. Schilpp (The Library of Living Philosopher, Evanston, Illinois). Trad. fr. *in* Albert Einstein. *Physique, philosophie, politique*, Points sciences, Seuil, 2002, p. 186.

13. A. Einstein, « Théorie quantique du rayonnement », *Physikalische Zeitschrift*, vol. XVIII, 1917, p. 121-128, traduit *in* Albert Einstein, *Œuvres choisies*, t. 1, *op. cit.*, pp. 134-147.

14. A.H. Compton, *Physical Review*, 21, 483, 1923.

15. G.N. Lewis, « The conservation of photons », *Nature*, 118, 874, 1926.

16. Il a, dira Einstein, « soulevé un coin du grand voile ».

17. Michel Crozon, *Introduction*, in *Un siècle de quanta*, ouvrage collectif, édité par Michel Crozon et Yves Sacquin, EDP Sciences, Les Ulis, 2003, p. 10.

18. Niels Bohr, *Physique atomique et connaissance humaine*, traduit de l'anglais par Edmond Bauer et Roland Omnès ; édition établie par Catherine Chevalley, Folio essais, Gallimard, 1991

19. *Ibid.*, p. 85.

20. *Ibid.*, p. 86.

21. Léon Rosenfeld, « L'évidence de la complémentarité », in *Louis de Broglie, physicien et penseur*, ouvrage collectif dirigé par André George, Albin Michel, 1953, p. 61.

22. Louis de Broglie, « Sur la complémentarité des idées d'individu et de système », in *L'idée de complémentarité, Dialectica*, vol. 2, nos 3-4, Éditions du Griffon, Neuchâtel, 1948, p. 325-326.

23. Jean Perrin, *op. cit.*, p. 285.

24. Une vaste fresque historique couvrant cette époque qui a vu naître la physique des particules peut être trouvée dans l'ouvrage de Bernard Fernandez intitulé *De l'atome au noyau. Une approche historique de la physique atomique et de la physique nucléaire*, Ellipses, 2006.

25. Et encore moins sur l'interaction gravitationnelle qui est totalement négligeable à l'échelle des constituants du noyau.

26. L'électronvolt, eV, est l'énergie communiquée à un élec-

tron par une différence de potentiel d'un volt. Les unités dérivées sont le keV (kilo-eV=1000 eV), le MeV (Méga-eV= 10^6 eV), le GeV (Giga-eV= 10^9 eV), etc.

27. Pour cette présentation, nous nous sommes inspirés du chapitre intitulé « La masse et le vide » écrit par François Englert in *Symétrie et brisure de symétrie*, édité par G. Cohen-Tannoudji et Yves Sacquin, EDP Sciences, Les Ulis 1999.

IV. LA PHYSIQUE DES PARTICULES À LA FIN DES ANNÉES SOIXANTE

1. Isaac Newton *Principia mathematica*, trad. fr. de Marie-Françoise Biarnais, Christian Bourgois, 1985.

2. Einstein, *Conceptions scientifiques*, *op. cit.*, p. 48.

3. Steven Weinberg, *What is Quantum Field Theory, and What Did We Think It Is ?* arXiv : hep-th/9702027

4. La terminologie de l'*émission* ou de l'*absorption* a moins de connotations philosophiques que celle de la *création* ou de l'*annihilation*. On aurait pu aussi utiliser la terminologie de l'*arrivée* ou du *départ*.

5. La définition, dans l'espace-temps, de l'opérateur champ quantique nécessite de faire appel à la notion de *distribution*, introduite par Laurent Schwartz, qui généralise la notion de *fonction*, en autorisant, par exemple, des singularités isolées ou des discontinuités.

6. A. Einstein, « Mécanique quantique et réalité », *Dialectica*, vol. II, 1948, pp. 320-324, Trad. fr. *in* Albert Einstein, *Œuvres choisies*, t. 1, *op. cit.*, p. 247.

7. C'est-à-dire qui se transforme comme un vecteur dans une rotation d'espace. En réalité, le moment cinétique est plutôt une quantité dite *pseudo-vectorielle*, c'est-à-dire qui reste invariante sous l'effet d'une parité d'espace, contrairement à une quantité vectorielle qui change d'orientation sous l'effet d'une telle parité d'espace.

8. Pour simplifier la terminologie, lorsque nous parlerons d'un moment cinétique entier (ou demi-entier), il s'agira d'un moment cinétique dont les trois composantes ont des valeurs propres entières (ou demi-entières).

9. Rappelons que le champ de Dirac, rencontré plus haut,

est à quatre et non deux composantes bien que ses quanta soient des particules de spin ½ : ses quanta sont des particules de spin 1/2 et leurs antiparticules, aussi de spin 1/2.

10. Nous reviendrons dans les chapitres 5 et 6 sur la signification de ce terme en physique des particules.

V. L'ÉLECTRODYNAMIQUE QUANTIQUE

1. R. P. Feynman « Space-Time Approach to Non-Relativistic Quantum Mechanics » *Review of Modern Physics*, vol. 20, n° 2 (1948), pp. 367-387.

2. A. Einstein, lettre à Sommerfeld de juillet 1910, trad. fr. *in* Albert Einstein, *Œuvres choisies*, t. I, *op. cit.*, p. 113.

3. A. Einstein, « Mécanique quantique et réalité », *op. cit.*, pp. 244-249.

4. Dans la rédaction de ce chapitre, nous nous sommes largement inspirés de la contribution de l'un d'entre nous (G.C.-T.) à l'ouvrage collectif intitulé *Mutations de l'écriture*, édité sous la coordination de François Nicolas, à paraître aux Éditions de la Sorbonne.

5. Dans les chapitres suivants, lorsque le lecteur aura été initié au maniement des diagrammes de Feynman, nous omettrons cette flèche du temps.

6. Jean Iliopoulos, « L'invention d'une nouvelle particule », in *Virtualité et réalité dans les sciences*, ouvrage collectif (Gilles Cohen-Tannoudji, éditeur), Éd. Frontières, 1995, p. 23-35.

7. L'adjectif *effectif* rend assez mal l'anglais *effective* dont une traduction meilleure serait *efficient* ou *efficace* ou *idoine*.

8. C.N. Yang et R.L. Mills, *Phys. Rev.* 96, 1954, p. 191.

9. S.L. Glashow, *Nucl. Phys.*, 22, 579, 1961.

10. A. Salam, in *Elementary Particle Physics*, N. Svartholm éd., Almqvist and Wiksells, Stokholm, 1968.

11. S. Weinberg, *Phys. Rev. Lett.*, 19, 1264, 1967.

12. P.W. Higgs, *Phys. Lett.*, 12, 132, 1964 ; F. Englert et R. Brout, *Phys. Rev. Lett.*, 13, 321, 1964.

13. G. 't Hooft et M.T. Veltman, *Nucl. Phys.*, série B, vol. 50, 1972, p. 318.

14. B.W. Lee et J. Zinn-Justin, *Phys. Rev.*, série D, vol. 5, pp. 3121 ; 3137 et 3155, sér. D, vol. 7, 1972, p. 318.

VI. DU MODÈLE DES QUARKS
À LA CHROMODYNAMIQUE QUANTIQUE

1. L'exploration des interactions forte et faible est décrite en détail in *L'horizon des particules,* de Jean Pierre Baton et Gilles Cohen-Tannoudji (chapitres III et IV), Gallimard, 1989.

2. Dans la rédaction de ce passage, nous nous sommes largement inspirés de la contribution de l'un d'entre nous (GC-T) à un ouvrage collectif édité sous la direction de Pascal Nouvel, intitulé *Enquête sur le concept de modèle,* PUF, 2002.

3. Dans les bases électroniques de publications (comme celle de Los Alamos, http://arxiv.org/) les prétirages concernant la physique des particules ou physique des hautes énergies (« hep ») sont classés en trois catégories : hep.exp pour les articles « expérimentaux », hep.th pour les articles « théoriques » et hep.ph pour les articles « phénoménologiques ».

4. Bien que la chambre à bulles soit un détecteur relativement lent, et que les faisceaux secondaires de hadrons soient relativement pauvres, les réactions d'interaction forte ont une grande probabilité de produire des événements pour lesquels la cinématique peut être entièrement reconstruite, et que l'on peut photographier en vue d'une analyse ultérieure.

5. C'est Murray Gell-Mann qui est considéré comme le père du modèle des quarks. Il convient de lui associer les noms de Kazuhiko Nishijima, Yuval Ne'eman et George Zweig dont les contributions sont particulièrement importantes.

6. Ce nom est une allusion à des personnages allant par trois dans un poème de James Joyce. En allemand, ce terme désigne un fromage blanc...

7. Nous rappelons la convention terminologique introduite au chapitre 5 : les champs quantiques sont désignés par le nom de leurs quanta écrit avec une majuscule

8. Il s'agit d'une force attractive quantitativement calculable en QED, s'exerçant entre deux plateaux placés dans le vide (au sens ordinaire du terme), qui a pu être mesurée expérimentalement avec une précision du pourcent. Voir Bertrand Duplantier : « Introduction à l'effet Casimir », séminaire Poincaré (Paris, 9 mars 2002), publié *in* Bertrand Duplantier et Vincent Rivasseau (éd.), « Poincaré Seminar 2002 », *Progress in Mathematical Physics*, 30, Birkhäuser, 2003.

9. T.D. Lee, *Particle Physics and Introduction to Field Theory*, Harwood Academic Publishers Chur, Londres, New York, 1981, pp. 391-405.

VII. LE MODÈLE STANDARD
ÉLECTROFAIBLE

1. En 1933, E. Fermi avait soumis à la revue *Nature*, qui l'avait rejetée, sa théorie « tentative » pour expliquer les désintégrations bêta. Il l'avait publiée en italien. Il a fallu attendre 1968 pour que son article soit traduit en anglais : « Fermi's Theory of Beta Decay » (trad. anglaise de Fred Wilson), *American Journal of Physics*, 30-12, 1968, pp. 1150-1160.

2. Yoichiro Nambu a été récompensé par le prix Nobel 2008 pour ses travaux dans ce domaine.

3. Pierre Curie, « Sur la symétrie dans les phénomènes physiques, symétrie d'un champ électrique et d'un champ magnétique », *Journal de physique*, t. III, septembre 1894, p. 26.

4. Réponse de Blaise Pascal au très révérend père Noël, recteur de la Société de Jésus, à Paris, le 29 octobre 1647. Pascal, *Œuvres complètes*, La Pléiade, Gallimard, 1998, p. 384.

5. Mais comme toujours dans ce genre de physique expérimentale, un très grand soin est nécessaire dans l'analyse des données, car de nombreux effets parasites risquent de fausser les conclusions que l'on peut tirer.

6. Pour cette discussion, nous nous sommes largement inspirés du livre de Jean-Pierre Baton et Gilles Cohen-Tannoudji, *L'horizon des particules*, *op. cit.*, pp. 139-140.

7. On s'attendrait, pour une résonance hadronique d'une telle masse, à une largeur d'une ou deux centaines de MeV, alors que la largeur observée pour cette particule est d'une centaine de KeV.

8. En 2000, par la collaboration DONUT, pour *Direct Observation of the Nu Tau*, au Fermilab de Chicago (en confirmation du « théorème » qui stipule que si les bosons sont découverts en Europe, les fermions le sont aux États-Unis).

9. Certains (dont nous sommes) ont pu s'étonner que Nicolas Cabibbo (hélas décédé en 2010), qui avait eu le premier l'idée d'un mélange de quarks et dont le nom est couramment

associé à ceux de Kobayashi et Maskawa pour la matrice de mélange dans le cas de trois générations de quarks, n'ait pas, lui aussi, été récompensé.

10. Claude Bouchiat, Marie-Anne Bouchiat, *Physics Letters*, 48B, 111, 1974.

11. Un chapitre est consacré à ces expériences dans le livre de Claude Cohen-Tannoudji et David Guéry-Odelin, *Advances in Atomic Physics. An Overview*, World Scientific, Singapour, 2011, pp. 637-658.

12. Il s'agit du laboratoire qui a offert trois prix Nobel de physique à la France : Alfred Kastler en 1966, Claude Cohen-Tannoudji en 1997 et, en 2012, Serge Haroche.

VIII. DES BOSONS INTERMÉDIAIRES AU BOSON DE BROUT, ENGLERT ET HIGGS

1. Le lecteur intéressé à une description détaillée de ces expériences pourra se reporter au développement qui leur est consacré dans *L'horizon des particules* de Jean-Pierre Baton et G. C.-T., *op. cit.*, pp. 165-172.

2. Comme les détecteurs auprès d'un collisionneur doivent entourer le point de collision et laisser passer les faisceaux, ils ne peuvent pas être hermétiques dans la direction longitudinale (celle des faisceaux).

3. C'est le sens de l'astérisque placé au-dessus de la lettre dénommant le boson intermédiaire échangé.

IX. LE MODÈLE STANDARD DE LA COSMOLOGIE

1. Albert Einstein, « Kosmologische Betrachtungen zur allgemeinen Relativitaetstheorie », *Sitzungsberichte der Preussischen Akademie der Wissenschaften zu Berlin*, 1917, pp. 142-152. Traduit *in* Albert Einstein, *Œuvres choisies*, *op. cit.*, 3, p. 88.

2. Celui qui, d'après Einstein, relève du marbre le plus fin : autant dire que c'est à regret qu'il s'est résolu à l'ajouter à son équation !

3. W. de Sitter, « On the Relativity of Inertia. Remarks

Concerning Einstein's Latest Hypothesis », *Proc. K. Akadem. Amsterdam*, XIX, 1917, pp. 1217-1225 ; « On the Curvature of Space », *Proc. K. Akadem. Amsterdam*, XX, 1917, p 229-242 ; « On Einstein's Theory of Gravitation and Its Astronomical Consequences. Third Paper », *Roy. Soc. Astron. Soc. Monthly Notices*, LXXVIII, 1917, pp. 3-28.

4. A. Friedmann, « Über die Krümmung des Raumes », *Z. Phys.*, 10 (1), 1922, pp. 377-386.

Abbé G. Lemaître, « Un univers de masse constante et de rayon croissant, rendant compte de la vitesse radiale des nébuleuses extra-galactiques », *Ann. Soc. Sci. Brux.*, XLVII, série A, 1927, pp. 49-59.

5. « Bien plus tard, alors que je discutais de problèmes cosmologiques avec Einstein, il remarqua que l'introduction du terme cosmologique avait été la plus grosse bourde qu'il eût faite de sa vie. » George Gamow, *My world line*, Viking Adult, New York, 1970, pp. 149-150, cité par E. Bianchi et C. Rovelli, *Why all these prejudices against a constant*, arXiv:1002.3966.

6. E. P Hubble, « A relation between distance and radial velocity among extra-galactic nebulae », *Proceedings of the National Academy of Sciences*, 15, 1929, pp. 168-173.

7. « Five-Year Wilkinson microwave anisotropy probe observations : cosmological interpretation », *The Astrophysical Journal Supplement Series*, 180, 2009, pp. 330-376.

8. A.A. Penzias et R.W. Wilson, « Measurement of Excess Antenna Temperature at 4080 Mc/s », *Astrophysical Journal*, vol. 142, 1965, pp. 419-421.

9. G. Gamow, « The evolution of the universe », *Nature*, 162, 1948, p. 680 ; R. A. Alpher et R. Herman, « Evolution of the universe », *ibid.*, p. 774.

10. « Aujourd'hui, j'ai fait une découverte aussi importante que celle de Newton », remarque faite en mai 1899 par Max Planck à son fils Erwin, alors âgé de sept ans (citation rapportée in *Max Planck et les quanta*, Jean-Claude Boudenot et G. C.-T., Ellipses, 2001, p. 34).

11. A. Guth, *The Inflationary Universe: The Quest for a New Theory of Cosmic Origins*, Perseus Books, New York, 1997.

12. R. A. Alpher, H. Bethe, G. Gamow, « The Origin of Chemical Elements », *Physical Review Letters*, 73, 1948, pp. 803-804. (On raconte que le nom d'un des trois auteurs a été

rajouté aux deux autres pour que l'article puisse familièrement s'intituler « article Alpha, Bêta, Gamma » !)

X. LES NOUVEAUX HORIZONS :
À LA RECHERCHE DE PHYSIQUE
AU-DELÀ DES MODÈLES STANDARDS

1. H. Georgi, S.L. Glashow, « Unity of All Elementary Particle Forces », *Physical Review Letters*, 32, 1974, pp. 438-441.

2. En anglais, les théories de grande unification sont appelées Grand Unified Theories (GUT) ; le qualificatif *grand* comporte une emphase que la traduction par « grande » ne rend pas : le qualificatif français *grandiose* est peut-être mieux adapté.

3. Sidney Coleman et Jeffrey Mandula, « All Possible Symmetries of the S Matrix », *Physical Review*, 159 (5), 1967, pp. 1251–1256.

4. Par convention terminologique, on forme le nom du partenaire supersymétrique d'un fermion en ajoutant le préfixe s- à son nom (le partenaire d'un quark est un squark), celui du partenaire d'un boson en ajoutant le suffixe -ino à son nom (le partenaire d'un gluon est un gluino).

5. L'expression « le secteur du quark x » désigne l'ensemble des hadrons contenant le quark x ou son antiquark.

6. Nous utilisons le qualificatif de *sombre* pour caractériser cette sorte de matière qui échappe à notre vision, ce qui correspond à la traduction de l'anglais *dark matter*. Assez curieusement, dans la littérature francophone, on parle très souvent de *matière noire* ; mais, à notre avis, le qualificatif de *noir* qui s'applique très bien au corps *noir* ou au trou *noir* qui sont des objets qui ne renvoient rien de la lumière avec laquelle on les éclaire, ne s'applique pas du tout à la matière *sombre* qui est plutôt invisible, voire transparente.

7. En somme l'expérience EROS a exclu l'hypothèse des MACHOs...

8. Voir Michel Cribier, Michel Spiro et Daniel Vignaud, *La lumière des neutrinos*, Seuil, 1998. Cette section est dédiée à la mémoire de notre collègue Jacques Bouchez.

9. À propos de Majorana, voir le chapitre que lui a consacré

Étienne Klein dans son ouvrage *Il était sept fois la révolution :
Albert Einstein et les autres...*, Champs, Flammarion, 2007.

10. La généralisation à trois types de neutrinos est trop technique pour être discutée ici, mais elle ne pose pas de difficultés de principe.

11. Remarquons que l'expérience GALLEX, dans laquelle du gallium est transformé en germanium, est une collaboration franco-germanique.

CONCLUSION

1. Georges Lemaître, « L'hypothèse de l'atome primitif »,
note présentée lors de la séance du 8 février 1948 de l'Académie pontificale des sciences, *Acta pontificiae academiae scientiarum*, t. XII, n° 6, 1948, pp. 25-40. Cité par Dominique Lambert,
Un atome d'univers, *op. cit.*, p. 315.

2. Alexandre Friedmann, « L'univers comme espace et temps »,
in Jean-Pierre Luminet, *Essais de cosmologie*, Sources du Savoir, Seuil, 1997, p. 210.

3. Le rayon d'horizon est en a^2 dans l'ère dominée par le rayonnement (a en racine carrée du temps écoulé après le big bang). Dans l'ère dominée par la matière non relativiste, la loi est différente, mais cette ère est comprimée dans la représentation graphique utilisée, et cela n'affecte pas de façon significative le comportement de la géométrie dans le segment DB.

4. Le big bang physique (la phase d'inflation primordiale entre A et D) qui remplace la singularité du big bang dure donc un temps relativement bref, approximativement égal à soixante-dix fois le temps de Planck. Pourquoi soixante-dix ? Tout simplement parce que l'exponentielle de soixante-dix est à peu près égale à la trentième puissance de dix !

5. Sur la figure, le quadrilatère ABCD est un parallélogramme. Entre B et C, il y a donc le même facteur soixante-dix qu'entre A et D. Cela signifie que le point C se situe dans le futur à soixante-dix fois l'âge présent de l'univers, soit environ mille milliards d'années. Notre univers a encore du temps devant lui !

6. T. Padmanabhan, *Gravity as an emergent phenomenon : a conceptual description*, arXiv :0706.1654

7. T. Padmanabhan, *Emergent perspective of Gravity and Dark Energy*, ArXiv :1207.0505

8. « D'où l'on peut voir qu'il y a autant de différence entre le néant et l'espace vide, que de l'espace vide au corps matériel ; et qu'ainsi l'espace vide tient le milieu entre la matière et le néant. C'est pourquoi la maxime d'Aristote dont vous parlez, "que les non-êtres ne sont point différents", s'entend du véritable néant, et non pas de l'espace vide. » Réponse de Blaise Pascal au très révérend père Noël, recteur de la Société de Jésus, à Paris, le 29 octobre 1647, Pascal, *Œuvres complètes, op. cit.*, p. 384.

9. Le modèle standard s'accommode de neutrinos de masse nulle. La mise en évidence expérimentale de masses non nulles pour les neutrinos est probablement l'indice d'une nouvelle physique au-delà du modèle standard. L'hypothèse la plus couramment adoptée par les théoriciens est que les neutrinos seraient devenus massifs bien avant la transition de brisure de la symétrie électrofaible, lors de la brisure de la symétrie de grande unification, quelque 10^{-35} seconde après le big bang, l'instant supposé de la fin de l'inflation.

10. R. Brout, F. Englert et E. Gunzig, « The creation of the universe as a quantum phenomenon », *Annals of Physics*, 115, 1978, pp. 78-106.

11. R. Brout, F. Englert et E. Gunzig, « The causal universe », exposé à l'occasion du prix récompensant leur travail, http://www.gravityresearchfoundation.org/pdf/awarded/1978/brout_englert_gunzig.pdf

12. E. Brezin, « Fluctuations statistiques et fluctuations quantiques », in *Prédiction et probabilité dans les sciences*, ouvrage collectif édité par E. Klein et Y. Sacquin, Éd. Frontières, 1998, pp. 29-36.

13. L.P. Kadanoff, *Physics*, Long Island City, N.Y., 2, 263.

14. J. Zinn-Justin, « Renormalisation et groupe de renormalisation : les infinis en physique microscopique contemporaine », in *L'élémentaire et le complexe*, Michel Crozon et Yves Sacquin, éd. EDP Sciences, Les Ulis, 1999, pp. 87-113.

15. H. Georgi, « Effective Field Theory », *Ann. Rev. Nucl. Sci.*, 43, 209, 1993, chapitre de conclusion.

16. S. Weinberg, *Understanding the Fundamental Constituents of Matter*, A. Zichichi éd., Plenum Press New York, 1977.

17. S. Weinberg, *Asymptotically Safe Inflation*, ArXiv : 0911.3165. Résumé : « L'inflation est étudiée dans le contexte des théories asymptotiquement protégées de la gravitation. Sont explorées les conditions sous lesquelles il est possible d'avoir une longue période d'expansion approximativement exponentielle qui se termine au bout d'un certain temps. »

18. S. Weinberg, *What is Quantum Field Theory, and What Did We Think It Is ?* arXiv : hep-th/9702027

19. L.D. Landau et E. Lifchitz : « D'ordinaire, une théorie plus générale peut être formulée de manière logiquement fermée indépendamment d'une théorie moins générale qui en est un cas limite. Ainsi, la mécanique relativiste peut être érigée sur ses principes fondamentaux sans faire appel à la mécanique newtonienne. Quant à la formulation des principes fondamentaux de la mécanique quantique, elle est foncièrement impossible sans l'intervention de la mécanique classique », *Mécanique quantique*, trad. fr., Éditions Mir, Moscou, 1974, p. 11.

20. Murray Gell-Mann et James B. Hartle, *Quasiclassical Coarse Graining and Thermodynamic Entropy*, ArXiv : quant-ph/0609190. Voir aussi Roland Omnès, *Philosophie de la science contemporaine*, Folio essais, Gallimard, 1994.

21. Le néologisme d'agraindissement a été introduit dans la traduction française du livre de Gell-Mann, *Le quark et le jaguar* (Champs, Flammarion, 1997), comme traduction de l'anglais *graining* qui intervient dans l'expression *coarse graining* (agraindissement grossier).

22. R.B. Laughlin, *A Different Universe. Reinventing Physics From the Bottom Down*, Basic Books, New York, 2005, p. 8.

23. M. Gell-Mann, *Nature conformable to herself*, http://tuvalu.santafe.edu/~mgm/Site/Publications_files/MGM % 20117.pdf

24. T. S. Kuhn, *La structure des révolutions scientifiques*, Champs, Flammarion, 1983 [1962].

25. S. Weinberg, « Une vision corrosive du progrès scientifique », *La Recherche*, 318, mars 1999.

26. J. Bonitzer, « Révolutions scientifiques », in *L'idée de révolution : quelle place lui faire au XXIᵉ siècle ?* ouvrage collectif sous la direction d'Oliver Bloch, 2009, pp. 163-171.

27. « La physique et la réalité », *Franklin Institute Journal*, vol. 221, n° 3, mars 1936, trad. fr. *in* Einstein, *Conceptions scientifiques*, *op. cit.*, p. 68.

28. Gilles Cohen-Tannoudji et Sylvain Hudlet, *A New Scientific Revolution at the horizon?*, *ArXiv : 1101.1216*.

29. Gilles Cohen-Tannoudji et Éric Émery, entrée « Ferdinand Gonseth » dans le *Dictionnaire des philosophes*, PUF, 1993, pp. 1164-1167.

30. Ferdinand Gonseth, préface de *L'hypothèse de l'atome primitif — Essai de cosmogonie*, de Georges Lemaître, Éditions du Griffon, Neuchâtel, 1946, pp. 17-18.

UNE FUGUE
À TROIS RÉCITS UNIVERSELS

Merveilleux de profondeur, ensemencé de savantes précisions, ce livre expose trois récits, emboîtés fortement l'un dans l'autre. Il relate d'abord l'histoire technique et politique, à peine séculaire, du CERN, plus le compte rendu de ses derniers exploits ; ensuite, celle, millénaire et mondiale, des sciences mécanique et physique, dont la portée occupe presque la moitié du livre ; enfin, comme œuvre grandiose et résultat final, le Grand Récit de l'univers, milliardaire, tel qu'il nous concerne et se forma ; ce dernier déploie moins la genèse et l'évolution de nos connaissances qu'il ne raconte comment émergent événements et choses de l'univers objectif et observé.

Comme une fugue musicale, ces trois voix émergentes convergent et culminent à la traque haletante du boson BEH, dont la découverte récente, tel un accord final, couronne ses chercheurs, confirme le modèle standard que l'histoire des sciences mit peu à peu en place et, en s'approchant au plus près des origines, contribue à gommer la singularité du big bang au début du Grand Récit. Avec le bénéfice inattendu de faire de la matière une propriété qui émerge d'éléments sans masse, résultat physiquement remarquable, mais qui, de plus, devrait bouleverser bien des philosophes.

Impliqués l'un dans l'autre de plusieurs manières, ces trois récits s'organisent autour de quelques concepts majeurs : les objets observés, certes, les observateurs eux-mêmes et leur horizon, l'émergence enfin qui rend le plus souvent lesdits récits imprévisibles. Il s'agit, en effet, de décrire l'expansion irrépressible du nombre et de la qualité des chercheurs, leur situation, l'état de leurs connaissances par rapport à cette situation ; l'ampleur croissante et le recul de l'horizon, le rapport de ce dernier avec l'observation et ses objets ; la double taille extrémale des objets eux-mêmes, minimale, comme celle du boson, ou maximale, aux limites observables de l'univers ; enfin, la secrète alliance entre ces deux tailles, puisque plus on descend dans les particules, mieux on comprend l'émergence et la structuration de l'univers.

Premier récit : de l'universel local

Universalisme, voilà l'autre concept commun au Grand Récit comme aux deux autres. Admirons au passage les fondateurs du CERN et leurs continuateurs, qui eurent, dès le départ, l'intuition de l'importance de la recherche fondamentale avant les applications, de la gratuité au-delà du profit, enfin d'une assemblée multiculturelle dont la quête de connaissance apaise les petites querelles et les grandes guerres entre les nations. Si les fondateurs de l'Europe politique avaient suivi cette voie cognitive, voire pédagogique, nous serions, en cet espace, unis à jamais et non encore distants et plongés dans la crise induite par l'idée, commune à la gauche et à la droite, mais fausse, que l'économie est l'infrastructure des sociétés. Cet universalisme du savoir et des cultures, des recherches et des résultats gratuits, commença, ô merveille, par l'instauration de la toile électronique, extraordinaire réussite, réellement universelle pour le coup. Oui, les inventions du CERN dépassent, sur ce point, les découvertes nucléaires, car c'est à lui que nous devons de communiquer entre nous, gratuitement et où que nous vivions.

Fascinés, nous lisons, dans ce livre, comme dans un roman, la traque passionnante du boson BEH, aventure scientifique et technicienne, aboutissant à créer, par les collisions réalisées dans le LHC, l'un des points les plus chauds de l'univers, entouré d'un froid proche du zéro absolu et d'un vide compatible avec les espaces interstellaires. Alors le lecteur, même ignorant, même s'il n'entre pas toujours dans la finesse et la sophistication des arguments théoriques, ce qui fut parfois mon cas, comprend, par ces détails simples et quantitatifs, comment la quête de la plus petite particule a pu et su rejoindre les premières questions de la cosmogonie, la naissance et l'évolution de l'univers.

Mais cette aventure n'aurait pu se développer sans une organisation humaine aussi universelle que son objet : milliers de chercheurs attachés à l'expérience, milliers d'ingénieurs et de compagnons de génie civil — les entreprises de construction abandonnant parfois le projet —, dizaines de nations réunies dans ce but, compétition et finalement liaison avec les États-Unis... enfin généralisation du Web initial en un calculateur immense et connecté à la manière d'un nuage, seul capable de traiter le nombre énorme de données de l'expérience, et reliant les ordinateurs des personnes et des institutions concernées.

L'universalisme de la science réunit, là, l'univers des choses elles-mêmes et la totalité des temps à l'universel des observateurs humains. *Rien, dans l'histoire, n'a jamais ressemblé à cette entreprise-là.* Depuis l'aurore des hommes, notre planète a-t-elle vu événement plus rare que celui où certains parmi les meilleurs d'entre nous firent cause commune pour allumer un feu plus brûlant que le soleil sans en espérer argent ni vaine gloire ? Comment se fait-il que cette étoile, d'éthique, de cognition et de politique désintéressées, brille sans beaucoup de lumière collective, comment se fait-il que les médias préfèrent à cet exploit sans précédent les chamailles des fantoches du spectacle ? Qu'appellent-ils les nouvelles ? Vivons-nous à l'âge des ténèbres ?

Deuxième voix : l'histoire des sciences

Aux exploits du CERN, première voix, au Grand Récit, voix ultime, l'histoire de la mécanique et de la physique joint alors la sienne à la fugue, avec le même empan d'universalité. Je viens d'évoquer la traque passionnante du boson BEH ; nous lisons, de même, dans ce livre comme dans un roman le récit qui jaillit de trois sources : de la gravitation universelle décrite par Newton au XVIIᵉ siècle ; de la *Mécanique analytique* de Lagrange, couronnant l'âge des Lumières ; de la mécanique statistique et de la théorie électromagnétique de la lumière auxquelles parvinrent Boltzmann et Maxwell au XIXe, pour aboutir à la crise qui ouvre le XXe siècle et où commence, de manière inattendue, l'aventure d'aujourd'hui. Rien, dans l'édifice quasi parfait de la science d'alors, ne laissait, en effet, présager la relativité ni la mécanique quantique.

De même que le CERN traverse, aujourd'hui, l'immense empan qui sépare la cosmologie de la physique des particules, de même cette histoire, plus longue et plus ancienne, passe du monde gravitationnel de la mécanique céleste à la thermodynamique et au rayonnement du corps noir. Oui, les sciences ne cessent d'avancer en élargissant leur horizon, temporel, spatial, objectif, cognitif et aussi collectif ; mais nous allons voir comment elles en transgressent les limites.

Chacun a pu admirer une reproduction de la photographie où quelques hommes et femmes de talent se réunissaient autour d'une table, à l'occasion des congrès Solvay, en Belgique. Les successeurs du Grec Archimède, de l'Italien Galilée, du Français Fourier, du Hollandais Huygens, de l'Anglais Maxwell, j'en oublie... les Henri Poincaré, Léon Brillouin, Enrico Fermi, Albert Einstein, Georges Lemaître, Erwin Schrödinger, Max Planck, Paul Dirac, Marie Curie, Leó Szilárd, Niels Bohr, j'en oublie... travaillent ensemble en ce lieu, dans le temps inquiet qui sépare deux guerres mondiales, opposant leurs pays respectifs en tueries géantes et inutiles, travaillent, dis-je, à changer le monde et notre vision du monde. À partir d'eux, *rien ne sera plus jamais comme avant, ni dans la connaissance ni pour l'humanité*. Rien jamais, dans l'histoire, n'avait ressemblé à cette assemblée, promise à devenir universelle, aussi bien pour les humains que pour les objets du monde.

Il s'agit d'observateurs et de théoriciens, il s'agit de nouveaux objets observés, il s'agit de théories imprévues, il s'agit d'horizons et de limites à franchir, mais sans armes ni combats. Demain ces mêmes personnes, femmes ou hommes, porteront des noms japonais, chinois, hindous, brésiliens... Ce nouveau monde, expansé dans le monde à partir de partout, l'envahira-t-il sans blessés ni morts ? Le voisinage de ces savants avec de tragiques projets de combat va bientôt faire émerger une éthique ou une déontologie des sciences, que j'espère aussi universelle.

Émergences

L'histoire de ces sciences pullule, je viens de le dire, d'inventions et de théories imprévisibles ; le CERN ne cesse de produire de nouveaux objets, hadron, quark et boson ; le Grand Récit fait émerger des substances et des mondes... Ces trois récits, cette fugue à trois voix n'intéresseraient personne si des coups de théâtre ne les scandaient pas ; loin de couler linéairement comme fleuves tranquilles, leur parcours se casse d'imprévus. Comme de la vie, comme de son évolution, de ces récits jaillissent continûment d'imprévisibles nouveautés, forcément discontinues.

Comme leur nom l'indique, les savoirs nommés avec un suffixe en -logie, géologie, biologie, cosmologie..., se soumettent au principe de raison ; pas de surprise, tout y a une raison. Épousant un devenir, les récits appelés par un suffixe en -gonie, comme cosmogonie, se soumettent aussi à ce principe rationnel, sinon ils n'entreraient pas dans la science, mais, en outre, décrivant ce devenir, se trouvent traversés d'émergences dont les bifurcations sont le moteur de leur temps. Entre la raison ou la cause et, justement, cette émergence, on pressent quelque contradiction : continu des théories, discontinuité de l'événement. Elle oppose les tenants de paradigmes successifs et disparates et ceux qui voient dans une avancée un élargissement de ce qui précède. Peut-être, la théorie du chaos et le mouvement rétrograde du vrai, chez Bergson, les réconcilieraient-ils : si l'observateur se tourne vers l'avenir, il ne peut prévoir ; vers le passé, il déduit.

Pourtant, vrai coup de théâtre, rien ne laissait prévoir, non seulement dans la physique précédente, mais aussi dans les idées premières de Max Planck, qui ne croyait point aux atomes et croyait, au contraire, à la continuité, que cet homme de génie introduirait sans crier gare les quanta pour expliquer le rayonnement du corps noir. La photographie que j'évoque marque la suite de cette rupture et la naissance de la science émergente d'alors, dont procède celle d'aujourd'hui. Et l'on ne manquera point, à ce propos, de rappeler que le terme latin de *nature* se forme du participe futur du verbe naître : ce qui va naître, ce qui se prépare à naître... comme si la physique — *de natura rerum* — et son histoire n'étaient qu'émergences.

Inversement, je ne suis plus très sûr qu'il existe vraiment une rupture entre l'ère des mythes et le commencement des sciences exactes. Que dire, par exemple, de cette culture dite primitive qui considérait le ciel comme un bouclier d'airain sombre percé de trous, les étoiles, laissant voir un feu derrière son écran ? Ne montre-t-elle pas déjà une intuition précise, épistémologique et réaliste à la fois, de cet horizon décrit magnifiquement dans ce livre ?

Je préfère donc conserver le mot d'émergence dont la tension exprime admirablement les reprises, relances, ressources ou ressauts des récits... ces petits moteurs de leur temps. *Aucune histoire, aucune évolution réelle, ni le temps ni le récit ne peuvent se passer d'émergences.* Elles surabondent dans le monde comme dans la connaissance. Elles enchantent, dans ce livre, l'histoire des sciences ainsi que l'origine multiple des choses et des forces que les sciences décrivent.

Troisième voix : récit et culture

Suivant les ultimes lignes d'un livre, sa postface doit en développer les dernières conclusions. Elles font allusion, ici, aux implications du Grand Récit de l'univers sur l'anthropologie et nos cultures : je les vois décisives, en effet. Avec les auteurs, j'espère que demain il servira de fondement commun à tous les savoirs humains, à tout enseignement, à toute philosophie ; car il concerne toutes choses, quelles que soient les disciplines savantes, quelles que soient les langues, les cultures, les idéologies. Non seulement parce que chaque humain conserve dans sa tête, même sous forme de fable, une sorte d'histoire du monde qu'il se raconte pour se situer dans l'espace et le temps, mais parce que le déploiement global de cette aventure a réellement eu lieu, et précisément dans ce livre où elle entre comme voix finale. Et où nous retrouvons l'horizon et les observateurs.

L'horizon temporel de nos prédécesseurs immédiats ne dépassait point, en effet, quelques milliers d'années, scandées par des célébrations religieuses, les humanités gréco-latines, hébraïques et babyloniennes, plus, parfois, une préhistoire brève qui se souvenait d'espèces animales et florales domestiquées. Petite et courte, cette mémoire se bornait à une petite dizaine de millénaires. Soudain, en quelques décennies, l'ensemble des sciences exactes se mit à dater ses objets, grâce à la spectroscopie, la géologie, le magnétisme, la radioactivité, la physique nucléaire, la biochimie... Quasi symphonique, ce mouvement, dont ce livre décrit le cadre cosmologique et cosmogonique le plus large, puisqu'il atteint l'origine du monde, toucha aussi bien les sciences de la Terre que celles de la vie, celles de l'homme et de ses prédécesseurs. Du coup, notre horizon spatio-temporel recula de manière exponentiellement rapide ; en même temps que l'univers, notre environnement et nous-mêmes vieillîmes de millions et de milliards d'années. Plus de treize pour le big bang et sa première inflation ; quatre, pour la planète ; plus de trois pour l'émergence du vivant ; des centaines de millions d'années pour les ères de la Terre et l'apparition des espèces diverses ; quelques millions pour celles qui se rapprochent de la nôtre. Si l'on ramène le tout de ce temps à une journée, l'histoire humaine occupe les quelques secondes à peine qui l'achèvent.

Expansion de l'horizon

Ici admirablement décrites, physique des particules et cosmogonie donnent, je le redis, le cadre le plus large de cette évolution, qu'il ne convient plus de nommer histoire, tant nous avons lié ce mot à l'émergence de l'écriture, dont l'effet se restreint à cette durée, d'une foudroyante brièveté, alors que sa mémoire encombrait seule l'horizon étroit de nos aïeux. Oui, nous n'occupons plus qu'une partie infinitésimale du Récit. Voilà, sans doute, le dernier coup porté au narcissisme humain, blessure dont l'intensité dépasse de beaucoup les précédentes. Celles-là concernaient notre position dans l'espace ; ce coup touche à notre existence et notre destin dans le temps. Pascal exprimait l'angoisse de l'homme perdu dans la grandeur du monde ; je cherche des termes pathétiques équivalents pour évoquer la brièveté de notre destin dans le Grand Récit. Depuis que les origines reculèrent de cette manière, *rien dans notre histoire ne sera plus jamais comme avant.*

Mieux encore, nous pouvons désormais calculer, au sein de notre habitat, les durées de vie des choses et vivants qui nous entourent et constater à quel point nous sommes quasi les derniers venus, sans doute inexpérimentés par rapport aux épreuves auxquelles ont dû s'adapter les autres espèces, parfois millionnaires, et les bactéries, milliardaires quant à elles. Les âges comparés de l'univers, de la Terre, des atomes, des particules et des galaxies nous ramènent aussi à quelque humilité.

Mais aussi à l'humanité. Nos différences et nos

oppositions tendront-elles à s'effacer devant le spectacle spatio-temporel présenté par ce Grand Récit ?

Tableaux et récits

Mieux encore, il s'agit de l'éducation du petit d'homme, dont ce livre installe l'ensemble du décor. Nos prédécesseurs lui faisaient admirer des tableaux, nous lui racontons désormais des récits. Jadis et naguère, les connaissances, en effet, se réunissaient, en des images stables, centrées sur les hommes et les œuvres. Au Moyen Âge, trivium et quadrivium dessinaient le parcours de l'étudiant des universités, à la Sorbonne, Oxford ou Bologne. Renaissant, Rabelais reprit des Grecs le terme « encyclopédie ». Avec les œuvres de Chambers, Diderot et d'Alembert, cette somme alluma le siècle des Lumières. Quelque cent ans plus tard, les diverses classifications des sciences cherchèrent à mimer celles des plantes et des animaux, et atteignirent la perfection avec le positivisme d'Auguste Comte. Dans tous les cas cités, jusqu'à cette science par rapport à laquelle la nôtre bifurqua à la fin du XIXe siècle, il s'agissait d'ordonner nos connaissances et de les établir en bilans tabulés, dont l'ordre se distinguait du progrès, comme si l'encyclopédie, ainsi dessinée, marquait l'idéal de la connaissance, le but de l'enseignement et, en bénéfice latéral, le sens de notre histoire.

Ces tableaux schématiques, généralement rassemblés sous ce suffixe -logie, viennent de fondre et le point de vue, désormais temporel, vient de s'inverser sous la pression de livres comme celui-ci, où l'on pourrait, sans inconvénient, reprendre le suffixe -gonie, qui dénote un devenir. Dans cette authentique cosmogonie, l'idée d'horizon s'approfondit, en effet, de façon originale et, si j'ose dire, spectaculaire. Car il s'agit, de nouveau, de l'univers. Nos observations s'y bornent à l'extrême limite de l'expansion, au-delà de laquelle nous ne pouvons plus observer, de sorte que nous ne pouvons pas savoir si, derrière cet horizon-là, l'Univers s'expanse de la même manière ou s'il demeure stable. D'où la distinction fine de ce livre entre le Grand Récit de l'Univers et celui de l'univers, où la minuscule désigne l'observable. Autrement dit, ce livre répond, après Ferdinand Gonseth, à la question de Kant : que puis-je savoir ? quelles sont les limites de la connaissance ? en indiquant, le plus concrètement du monde, les limites de l'univers observable.

Du coup, ce Grand Récit devient le cadre de notre existence, l'horizon de toute philosophie, mieux encore, l'ensemble du programme de ce qu'il convient aujourd'hui d'enseigner, au-delà des différences culturelles, donc universellement, puisqu'il s'agit de l'histoire d'un monde commun à tous les hommes.

Envoi

Enfin, l'effort admirable des auteurs nous fait rebrousser le temps de ce Grand Récit d'univers, ces 13,7 milliards d'années, remonter, dis-je, de ladite cosmogonie vers la physique nucléaire, de la relativité vers la mécanique quantique, des objets les plus grands aux plus petites particules... un peu comme l'effort de Newton avait fait la synthèse entre la chute des corps et les orbites planétaires... un peu comme l'effort grec avait tenté la synthèse entre la gamme musicale et les intervalles des astres.

Le CERN et les physiciens du XXᵉ siècle auraient-ils donc inventé, en descendant, grâce au LHC, plusieurs échelles de taille, et en s'élevant sur autant d'échelles énergétiques, une machine à remonter le temps et à imiter les origines ? Il faut relire dix fois, en fin d'ouvrage, le récit court et passionnant, haletant, en moins de dix étapes, de cette ascension à rebours vers des températures et des densités de plus en plus fortes et originaires, où la notion d'émergence prend un sens prodigieux, puisqu'on voit s'y former les masses, les interactions, la structuration de l'univers et les sciences elles-mêmes qui, à chaque stade, se succèdent et s'enchaînent, comme si elles épousaient, pour la décrire au plus près, la multiple naissance du monde. *Une vraie semaine de la création.*

Si pleinement savant qu'il accède presque au mythe, ce dernier, ce premier récit, *sans équivalent, que je sache, en histoire des sciences,* s'entend comme le point d'orgue de la composition que les deux auteurs viennent de jouer à quatre mains, cette fugue inouïe à trois voix.

MICHEL SERRES
1ᵉʳ janvier 2013

INDEX DES NOMS

TROISIÈME PARTIE
L'HÉRITAGE DU BOSON

CONCLUSION

NÉCESSITÉ, HASARD, ÉMERGENCE : UN GRAND RÉCIT UNIVERSALISTE

APPENDICES

POSTFACE

UNE FUGUE À TROIS RÉCITS UNIVERSEL
par Michel Serres

DANS LA COLLECTION FOLIO / ESSAIS

Composition Nord Compo
Impression Novoprint
à Barcelone, le 10 septembre 2013
Dépôt légal : septembre 2013
1er dépôt légal dans la collection : avril 2013

ISBN 978-2-07-035549-5./Imprimé en Espagne.